"十三五"国家重点出版物出版规划项目

中国工程院重大咨询项目　中国生态文明建设重大战略研究丛书(III)

# 第 二 卷

# 福建省生态资产核算与生态产品价值
# 实现战略研究

中国工程院"福建省生态资产核算与生态产品价值实现战略研究"课题组

吴丰昌　张林波　主编

科 学 出 版 社

北　京

# 内 容 简 介

本书是中国工程院重大咨询项目"生态文明建设若干战略问题研究（三期）"成果系列丛书的第二卷。全书围绕福建省生态产品价值实现先行区的战略定位，开展福建省生态资源资产核算与生态产品价值实现战略研究。课题组主要由中国工程院、中国环境科学研究院、中国环境监测总站、中国农业科学院农业资源与农业区划研究所的院士和专家组成，并邀请国内外相关领域专家组成专家组。在两年多的时间里，课题组组织十余次相关领域专家咨询研讨，赴生态文明建设典型地区开展调研，最终形成了本研究成果。

本书适合政府管理人员、政策咨询研究人员，以及广大科研从业者和关心我国生态文明建设的人士阅读，也适合各类图书馆收藏。

**图书在版编目（CIP）数据**

福建省生态资产核算与生态产品价值实现战略研究/吴丰昌，张林波主编. —北京：科学出版社，2020.3

［中国生态文明建设重大战略研究丛书（Ⅲ）/赵宪庚，刘旭主编］

"十三五"国家重点出版物出版规划项目　中国工程院重大咨询项目

ISBN 978-7-03-063644-7

Ⅰ.①福… Ⅱ.①吴… ②张… Ⅲ.①生态系–生产总值–经济核算–研究–福建 ②生态经济–区域发展战略–研究–福建 Ⅳ.①X196 ②F127.57

中国版本图书馆 CIP 数据核字（2019）第 274079 号

责任编辑：马　俊　李　迪　郝晨扬 / 责任校对：郑金红
责任印制：肖　兴 / 封面设计：北京铭轩堂广告设计有限公司

**科 学 出 版 社** 出版
北京东黄城根北街 16 号
邮政编码：100717
http://www.sciencep.com

**北京凌奇印刷有限责任公司** 印刷
科学出版社发行　各地新华书店经销

\*

2020 年 3 月第 一 版　　开本：787×1092　1/16
2020 年 3 月第一次印刷　　印张：13 3/4
字数：323 000
POD定价：150.00元
（如有印装质量问题，我社负责调换）

# 丛书顾问及编写委员会

## 顾 问

徐匡迪　钱正英　解振华　周 济　沈国舫　谢克昌

## 主 编

赵宪庚　刘 旭

## 副主编

郝吉明　杜祥琬　陈 勇　孙九林　吴丰昌

## 丛书编委会成员

（以姓氏笔画为序）

丁一汇　丁德文　王 浩　王元晶　尤 政　尹伟伦

曲久辉　刘 旭　刘鸿亮　江 亿　孙九林　杜祥琬

李 阳　李金惠　杨志峰　吴丰昌　张林波　陈 勇

周 源　赵宪庚　郝吉明　段 宁　侯立安　钱 易

徐祥德　高清竹　唐孝炎　唐海英　董锁成　傅志寰

舒俭民　温宗国　雷廷宙　魏复盛

# "福建省生态资产核算与生态产品价值实现战略研究"课题组成员名单

组　长　吴丰昌　中国环境科学研究院，院士
副组长　张林波　山东大学，教授
　　　　尹昌斌　中国农业科学院农业资源与农业区划研究所，研究员

## 专题研究组及主要成员

1. 福建省县域生态资源资产核算与制度设计研究专题组

　　　　吴丰昌　中国环境科学研究院，院士
　　　　张林波　山东大学，教授
　　　　舒俭民　中国环境科学研究院，研究员
　　　　李岱青　中国环境科学研究院，研究员
　　　　冯朝阳　中国环境科学研究院，研究员
　　　　虞慧怡　中国环境科学研究院，博士后
　　　　高艳妮　中国环境科学研究院，副研究员
　　　　孙倩莹　中国环境科学研究院，助理研究员
　　　　贾振宇　中国环境科学研究院，助理研究员
　　　　杨春艳　中国环境科学研究院，助理研究员

2. 福建省县域生态文明建设水平评估研究专题组

　　　　魏复盛　中国环境监测总站，院士
　　　　何立环　中国环境监测总站，正高级工程师
　　　　刘海江　中国环境监测总站，正高级工程师
　　　　于　洋　中国环境监测总站，高级工程师
　　　　马广文　中国环境监测总站，高级工程师

许人骥　　　中国环境监测总站，正高级工程师

3. 东部典型地区农林产业绿色发展优化与战略研究专题组

刘　旭　　　中国农业科学院，院士
尹昌斌　　　中国农业科学院农业资源与农业区划研究所，研究员
易小燕　　　中国农业科学院农业资源与农业区划研究所，副研究员
张　洋　　　中国农业科学院农业资源与农业区划研究所，副研究员
黄显雷　　　中国农业科学院农业资源与农业区划研究所，博士研究生
张康洁　　　中国农业科学院农业资源与农业区划研究所，博士研究生

## 报告编制组

张林波　　舒俭民　　李岱青　　孙倩莹　　尹昌斌　　易小燕
刘海江　　贾振宇　　高艳妮　　杨春艳　　虞慧怡　　何立环
于　洋　　黄显雷　　张康洁　　刘　学　　王世曦

# 丛 书 总 序

2017 年中国工程院启动了"生态文明建设若干战略问题研究（三期）"重大咨询项目，项目由徐匡迪、钱正英、解振华、周济、沈国舫、谢克昌为项目顾问，赵宪庚、刘旭任组长，郝吉明任常务副组长，陈勇、孙久林、吴丰昌任副组长，共邀请了 20 余位院士、100 余位专家参加了研究。项目围绕东部典型地区生态文明发展战略、京津冀协调发展战略、中部崛起战略和西部生态安全屏障建设的战略需求，分别面向"两山"理论实践、发展中保护、环境综合整治及生态安全等区域关键问题开展战略研究并提出对策建议。

项目设置了生态文明建设理论研究专题，对生态文明的概念、理论、实施途径、建设方案等方面开展了深入的探索。提出了我国生态文明建设的政策建议：一是从大转型视角深刻认识生态文明建设的角色与地位；二是以习近平生态文明思想来统领生态文明理论建设的中国方案；三是发挥生态文明在中国特色社会主义建设中的引领作用；四是以绿色发展系统推动生态文明全方位转变；五是发挥文化建设促进作用，形成绿色消费和生态文明建设的协同机制；六是有序推进中国生态文明建设与联合国 2030 年可持续发展议程的衔接。

项目完善了国家生态文明发展水平指标体系，对 2017 年生态文明发展状况进行了评价。结果表明，我国 2017 年生态文明指数为 69.96 分，总体接近良好水平；在全国 325 个地级及以上行政区域中，属于 A，B，C，D 等级的城市个数占比分别为 0.62%，54.46%，42.46%和 2.46%。与 2015 年相比，我国生态文明指数得分提高了 2.98 分，生态文明指数提升的城市共 235 个。生态文明指数得分提高的主要原因是环境质量改善与产业效率提升，水污染物与大气污染物排放强度、空气质量和地表水环境质量是得分提升最快的指标。

在此基础上，项目构建了福建县域生态资源资产核算指标体系，基于各项生态系统服务特点，以市场定价法、替代市场法、模拟市场法和能值转化法核算价值量，对福建省县域生态资源资产进行核算与动态变化分析。建议福建省以生态资源资产业务化应用为核心，坚持大胆改革、实践优先、科技创新、统一推进的原则，持续深入推进生态资源资产核算理论探索和实践应用，形成支撑生态产品价值实现的机制体制，率先将福建省建设成为生态产品价值实现的先行区和绿色发展绩效的发展评价导向区。

项目从京津冀能源利用与大气污染、水资源与水环境、城乡生态环境保护一体化、生态功能变化与调控、环境治理体制与制度创新等五个主要方面科学分析了京津冀区域环境综合治理措施，并按照环境综合治理措施综合效益大小将五类环境综合治理措施进行优先排序，依次为产业结构调整、能源结构调整、交通运输结构调整、土地利用结构调整和农业农村绿色转型。

项目深入分析我国中部地区典型省、市、县域生态文明建设的典型做法和模式，提出典型省、市、县和中部地区乃至全国同类区域生态文明建设及发展的创新体制机制的政策建议：一是提高认识，深入贯彻"在发展中保护、在保护中发展"的核心思想；二是大力推广生态文明建设特色模式，切实把握实施重点；三是统筹推进区域互动协调发展与城乡融合发展；四是优化国土空间开发格局，深入推进生态文明建设；五是创新生态资产核算机制，完善生态补偿模式。

项目选取黄土高原生态脆弱贫困区、羌塘高原高寒脆弱牧区及三江源生态屏障区作为研究区域，提出了羌塘高原生态补偿及野生动物保护与牧民利益保障等战略建议和相关措施；提出了三江源区生态资源资产核算、生态补偿，以及国家公园一体化建设模式；提出了我国西部生态脆弱贫困区生态文明建设的战略目标、基本原则、时间表与路线图、战略任务及政策建议。

本套丛书汇集了"生态文明建设若干战略问题研究（三期）"项目的综合卷、4个课题分卷和生态文明建设理论研究卷，分项目综合报告、课题报告和专题报告三个层次，提供相关领域的研究背景、内容和主要论点。综合卷包括综合报告和相关课题论述，每个课题分卷包括综合报告及其专题报告，项目综合报告主要凝聚和总结各课题和专题的主要研究成果、观点和论点，各专题的具体研究方法与成果在各课题分卷中呈现。丛书是项目研究成果的综合集成，是众多院士和多部门、多学科专家教授和工程技术人员及政府管理者辛勤劳动和共同努力的成果，在此向他们表示衷心的感谢，特别感谢项目顾问组的指导。

生态文明建设是关系中华民族永续发展的根本大计。我国生态文明建设突出短板依然存在，环境质量、产业效率、城乡协调等主要生态文明指标与发达国家相比还有较大差距。项目组将继续长期、稳定和深入跟踪我国生态文明建设最新进展。由于各种原因，丛书难免还有疏漏与不妥之处，请读者批评指正。

中国工程院"生态文明建设若干战略问题研究（三期）"

项目研究组

2019 年 11 月

# 前　言

福建省是全国首个国家生态省、生态文明先行示范区和国家生态文明试验区，开展福建省生态资源资产核算与生态产品价值实现战略研究是实现国家要求的关键理论基础，对于开展生态环境损害赔偿、领导干部自然资源资产离任审计、生态文明绩效考核等具有重要指导意义。课题组系统梳理了国内外生态资源资产核算研究进展，结合福建省生态系统类型和区域特征，确定了福建省生态资源资产核算指标体系，基于实际监测数据，通过实物核算模型筛选确定和建立定价机制，从县域、市域和省域三个尺度摸清了福建省生态资源资产家底及动态变化；在生态文明发展水平评价指标体系的基础上确定县域绿色发展绩效指数指标体系和评估方法，完成福建省县域绿色发展绩效指数评估；在系统梳理生态产品概念内涵和发展历程、系统总结福建省农林产业绿色发展模式与成果经验的基础上，提出福建省生态产品价值实现的对策建议。

全书共分为两部分：第一部分为课题综合报告，第二部分为专题研究。其中课题综合报告包括六章。第一章介绍了课题的基本情况，主要包括研究背景、研究意义和技术路线；第二章介绍了福建省地理位置、自然概况、环境概况、资源禀赋、社会经济和生态文明建设的基本情况；第三章是福建省生态系统格局与质量分析；第四章从生态资源资产概念内涵、指标体系方面分析了生态资源资产核算理论框架；第五章分析了福建省县域生态资源资产核算与时空动态变化，在此基础上提出了福建省生态资源资产核算下一步工作推进的对策建议；第六章梳理了生态产品概念与意义，开展了福建省农林产业绿色发展研究，提出了福建省生态产品价值实现的对策建议。专题研究包括三个专题的研究内容。专题一是福建省县域生态资源资产核算与制度设计，开展了福建省在省域、市域、县域三个尺度的生态资源资产核算与时空动态变化分析；专题二是福建省县域生态文明建设水平评估研究，重点针对《福建省主体功能区划》中的重要生态功能区和农产品主产区开展了县域生态文明建设水平评估；专题三是东部典型地区农林产业绿色发展优化与战略研究，以福建省和浙江省湖州市为研究区，探讨东部典型地区农林产业发展现状与模式，剖析当前农业绿色发展面临的机遇和挑战，提出东部典型地区农林产业绿色发展的路径选择，最后提出须要推进的重大工程措施。

本课题研究过程中，得到了"生态文明建设若干战略问题研究（三期）"项目组专家的指导与支持。本书的完成是课题组全体成员辛勤劳动的成果。为此，向为本书的研究做出贡献的院士、专家、教授、政府管理人员及项目办工作人员致以衷心的感谢。

作　者

2019 年 9 月

# 目　　录

## 课题综合报告

# 专 题 研 究

# 课题综合报告

# 第一章 绪 论

## 一、研 究 背 景

2012 年，党的十八大报告明确提出："加强生态文明制度建设。保护生态环境必须依靠制度。要把资源消耗、环境损害、生态效益纳入经济社会发展评价体系，建立体现生态文明要求的目标体系、考核办法、奖惩机制。"十八届三中全会明确提出要健全自然资源资产产权制度，随后中共中央、国务院印发的《中共中央 国务院关于加快推进生态文明建设的意见》和《生态文明体制改革总体方案》均进一步对健全自然资源资产产权制度做出了明确的要求与部署，要求加快建立体现生态文明要求的考核指标和办法，把生态文明建设纳入党政领导班子和领导干部政绩考核评价体系。

2014 年，国务院批准福建省建设生态文明先行示范区。福建省委、省政府坚决贯彻党中央关于生态文明的部署和要求，将生态文明建设融入政治建设、经济建设、社会建设和文化建设的各方面，勇于创新、先行先试，走出了一条经济发展与生态文明建设相互促进、人与自然和谐的绿色发展新路，福建省涌现出一批特色鲜明、成效显著的生态文明创建典范，将生态资源优势转化为绿色发展优势，实现了从生态省到生态文明先行示范区的跨越，形成了一系列可在全国推广示范的生态文明建设经验。

2016 年，中共中央办公厅、国务院办公厅印发了《关于设立统一规范的国家生态文明试验区的意见》及《国家生态文明试验区（福建）实施方案》，确定福建省为国家首批生态文明试验区，并明确提出在沿海的厦门市和山区的武夷山市开展地区尺度的生态系统价值核算试点工作。作为国家首批生态文明试验区，福建省在生态文明建设理念和实践层面始终走在全国前列。

## 二、研 究 意 义

1. 生态资源资产核算是连接"绿水青山"与"金山银山"的桥梁

过去以传统国内生产总值（GDP）为核心的政绩考核制度，极大地调动了各级政府、企业和所有经营者发展生产的积极性，在整个经济发展过程中起到了重要的激励和促进作用。但是，单纯追求经济的快速增长而不顾及环境容量和自然生态承载力，也导致了生态环境问题的凸显。通过开展生态资源资产核算，探索生态产品价值实现战略方案，可以更有效地平衡经济发展与生态环境保护之间的关系，有利于架起"绿水青山"和"金山银山"之间的桥梁，是践行"两山"理论的重要抓手。

2. 生态资源资产核算是构建生态文明制度体系的核心

党的十八届三中全会通过的《中共中央关于全面深化改革若干重大问题的决定》首

次确立了生态文明制度体系，按照"源头严防、过程严管、后果严惩"的思路，阐述了生态文明制度体系的构成及其改革方向、重点任务。在这一制度体系中，更加注重从系统整体的角度加强生态保护和环境质量改善。从源头严防来看，生态资源资产核算是健全自然资源资产产权制度、自然资源资产监管体制、空间规划体系等的前提；从过程严管来看，生态资源资产核算是建立资源有偿使用制度、生态补偿制度的依据；从后果严惩来看，生态资源资产核算是实施生态环境损害责任终身追究制、损害赔偿制度、领导干部自然资源资产离任审计等制度的基础。

3. 生态资源资产核算是生态文明的产业要求

任何一种人类文明的发展都离不开标志性新兴产业的推动和支撑。作为第一产业，农业的发展带来了农业文明的兴盛。工业革命后第二产业的崛起使人类社会进入工业文明。第三产业的兴起造就了后工业时代。生态文明同样也离不开与之相对应的新兴产业，生态文明时代的标志性新兴产业就是生态产品生产。通过开展典型县域生态资源资产核算，可衡量地方生态系统总体状况，定量评估生态系统对人类福祉的贡献。

# 三、技 术 路 线

本课题共设置三项专题研究任务，包括福建省县域生态资源资产核算与制度设计、福建省县域生态文明建设水平评估研究和东部典型地区农林产业绿色发展优化与战略研究。课题组在系统梳理国内外生态资源资产核算研究进展的基础上，结合福建省生态系统类型和区域特征，确定福建省生态资源资产核算指标体系；综合利用野外调查、资料收集、遥感反演、文献调研等手段获取监测量，通过模型结构筛选和建立定价机制，对福建省生态系统价值实物量、价值量进行核算，摸清福建省生态资源资产家底；梳理生态产品价值实现及其概念内涵，提出生态产品价值实现途径，形成相关政策建议。确定县域绿色发展绩效指数指标体系和评估方法，完成福建省市域、县域绿色发展绩效指数评估；总结福建省农林产业绿色发展模式与成果经验，构建生态资源转化为生态产品的基本思路与产业布局，提出重大工程措施。技术路线见图1-1。

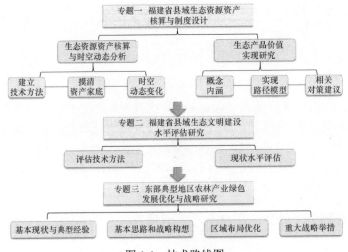

图1-1 技术路线图

# 第二章　福建省基本概况

## 一、地　理　位　置

福建省位于我国东南沿海，东北与浙江省毗邻，西北与江西省交界，西南与广东省相连，东南隔台湾海峡与台湾省相望。南北长约 530km，东西宽约 480km。福建省的地理特点是"依山傍海"，山地、丘陵占全省总面积的 80%以上，素有"八山一水一分田"之称，全省（包括金门县）陆地总面积为 12.14 万 km²。福建的海岸线长度居全国省级行政区第二位，海岸曲折绵亘，港湾众多，岛屿星罗棋布，陆地海岸线长达3752km，海域面积为 13.6 万 km²，比陆地略大。

## 二、自　然　概　况

### （一）地形地貌

福建省经历了数次地质构造运动和长期外营力的综合作用，最终形成了以侵蚀构造中低山为主，间杂丘陵，河谷、盆地穿插其间的地貌。例如，分布在闽西和闽中两大山带的侵蚀构造中山地貌；闽西和闽中两大山带外侧及山间盆地外围的侵蚀构造低山地貌；分布在沿海地区和内陆盆地沿海两侧的侵蚀剥蚀丘陵地貌；分布在闽江口以南海岸带、半岛、岛屿及河谷盆地周围的台地地貌；分布在河流下游和内陆盆地的冲积平原；分布在河流入海口，呈扇状向海延伸的冲积海积平原；分布在闽江口以南的沿海地区的风积沙丘和沙垄；面积较小的丹霞地貌、岩熔地貌等多种地貌。

福建省地势总体上西北高东南低，在西部和中部有斜贯全省的闽西大山带和闽中大山带。两大山带之间为互不贯通的河谷、盆地，东部沿海为丘陵、台地和滨海平原。其陆地海岸线以侵蚀海岸为主，堆积海岸为次，岸线十分曲折，潮间带滩涂面积约为20 万 hm²，底质以泥、泥沙或沙泥为主。港湾和岛屿众多，有沙埕港、三都澳、罗源湾、湄洲湾、厦门湾和东山湾等六大深水港湾和 1500 多个岛屿。

### （二）气候条件

福建省靠近北回归线，受季风环流和地形的影响形成了暖热湿润的亚热带季风气候，热量丰富，全省 70%的区域≥10℃的积温为 5000～7600℃，全省年均温为 17～21℃。全省降水量充足，降水主要集中在 3～7 月，平均降水量为 1000～2000mm，是中国雨量最丰富的省份之一，气候条件优越，适宜人类聚居及多种作物生长。气候区域差异较大，闽东南沿海地区属于南亚热带气候，闽东北、闽北和闽西属于中亚热带气候，各气候带内的水热条件垂直分异也较明显。

## （三）河流水系

福建省水系密布，河流众多，河网密度达 100m/km²，流域面积在 50km² 以上的河流共有 683 条，其中，流域面积在 5000km² 以上的主要河流有闽江、九龙江、晋江、交溪、汀江 5 条。其中闽江是全省最大河流，全长约 562km，多年平均流量约为 575.78 亿 m³，流域面积为 60 992km²，约占全省面积的一半，流经山地地区，河床比降大，水力资源丰富。

## （四）土壤状况

将福建省土壤类型划分为铁铝土、初育土、半水成土、盐碱土和人为土 5 个土纲，以赤红壤、红壤为代表的 14 个土类，以赤红壤、赤红壤性土为代表的 26 个亚类，以硅铝质红壤、铁质红壤为代表的 87 个土属和 171 个土种。其中，红壤、黄壤为福建省主要土壤类型。

## （五）野生植物

福建省地处泛北极植物区的边缘地带，是泛北极植物区向古热带植物区的过渡地带。植物种类较为丰富，以亚热带区系成分为主，区系成分较复杂。全省植物种类有 4500 种以上。全省木本植物共有 1943 种（含变种 153 种），分属 142 科 543 属，约占全国木本植物种数的 39%、科数的 81%、属数的 55%。其中，国家Ⅰ级重点保护野生植物 7 种，国家Ⅱ级重点保护野生植物 45 种；列入福建省第一批地方重点保护珍贵树木的有 25 种。全省可供开发利用的野生植物达 3000 多种。

## （六）野生动物

福建省野生动物主要属于东洋界动物区系，但由于高海拔的地方存在着跨地带性气候，因此一些古北界的动物也可以在福建省生存。全省记录分布的野生脊椎动物有 1686 种，约占全国的 30%，其中，鸟类有 550 多种（含亚种），兽类有 150 种（含亚种），两栖类有 46 种，爬行类有 123 种，鱼类有 817 种（软骨鱼纲 11 目 25 科 63 种、硬骨鱼纲 24 目 152 科 750 种）。已定名昆虫 10 000 多种，全国昆虫共 33 目，福建除缺翅目和蛩蠊目外有 31 个目。国家Ⅰ级重点保护野生动物有 22 种，国家Ⅱ级重点保护野生动物有 137 种；列入福建省重点保护的野生动物有 79 种。鸟类中有 85 种是在福建首先发现并命名的，沿海湿地分布有水鸟 12 目 28 科 194 种，约为全国水鸟种数的 71.6%；属于福建特有的有白背啄木鸟、橙背鸦雀、挂墩鸦雀、赤尾噪鹛、黄冠绿啄木鸟等；列入中日候鸟保护协定的鸟类有 205 种，占全部种类（中日候鸟保护协定所列 227 种）的 90.3%；列入中澳候鸟保护协定的鸟类有 70 种，占全部种类（中澳候鸟保护协定所列 81 种）的 86.4%。

# 三、环境概况

## （一）水环境

2015 年全省水环境质量总体保持良好水平。主要河流水质优良，相比上年，个别集中式生活饮用水水源地水质下降，主要湖泊水库水质有所改善，近岸海域海水水质保持稳定。

全省 12 条主要河流共设置 135 个国控、省控水质监测断面，按照《地表水环境质量标准》（GB 3838—2002）进行评价，水质状况为优。2015 年 I～III 类水质比例为 94.0%，较上年下降了 0.7 个百分点（表 2-1）。

**表 2-1　福建省 12 条主要河流水质状况**

| 河流 | 断面数（个） | I～III 类水质比例（%） | |
| --- | --- | --- | --- |
| | | 2015 年 | 2014 年 |
| 闽江 | 57 | 98.2 | 98.8 |
| 九龙江 | 20 | 84.2 | 86.7 |
| 木兰溪 | 6 | 83.3 | 83.3 |
| 萩芦溪 | 4 | 100 | 100 |
| 交溪 | 7 | 100 | 100 |
| 霍童溪 | 3 | 100 | 100 |
| 龙江 | 4 | 41.7 | 45.8 |
| 鳌江 | 6 | 100 | 100 |
| 晋江 | 13 | 100 | 100 |
| 汀江 | 9 | 92.6 | 92.6 |
| 漳江 | 3 | 100 | 100 |
| 东溪 | 3 | 100 | 100 |
| 合计 | 135 | 94.0 | 94.7 |

2015 年 9 个设区市的 31 个集中式生活饮用水水源地水质达标率为 97.3%，较上年提高了 12.8 个百分点。14 个县级市的 25 个集中式生活饮用水水源地水质达标率为 100%，较上年提高了 0.2 个百分点。43 个县城的 63 个集中式生活饮用水水源地水质达标率为 99.9%，较上年下降了 0.1 个百分点。

2015 年全省 10 个主要湖泊水库 I～III 类水质比例为 66.7%，较上年提高了 3.2 个百分点。以湖泊水库综合营养状态指数进行评价，10 个主要湖泊水库均为中营养状态。

2015 年全省海洋功能区布设 343 个监测站位，根据《福建省海洋功能区划（2011—2020 年）》的功能定位，全省海洋功能区水质达标率为 79.7%，较上年提高了 0.6 个百分点。

## （二）大气环境

2015 年全省城市环境空气质量保持优良水平。背景区域空气质量保持稳定。酸雨污染仍较普遍。

按照《环境空气质量标准》（GB 3095—2012）进行评价，全省 9 个设区市环境空气质量均达到二级标准，达标城市比例为 100%。达标天数比例为 96.1%～99.2%，平均为 97.9%。厦门、三明、泉州、漳州和龙岩 5 个城市达标天数比例高于平均值，福州、莆田、南平和宁德 4 个城市达标天数比例低于平均值。在超标天数中，以细颗粒物为首要污染物的天数最多，占 72.1%。

根据《城市环境空气质量排名技术规定》，按空气质量综合指数从小到大排序，全省 9 个设区市环境空气质量排名依次为南平、龙岩、莆田、厦门、宁德、泉州、福州、漳州和三明。首要污染物：龙岩为臭氧，其余 8 个设区市均为细颗粒物。

### （三）声环境

2015 年全省 23 个城市道路交通噪声平均等效 A 声级为 68.4dB。其中，10 个城市道路交通声环境质量属于"好"，13 个城市道路交通声环境质量属于"较好"。全省 23 个城市区域环境噪声平均等效 A 声级为 55.7dB。其中，14 个城市区域声环境质量属于"较好"，9 个城市区域声环境质量属于"一般"。

### （四）生态环境

2015 年全省生态环境质量继续保持优良水平，森林覆盖率继续位居全国首位，生态环境状况指数继续保持全国前列。

2015 年全省耕地面积为 133.77 万 $hm^2$。全年耕地补充面积超过实际建设占用面积，实现了耕地占补平衡。基本农田保护面积为 107.3 万 $hm^2$，保护率为 80.2%。

全省完成水土流失综合治理面积 260.1 万亩[①]，为年度下达任务 200 万亩的 1.3 倍，"十二五"以来累计完成水土流失综合治理面积 1200 万亩，超额完成 900 万亩规划治理任务。

全省森林面积为 801.27 万 $hm^2$，森林覆盖率为 65.95%，活立木总蓄积量为 6.67 亿 $m^3$。划定生态公益林面积 286.13 万 $hm^2$。

全省共建立自然保护区 92 个，其中国家级 16 个、省级 23 个，自然保护区总面积为 45.5 万 $hm^2$。建成森林公园 175 个，其中国家级 29 个、省级 126 个、县级 20 个，森林公园总面积达 18.6 万 $hm^2$。建成国家湿地公园 7 处，总面积为 6749$hm^2$。建成世界地质公园 2 个，国家地质公园 14 个，省级地质公园 6 个，上述地质公园总面积为 44.78 万 $hm^2$，其中国家级及以上地质公园面积为 42.07 万 $hm^2$，省级地质公园面积为 2.71 万 $hm^2$。

# 四、资 源 禀 赋

### （一）水资源

2015 年，全省平均降水量为 1992.9mm，折合水量为 2468.14 亿 $m^3$，比上年偏多

---

① 1 亩≈666.7$m^2$。

16.9%，比多年平均值偏多 18.8%，属于丰水年。全省站点降水量最大值为建阳区黄坑镇坳头（3909.5mm），降水量最小值为平潭综合实验区敖东（963.5mm）。全省地表水资源量为 1324.67 亿 m³，地下水资源量为 332.33 亿 m³，地下水和地表水不重复量为 1.26 亿 m³，水资源总量为 1325.93 亿 m³（表 2-2），人均拥有水资源量为 3454m³。外省入境水量为 30.68 亿 m³，出境水量为 143.86 亿 m³。

表 2-2　2015 年福建省各行政分区水资源总量　　（单位：亿 m³）

| 名称 | 福州 | 厦门 | 莆田 | 三明 | 泉州 | 漳州 | 南平 | 龙岩 | 宁德 | 平潭 | 全省 |
|---|---|---|---|---|---|---|---|---|---|---|---|
| 地表水资源量 | 109.08 | 13.48 | 37.93 | 260.78 | 89.55 | 125.68 | 325.25 | 199.90 | 160.98 | 2.04 | 1324.67 |
| 地下水资源量 | 32.25 | 3.88 | 11.21 | 61.49 | 26.40 | 34.47 | 71.97 | 51.08 | 39.09 | 0.49 | 332.33 |
| 地下水与地表水不重复量 | 0.33 | 0 | 0.32 | 0 | 0.20 | 0.42 | 0 | 0 | 0 | 0 | 1.26 |
| 水资源总量 | 109.40 | 13.48 | 38.25 | 260.78 | 89.75 | 126.10 | 325.25 | 199.90 | 160.98 | 2.04 | 1325.93 |

注：数据来源于《2015 福建省水资源公报》，总量和全省数据与表内数据加和有出入是因为各市数值取两位小数四舍五入而产生误差

## （二）矿产资源

福建省属于环太平洋成矿带中的重要成矿区之一，矿产资源比较丰富。截至 2001 年年底，福建省已发现矿种 118 种，主要矿产有铁、锰、铜、铅锌、钨、钼、铌钽、金、银、无烟煤、石灰岩、萤石、叶蜡石、石英砂、高岭土、饰面用花岗岩等。其中已探明储量 75 种，包括能源 3 种、金属 34 种、非金属 36 种、水气 2 种。探明各类矿床近 1000 个，其中中型矿床 100 个、大型矿床 60 个，矿产潜在价值 2400 亿元以上。但磷、石膏以及陆地上的石油、天然气等为短缺的矿产。

## （三）海洋资源

海岸港湾资源。福建有大小港湾 125 个，其中深水港湾 22 个，可建 5 万吨级以上深水泊位的天然良港有东山湾、厦门湾、湄洲湾、兴化湾、罗源湾、三沙湾、沙埕港等 7 个，港口开发潜力大。

海洋生物资源。福建海域有闽东、闽中、闽南、闽外和台湾浅滩五大渔场；海洋生物种类 2000 多种，其中经济鱼类 200 多种，贝、藻、鱼、虾种类数量居全国前列。闽东渔场浮游生物以硅藻占优势，浮游动物以桡足类为主；闽南渔场浮游生物以蓝藻和硅藻居多，浮游动物主要为糠虾和桡足类。浮游动物丰富，吸引大量鱼类汇聚，所以福建海区鱼类资源丰富，达 752 种，其中经济鱼虾类有 100 多种，主要捕捞对象是带鱼、大黄鱼、金色小沙丁鱼、脂眼鲱、马面鲀、马鲛鱼、鳗鱼、乌贼、鱿鱼、梭子蟹、毛虾等。

滨海矿产资源。福建省海岸地质构造复杂，已发现的矿产有 60 多种，其中有工业利用价值的 21 种，矿产地 300 多处。砂、花岗石、叶蜡石等探明储量居全国前列，饰面用花岗岩、高岭土、明矾石、玻璃用石英砂在全国占重要地位。盐业资源丰富，生产条件好，盐田总面积为 11.02 万 hm²，宜盐滩涂超过 2.67 万 hm²，可以大规模利用的盐化工业品有氯化镁、澳素、石膏、钠镁盐、加碘盐等。

海洋能源资源。福建沿海地热梯度较大，地热资源丰富，具有开采价值的热水区域较多。沿海风能资源丰富，可利用时数达 7000～8000h。沿海可利用潮汐发电的海水面积达 3000km²，潮汐能理论装机容量达 3425 万 kW，可开发装机容量 1033 万 kW，占全国的 49.2%，居首位。

# 五、社会经济

## （一）人口状况

2015 年福建人口保持低速平稳增长。年末全省常住人口 3839 万人，比上年末增加 33 万人，增长 0.87%，增幅比上年高 0.02 个百分点。其中，城镇常住人口 2403 万人，占总人口比例为 62.59%，比上年末提高 0.8 个百分点。全年出生人口 53.13 万人，出生率为 13.8‰；死亡人口 23.32 万人，死亡率为 6.1‰；自然增长率为 7.8‰。人口密度为 316 人/km²（表 2-3）。

表 2-3  福建省 2015 年人口数及其构成

| 指标 | 年末数（万人） | 比例（%） |
| --- | --- | --- |
| 常住人口 | 3839 | 100 |
| 其中：城镇 | 2403 | 62.60 |
| 农村 | 1436 | 37.40 |
| 其中：男性 | 1949 | 50.77 |
| 女性 | 1890 | 49.23 |
| 其中：0～14 岁 | 623 | 16.23 |
| 15～64 岁 | 2892 | 75.33 |
| 65 岁及以上 | 324 | 8.44 |

2015 年全省常住人口中，男性人口 1949 万人，占 50.77%；女性人口 1890 万人，占 49.23%。全省常住人口中，0～14 岁人口 623 万人，占 16.23%；15～64 岁人口 2892 万人，占 75.33%；65 岁及以上人口 324 万人，占 8.44%。与 2010 年第六次全国人口普查相比，0～14 岁人口比例上升 0.72 个百分点，15～64 岁人口比例下降 1.37 个百分点，65 岁及以上人口比例上升 0.55 个百分点。

福建省是少数民族散杂居省份。全省 56 个民族成分齐全。世居的少数民族有畲族、回族、满族、蒙古族等。畲族人口全国最多；外省户籍少数民族人口比例大；是全国回族发祥地之一；是高山族人口较多的省份之一。

## （二）经济状况

2015 年福建省全年实现地区生产总值 25 979.82 亿元，总量位列全国前十，比上年增长 8.0%，增速位居东部地区首位。其中，第一产业增加值为 2118.10 亿元，增长 5.13%；第二产业增加值为 13 064.82 亿元，增长 4.39%；第三产业增加值为 10 796.90 亿元，增长 13.35%。第一产业增加值占地区生产总值的比例为 8.2%，第二产业增加值的比例为

50.3%，第三产业增加值的比例为 41.5%。全年人均地区生产总值为 67 673 元，比上年增长 7.08%（图 2-1，图 2-2）。

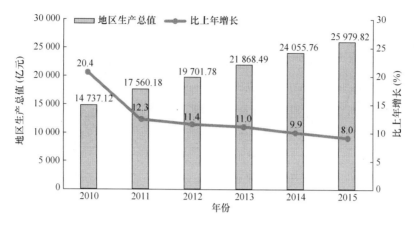

图 2-1　2010～2015 年福建省地区生产总值及增长速度

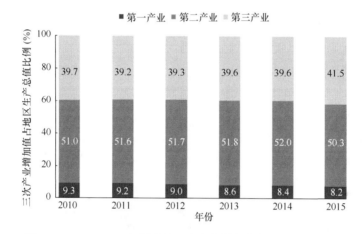

图 2-2　2010～2015 年福建省三次产业增加值占地区生产总值比例

2015 年全年全省一般公共预算总收入为 4143.71 亿元，比上年增长 8.2%，其中，地方一般公共预算收入为 2544.08 亿元，增长 7.7%；一般公共预算支出为 3995.77 亿元，增长 20.8%。全省国税总收入（含海关代征）为 2326.7 亿元，增长 1.2%；全省地税系统组织各项收入为 2517.40 亿元，增长 4.5%（图 2-3）。

## （三）基础设施

2015 年全年交通运输、仓储和邮政业实现增加值 1469.40 亿元，比上年增长 8.7%。公路通车里程为 104 585.27km，比上年增长 3.4%。其中海西高速公路网通车里程为 5002km，增长 19.8%。铁路营业里程为 3196.53km，增长 16.0%。

全年完成邮电业务总量 1065.89 亿元，比上年增长 24.3%。其中，邮政业务总量为 217.23 亿元，增长 33.5%；电信业务总量为 848.66 亿元，增长 22.1%。邮政业全年完成邮政函件业务量 12 923.02 万件，包裹业务量 107.03 万件，快递业务量 88 786.2 万件。

2015 年年末全省电话用户总数 5129 万户，与年初相比减少 82 万户，其中固定电话用户 889 万户，减少 45 万户；移动电话用户 4240 万户，减少 37 万户。移动电话用户中 3G 电话用户 1198 万户，减少 314 万户；4G 电话用户 1401 万户，净增 1083 万户。全省互联网用户 3964 万户，增加 105 万户，其中固定宽带用户 916 万户，增加 17 万户；移动互联网用户 3048 万户，增加 88 万户。移动电话基站 17 万个，增长 19%。全省电话普及率为 134.7%，互联网普及率为 104.1%（图 2-4）。

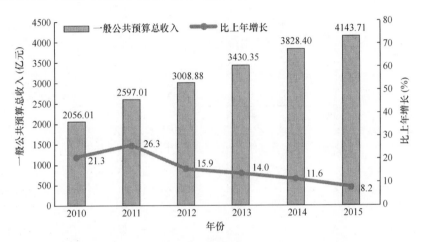

图 2-3　2010～2015 年一般公共预算总收入及其增长速度
数据来自《2015 年福建省国民经济和社会发展统计公报》

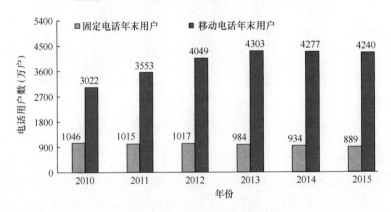

图 2-4　2010～2015 年电话用户数

　　全年接待入境游客 591.45 万人次，比上年增长 8.5%。其中，接待外国人 214.28 万人次，增长 9.9%；台湾同胞 238.15 万人次，增长 5.7%；港澳同胞 139.02 万人次，增长 11.6%。在入境旅游者中，过夜游客 517.10 万人次，增长 6.4%。国际旅游外汇收入 55.61 亿美元，增长 13.2%。全年接待国内旅游人数 26 128.59 万人次，增长 14.2%；国内旅游收入 2798.16 亿元，增长 16.3%。旅游总收入 3141.51 亿元，增长 16.0%。

## （四）社会保障

　　2015 年全年福建省居民人均可支配收入 25 404 元，比上年增长 8.9%；扣除价格因素,实际增长 7.1%。按常住地分,农村居民人均可支配收入 13 793 元,比上年增长 9.0%,扣除价格因素,实际增长 7.2%;城镇居民人均可支配收入 33 275 元,比上年增长 8.3%,扣除价格因素,实际增长 6.5%。全省居民人均生活消费支出 18 850 元,比上年增长 6.8%,扣除价格因素,实际增长 5.0%。按常住地分,农村居民人均生活消费支出 11 961 元,增长 8.2%,扣除价格因素,实际增长 6.4%;城镇居民人均生活消费支出 23 520 元,增长 5.9%,扣除价格因素,实际增长 4.1%。

2015 年年末参加城镇基本养老保险人数 883.65 万人,比上年增加 35.38 万人。其中参保职工 736.57 万人,参保的离退休人员 147.08 万人。全省企业中参加基本养老保险的离退休人员 124.1 万人,全部实现养老金按时、足额发放。全省参加城镇基本医疗保险人数 1301.24 万人,其中参保职工 759.38 万人,参保的城镇居民 541.86 万人。全省参加新型农村合作医疗保险人数 2549.97 万人,比上年增加 18.55 万人。全省参加失业保险人数 546.27 万人,比上年增加 22.19 万人。

## （五）教育和卫生

全省教育和科技事业持续发展。全年全日制研究生教育招生 1.33 万人,在读全日制研究生 4.13 万人,毕业生 1.10 万人。普通高等教育招生 21.79 万人,在校生 75.85 万人,毕业生 19.47 万人。高校毕业生就业率为 90.7%。中等职业学校(不含技工学校)招生 14.08 万人,在校生 39.67 万人,毕业生 13.84 万人。成人高等教育招生 4.99 万人,在校生 15.47 万人,毕业生 4.30 万人。普通高中招生 21.57 万人,在校生 62.63 万人,毕业生 20.81 万人。普通初中招生 38.20 万人,在校生 113.35 万人,毕业生 36.32 万人。普通小学招生 53.63 万人,在校生 288.31 万人,毕业生 38.84 万人。特殊教育在校生 2.49 万人。幼儿园在园幼儿 151.26 万人(图 2-5)。

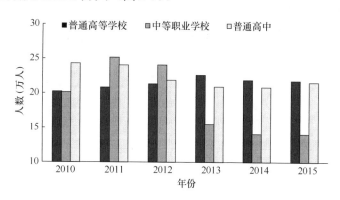

图 2-5　2010～2015 年各类学校招生人数

2015 年年末全省共有各级各类医疗卫生机构 27 875 个,其中医院 567 个、卫生院 880 个、村卫生室 19 008 个。2015 年末共有卫生技术人员 21.70 万人,其中医生 7.97 万人、注册护士 9.16 万人。2015 年末共有医疗卫生机构床位 17.32 万张,乡村医生和卫生员 2.70 万人(图 2-6)。

图 2-6　2010～2015 年医疗卫生机构床位数和卫生技术人员数

# 六、生态文明建设

2014 年以来, 福建先后成为全国首个生态文明先行示范区和生态文明试验区。福建深入贯彻落实绿色发展理念, 牢固树立社会主义生态文明观, 牢记习近平总书记关于建设"机制活、产业优、百姓富、生态美"的新福建的要求, 全力打造"清新福建", 努力实现生态环境与经济发展共同增长, 生态文明建设走在了全国前列。

在绿色生态方面, 福建省积极探索林权改革, 建立健全生态补偿机制, 积极推行河长制, 抓好环境保护。福建林权改革走在全国前列, 形成了一批可复制、可推广的经验。2002 年, 福建省在全国率先开展集体林权制度改革; 2015 年, 福建省将武夷山市、永安市、沙县等 7 个县(市)列为首批重点生态区位商品林赎买省级试点县(市); 2017 年, 福建省正式下发《福建省重点生态区位商品林赎买等改革试点方案》, 明确"十三五"期间实施重点生态区位商品林赎买等改革试点面积 20 万亩。三明"福林贷"、龙岩"惠林卡"等绿色金融产品有效破解了林农融资难题, 助推林业增效、林农增收, 为全国提供借鉴经验; 顺昌积极探索"森林生态银行", 实现森林资源变资产变资金、促进林业经济转型发展和高质量发展。2003 年, 福建省在全国率先启动九龙江流域上下游生态补偿试点; 2015 年, 试点范围逐步扩大到闽江、鳌江等流域; 2017 年, 福建省进一步建立了覆盖全省 12 条主要流域的全流域生态补偿长效机制, 为可持续发展营造优质流域生态环境。福建省在全国率先实施江河下游地区对上游地区森林生态效益补偿政策, 率先开征森林资源补偿费; 2018 年福建率先出台《福建省综合性生态保护补偿试行方案》, 以县为单位开展综合性生态保护补偿, 加大对 23 个重点生态保护区域县的倾斜力度。此外, 福建省实施河岸生态保护、饮用水水源地保护、地下水警戒保护"三条蓝线"管理制度。制定实施严格的减排制度, 抓好污染防治和环境整治, 筑牢生态屏障。

在绿色生产方面, 福建省严格落实主体功能区规划, 引导沿海加快产业优化集聚, 重点保护山区生态环境, 严把新上项目环保准入关。福建省建立健全用能权、排污权、碳排放权交易机制, 健全节能、减排、降碳约束机制, 实施比国家更严格的大气污染物排放标准和落后产能淘汰标准, 实施差别化排污费征收政策, 建立以政府为责任主体的区域性环境整治体系, 有效推进排污权有偿使用和交易工作。福建省健全循环经济促进机制,大力推进农业生产生态化、工业生产清洁化、资源使用减量化、废物处置资源化、垃圾处理无害化、生活消费节约化的资源节约型、环境友好型社会建设,探索建立发展循环经济的政策法规体系、技术创新体系、评价指标体系和激励约束机制。积极推动绿色金融创新,强化绿色发展动力,以林业金融为切入点,持续推进农村普惠金融体系建设,走出了一条可持续的高质量发展之路。

在绿色责任方面,福建省率先实施环境保护"党政同责"。按照"谁主管谁负责、管行业必须管环保"的要求,建立职能部门环保"一岗双责"工作推进机制。福建省出台了《福建省党政领导干部自然资源资产离任审计实施方案(试点)》,重点围绕土地资源、森林资源、海洋资源、水资源、矿山生态环境治理和大气污染防治等六大重点审计领域开展相关工作。福建省完善党政领导干部绩效考评体系,取消对限制开发区域和生态脆弱的国家扶贫开发工作重点县在内的 34 个县(市)的地区生产总值考核,实行生态保护优先和农业优先的绩效考评方式。出台了《福建省生态环境保护工作职责规定》,制定环保责任清单,明确了各级党委、政府及 52 个部门 130 项生态环境保护工作职责,厘清各部门履职范围、职责边界,解决责任多头、责任真空、责任盲区等问题。

# 第三章 福建省生态系统格局与质量分析

## 一、福建省生态系统分布特征

福建省生态系统主要由森林、农田、草地、灌木林、城镇用地、湿地和其他用地7种类型构成，森林为最主要的生态系统类型，约占福建省陆地总面积的57%；其次是农田生态系统，约占福建省陆地总面积的17%；森林和灌木林地约占福建省陆地总面积的62%。

2000～2015年，福建省土地利用发生了较大变化，城镇用地面积大幅扩张，森林、草地和农田面积则大量减少。2000～2015年，福建省城镇用地扩张了2074.05km²，约为2000年城镇面积的83.35%。其中2000～2005年扩张了1388.08km²，2005～2010年扩张了685.97km²，2010～2015年扩张面积缩小到了211.40km²。2000～2015年，福建省农田、草地和森林面积累计减少了2492.54km²。其中2000～2005年农田、草地和森林面积减少了1934.33km²，2005～2015年森林和草地面积略有减少，农田面积的减少速率也有所减缓（表3-1）。

表 3-1　福建省 2000～2015 年各土地利用面积及变化　　（单位：km²）

| 土地利用类型 | 2000 年 | 2005 年 | 2010 年 | 2015 年 | 2000～2005 年变化 | 2005～2010 年变化 | 2010～2015 年变化 | 2000～2015 年变化 |
|---|---|---|---|---|---|---|---|---|
| 森林 | 69 799.25 | 69 275.19 | 69 251.71 | 69 249.24 | −524.05 | −25.95 | −2.46 | −550.00 |
| 灌木林 | 6 611.62 | 7 049.65 | 6 957.60 | 6 956.86 | 438.03 | −92.79 | −0.74 | 345.24 |
| 草地 | 19 117.64 | 18 516.05 | 18 475.67 | 18 467.15 | −601.59 | −48.89 | −8.51 | −650.48 |
| 湿地 | 1 973.56 | 2 069.95 | 2 045.74 | 2 035.37 | 96.40 | −34.58 | −10.37 | 61.82 |
| 农田 | 22 384.03 | 21 575.33 | 21 281.20 | 21 091.97 | −808.69 | −483.37 | −189.24 | −1 292.06 |
| 城镇用地 | 2 488.32 | 3 876.40 | 4 350.96 | 4 562.36 | 1 388.08 | 685.97 | 211.40 | 2 074.05 |
| 其他用地 | 91.51 | 103.34 | 103.03 | 102.95 | 11.83 | −0.39 | −0.08 | 11.44 |

注：变化量与表内数据计算得到的结果有出入是因为数值取两位小数四舍五入而产生误差

## 二、福建省生态系统变化分析

为了描述福建省生态系统类型的整体转换特征，分别计算 2000～2010 年福建省生态系统动态度（ecological change，EC）和土地覆被转类指数（land cover change index，LCCI），其含义及公式如下。

生态系统动态度（EC）：定量描述生态系统的变化速度。生态系统动态度综合考虑了研究时段内生态系统类型间的转移，着眼于变化的过程而非变化结果，反映研究区生态系统类型变化的剧烈程度，便于在不同空间尺度上找出生态系统类型变化的热点区域。

$$EC = \frac{\sum_{i=1}^{n} \Delta ECO_{i-j}}{\sum_{i=1}^{n} ECO_i} \times 100\% \qquad (3-1)$$

式中，$ECO_i$ 为监测起始时间第 $i$ 类生态系统类型面积；$\Delta ECO_{i-j}$：监测时段内第 $i$ 类生态系统类型转为非 $i$ 类生态系统类型面积的绝对值。

土地覆被转类指数（LCCI）：反映土地覆被类型在特定时间内变化的总体趋势。LCCI 值为正，表示该研究区总体上土地覆被类型转好；LCCI 值为负，表示该研究区总体上土地覆被类型转差。

计算公式如下：

$$LCCI = \frac{\sum \left[ A_i \times (D_a - D_b) \right]}{\sum A_i} \times 100\% \qquad (3-2)$$

式中，LCCI 为某研究区土地覆被转类指数；$i$ 为土地覆被类型，$i=1, \cdots, n$；$A_i$ 为某研究区土地覆被一次转类的面积；$D_a$ 为转类前级别；$D_b$ 为转类后级别。本研究中湿地、森林、灌木林、草地、农田用地级别分别定义为 1、2、3、4、5。

2000～2015 年福建省各类土地利用类型的转化主要集中在 2000～2005 年，表现为森林、灌木林、草地、湿地、农田向城镇用地的转化。各类土地利用类型的转化方向如下：森林主要向城镇用地、草地、灌木林等类型转化，其中向城镇用地的转化面积为 548.58km²，转化比例为 0.80%；灌木林主要向森林、城镇用地和草地等类型转化，总的转化面积为 155.61km²，总的转化比例为 2.41%；草地主要向灌木林、城镇用地、森林等类型转化，其中向灌木林的转化面积为 373.21km²，转化比例为 2.04%；湿地主要转化为城镇用地，转化面积为 83.97km²，转化比例为 4.47%；农田主要转化为城镇用地，转化面积为 1178.46km²，转化比例为 5.60%。

2010～2015 年，福建省土地利用类型的转移主要表现为农田向城镇用地的转化，有 195.32km² 的农田转化为城镇用地，森林、灌木林、草地和湿地也有一部分转化为城镇用地，总的转化面积为 69.4km²，转换面积和比例均较小（表 3-2）。

**表 3-2　福建省土地利用转移矩阵**　　　　　　（单位：km²）

| 年份 | 类型 | 森林 | 灌木林 | 草地 | 湿地 | 农田 | 城镇用地 | 其他用地 |
|---|---|---|---|---|---|---|---|---|
| 2000～2005 | 森林 | 69 089.23 | 131.40 | 86.31 | 40.32 | 27.64 | 410.08 | 14.27 |
| | 灌木林 | 38.94 | 6 522.93 | 2.86 | 3.99 | 2.42 | 38.66 | 1.82 |
| | 草地 | 112.18 | 386.19 | 18 415.06 | 16.00 | 8.18 | 177.49 | 2.52 |
| | 湿地 | 2.03 | 0.03 | 3.78 | 1 928.77 | 1.54 | 37.41 | 0 |
| | 农田 | 29.19 | 6.45 | 3.73 | 78.21 | 21 535.26 | 731.04 | 0.13 |
| | 城镇用地 | 2.39 | 0.31 | 2.09 | 2.50 | 0.28 | 2 480.75 | 0 |
| | 其他用地 | 1.23 | 2.33 | 2.21 | 0.16 | 0 | 0.97 | 84.60 |
| 2005～2010 | 森林 | 69 102.65 | 0 | 52.02 | 1.25 | 2.01 | 117.27 | 0 |
| | 灌木林 | 45.45 | 6 957.60 | 36.06 | 0.24 | 1.55 | 8.75 | 0 |
| | 草地 | 77.83 | 0 | 18 385.02 | 0.14 | 0.01 | 53.05 | 0 |
| | 湿地 | 0.65 | 0 | 0 | 2 039.59 | 0.32 | 29.38 | 0 |

| 年份 | 类型 | 森林 | 灌木林 | 草地 | 湿地 | 农田 | 城镇用地 | 其他用地 |
|---|---|---|---|---|---|---|---|---|
| 2005～2010 | 农田 | 23.80 | 0 | 2.14 | 2.74 | 21 277.31 | 269.34 | 0 |
| | 城镇用地 | 1.28 | 0 | 0.42 | 1.73 | 0 | 3 872.97 | 0 |
| | 其他用地 | 0.06 | 0 | 0.01 | 0.04 | 0 | 0.20 | 103.03 |
| 2010～2015 | 森林 | 69 219.00 | 0 | 0.39 | 0.48 | 0.96 | 30.88 | 0 |
| | 灌木林 | 0.06 | 6 956.43 | 0 | 0 | 0 | 1.10 | 0 |
| | 草地 | 0.52 | 0 | 18 458.95 | 0.14 | 0.49 | 15.57 | 0 |
| | 湿地 | 0.29 | 0.11 | 0.35 | 2 019.74 | 3.39 | 21.85 | 0 |
| | 农田 | 6.82 | 0.32 | 2.62 | 1.76 | 21 074.37 | 195.32 | 0 |
| | 城镇用地 | 22.55 | 0 | 4.84 | 13.24 | 12.76 | 4 297.57 | 0 |
| | 其他用地 | 0 | 0 | 0 | 0 | 0 | 0.08 | 102.95 |
| 2000～2015 | 森林 | 68 903.73 | 127.22 | 136.85 | 41.71 | 26.89 | 548.58 | 14.26 |
| | 灌木林 | 76.62 | 6 447.03 | 29.97 | 4.00 | 3.17 | 49.02 | 1.81 |
| | 草地 | 195.53 | 373.21 | 18 279.36 | 15.96 | 8.63 | 242.44 | 2.52 |
| | 湿地 | 2.94 | 0.13 | 4.06 | 1 879.71 | 2.74 | 83.97 | 0 |
| | 农田 | 62.38 | 6.63 | 11.39 | 78.51 | 21 046.53 | 1 178.46 | 0.13 |
| | 城镇用地 | 6.74 | 0.31 | 3.30 | 15.27 | 4.02 | 2 458.68 | 0 |
| | 其他用地 | 1.31 | 2.33 | 2.22 | 0.20 | 0 | 1.21 | 84.23 |

2000～2015 年福建省生态系统动态度为 2.75%，表明此期间福建省的生态系统转化强度中等；福建省土地覆被转类指数为-1.11%，区域内自然生态系统总体保持稳定。

2010～2015 年福建省生态系统动态度为 0.28%，表明此期间福建省的生态系统转化较弱；福建省土地覆被转类指数为-0.05%，区域内自然生态系统总体保持稳定（表 3-3）。

表 3-3 福建省生态系统动态度及土地覆被转类指数 （%）

| 年份 | 参数 | 转换强度 | |
|---|---|---|---|
| 2000～2005 | 生态系统动态度（EC） | 1.97 | 转化中等 |
| | 土地覆被转类指数（LCCI） | -0.74 | 轻微退化 |
| 2005～2010 | 综合生态系统动态度（EC） | 0.59 | 转化较弱 |
| | 土地覆被转类指数（LCCI） | -0.32 | 轻微退化 |
| 2010～2015 | 综合生态系统动态度（EC） | 0.28 | 转化较弱 |
| | 土地覆被转类指数（LCCI） | -0.05 | 轻微退化 |
| 2000～2015 | 综合生态系统动态度（EC） | 2.75 | 转化中等 |
| | 土地覆被转类指数（LCCI） | -1.11 | 轻微退化 |

# 三、福建省生态系统景观格局特征分析

自然生态系统（包括森林、灌木林、草地、湿地）对维护生态系统服务功能具有十分重要的作用，本研究采用斑块数、平均斑块面积、边界密度、斑块分离度等 4 个参数描述福建省自然生态系统的景观格局特征。

斑块数（number of patches，NP）：评价范围内斑块的数量。该指标用来衡量目标景观的复杂程度，斑块数量越多说明景观构成越复杂。

平均斑块面积（mean patch size，MPS）：该指标可以用于衡量景观总体完整性和破碎化程度，平均斑块面积越大说明景观越完整，破碎化程度越低。

$$MPS=TS/NP \tag{3-3}$$

式中，MPS 为平均斑块面积（$hm^2$）；TS 为评价区域总面积（$hm^2$）；NP 为斑块数。

边界密度（edge density，ED）：又称为边缘密度，边缘密度包括景观总体边缘密度（或称景观边缘密度）和景观要素边缘密度（简称类斑边缘密度）。景观边缘密度是指单位面积异质景观要素斑块间的边缘长度。景观要素边缘密度（$ED_i$）是指单位面积某类景观要素斑块与其相邻异质斑块间的边缘长度。边界密度从边形特征描述景观破碎化程度，边界密度越高说明斑块破碎化程度越高。

$$ED = \sum_{i=1}^{M}\sum_{j=1}^{M} P_{ij} \Big/ A \tag{3-4}$$

$$ED_i = \sum_{j=1}^{M} P_{ij} \Big/ A_i \tag{3-5}$$

式中，ED 为景观边界密度（边缘密度），是边界长度之和与景观总面积之比；A 为所有景观要素的斑块面积（$m^2$）；$ED_i$ 为景观中第 i 类景观要素斑块密度；$A_i$ 为景观中第 i 类景观要素斑块面积（$m^2$）；$P_{ij}$ 为景观中第 i 类景观要素斑块与相邻第 j 类景观要素斑块间的边界长度（m）。

景观分离度（Landscape Division Index，DIVISION）：指某一景观中不同斑块个体空间的离散（或聚集）程度，可以反映景观镶嵌体中同一景观类型的不同斑块个体的分布情况。分离度越大，表明景观在地域上越分散。

$$ISO = 0.5 \times \sqrt{n_i \big/ A} \big/ (A_i / A) \tag{3-6}$$

式中，$n_i$ 为斑块类型 i 的数；$A_i$ 为类型 i 的总面积（$m^2$）；A 为景观总面积（$m^2$）。

2000～2015 年福建省自然生态系统总面积减少了 803.4$km^2$，约占福建省总面积的 0.66%。自然生态系统的斑块数有所增加，平均斑块面积则有所减少，研究区内的自然生态系统受到扰动或破坏。

2010～2015 年福建省自然生态系统总面积减少了 31.51$km^2$，变化较小，约占福建省总面积的 0.03%，自然生态系统的斑块数略有增加，平均斑块面积略有减少，边界密度和分离度几乎不变（表 3-4）。

表 3-4　福建省自然生态系统景观格局特征及其变化

| 年份 | 斑块数（个） | 平均斑块面积（$hm^2$） | 边界密度（km/$km^2$） | 斑块分离度 |
|---|---|---|---|---|
| 2000 | 95 697 | 101.89 | 5.93 | 0.56 |
| 2005 | 153 768 | 63.02 | 6.10 | 0.71 |
| 2010 | 181 353 | 53.34 | 6.29 | 0.77 |
| 2015 | 182 871 | 52.88 | 6.29 | 0.77 |

# 四、福建省生态系统质量分析

福建省生态系统生长季的平均植被覆盖度为 79.59%～81.80%，处于高植被覆盖度水平；植被覆盖度的变异系数在 2010～2015 年基本稳定。5 年间福建省生态系统生长季平均植被覆盖度总体表现为上升趋势，不同年份间存在着明显的波动（表 3-5）。

表 3-5　2010～2015 年福建省生态系统生长季平均植被覆盖度　　　　　　（%）

| 年份 | 2010 | 2011 | 2012 | 2013 | 2014 | 2015 |
|------|------|------|------|------|------|------|
| 平均值 | 80.50 | 79.59 | 81.21 | 81.02 | 81.17 | 81.80 |
| 变异系数 | 14.03 | 14.47 | 13.83 | 14.08 | 14.25 | 14.21 |

2010～2015 年，福建省植被覆盖度总体表现上升的趋势，而变异系数基本稳定，表明 5 年间福建省生态系统质量有变好的趋势（图 3-1）。

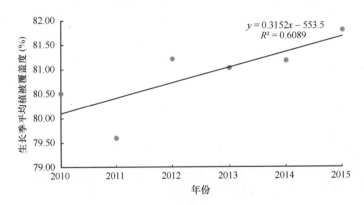

图 3-1　福建省植被覆盖度的变化趋势

福建省植被覆盖度在生长季以高植被覆盖度为主，其次是较高植被覆盖度（表 3-6）。其中较高、低植被覆盖度在 5 年间略有下降趋势；较低、中、高植被覆盖度有不同程度的上升；这表明 2010～2015 年福建省植被覆盖度有变好的趋势。

表 3-6　2010～2015 年植被覆盖度等级分布情况

| 植被覆盖度等级 | 2010 年 | | 2015 年 | | 变化 | |
|------|------|------|------|------|------|------|
| | 面积（km²） | 比例（%） | 面积（km²） | 比例（%） | 面积（km²） | 变化率（%） |
| 低 | 306.08 | 0.25 | 257.93 | 0.21 | −48.14 | −0.16 |
| 较低 | 1 763.20 | 1.42 | 1 944.87 | 1.57 | 181.67 | 0.10 |
| 中 | 4 640.21 | 3.74 | 4 703.34 | 3.79 | 63.13 | 0.01 |
| 较高 | 33 882.32 | 27.32 | 25 279.85 | 20.39 | −8 602.46 | −0.25 |
| 高 | 83 408.18 | 67.26 | 91 813.99 | 74.04 | 8 405.81 | 0.10 |

注：比例总计不足 100%和面积变化量与计算结果有出入是因为数据四舍五入产生误差

2010～2015 年福建省各植被覆盖度等级转换主要发生在中植被覆盖度与较高植被覆盖度、较高植被覆盖度与高植被覆盖度之间。其中中植被覆盖度向较高植被覆盖度转化了 1317.48km²，而较高植被覆盖度向中植被覆盖度转化了 1411.85km²；较高植被覆盖度向高植被覆盖度转化了 14 772.24km²，而高植被覆盖度向较高植被覆盖度转化了 6348.64km²；可以看出较高植被覆盖度在 2010～2015 年主要转化为高植被覆盖度，是福建省高植被覆盖区明显增加的原因。总体而言，福建省生态系统呈现变好的趋势（表 3-7）。

表 3-7　2010～2015 年不同等级覆盖度土地转移矩阵　　（单位：km²）

| 植被覆盖度等级 | 低 | 较低 | 中 | 较高 | 高 |
| --- | --- | --- | --- | --- | --- |
| 低 | 160.37 | 114.78 | 23.08 | 6.25 | 1.59 |
| 较低 | 77.09 | 1 113.11 | 520.46 | 46.29 | 6.25 |
| 中 | 13.26 | 570.01 | 2 664.41 | 1 317.48 | 75.05 |
| 较高 | 5.99 | 131.04 | 1 411.85 | 17 561.19 | 14 772.24 |
| 高 | 1.21 | 15.94 | 83.53 | 6 348.64 | 76 958.85 |

# 第四章　生态资源资产核算理论框架

## 一、生态资源资产概念内涵

生态资源资产是指生物生产性土地及其所提供的生态系统服务和生态产品，是自然资源资产中必不可少的组成部分。从资产构成上看，生态资源资产包括三部分。第一部分是生态用地，是指一切具有生物生产能力的土地，是生态系统存在的载体，具体包括森林、草地、湿地、农田、荒漠等土地类型及其上附着的土壤、水分和生物要素。第二部分是生态系统服务，是生态系统在生产过程中给人类带来的间接使用价值，主要包括水源涵养、土壤保持、物种保育、生态系统固碳、气候调节、防风固沙、科研文化、休闲旅游等。第三部分是生态产品，是指生态系统生产出的可以供人类直接利用的物质，包括干净水源、清新空气、农畜产品等。

从生态资源资产的形成过程上看，生态资源资产又可以划分为存量资产和流量资产，其中生态用地是生态资源存量资产，而生态系统服务和生态产品则是生态资源流量资产（图 4-1）。生态用地是生态系统在相当长的历史过程中发展演化而来，积累蓄积从而形成土壤、水分和生物等要素，是生态系统服务和生态产品产生的基础。生态系统服务和生态产品是生态系统依托存量资产通过生态生产过程每年为人类所产生的价值，只要存在生态资源存量资产，生态系统就会每年产生生态资源流量资产。因此，生态资源存量资产类似于经济资产概念中的"家底"或"银行本金"，我们可以形象地将其概括

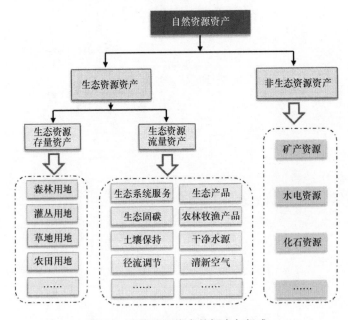

图 4-1　生态资源资产的概念与组成

成"生态家底"，而生态资源流量资产则类似于银行资产所产生的利息，与经济生产中的"GDP"相对应，也被生态学家称为"GEP"（生态系统生产总值）。一般情况下，生态资源存量资产在一段时间内是稳定不变的，而生态资源流量资产是随时间变化的。生态资源存量资产越大，其每年所产生的生态资源流量资产也就越大。

# 二、生态资源资产与其他有关概念的辨析

## （一）自然资源、自然资源资产和生态资源资产

自然资源是人类生存和发展的基础，是在一定时间条件下，能够产生经济价值从而提高人类当前和未来福利的自然环境因素的总称。自然资源资产是指产权明晰、可给人类带来福利、以自然资源形式存在的稀缺性物质资产，是在人类逐渐认识自然资源和良好生态环境的重要性及稀缺性的基础上，将资本和资产从传统的经济社会领域延伸到自然资源和生态环境领域所形成的概念，包括土地、矿产等资源。而非资产性自然资源是指在一定时间条件下，不具有稀缺性的自然资源，包括太空、光能、风能等资源。生态资源资产则是自然资源资产中具有生物性、能够提供生态系统服务和生态产品、能够进行可持续生产的资产，包括森林、草地、湿地等。自然资源、自然资源资产和生态资源资产的关系如图 4-2 所示。

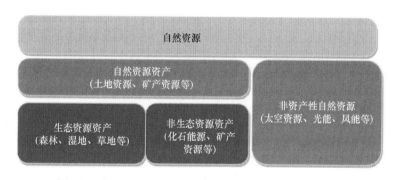

图 4-2　自然资源、自然资源资产与生态资源资产的关系

## （二）GDP、GEP 和绿色 GDP

目前国民经济核算体系中所采用的主要核算指标是国内生产总值（GDP），它是一个国家或地区在一定时期内生产和提供的全部最终产品和劳务的价值。

生态系统生产总值（GEP）的概念是借鉴 GDP 概念提出的，指生态系统为人类提供的产品与服务价值的总和。它是生态资源资产的流量部分，即生态用地在一段时间内所产生的价值，本研究生态资源资产等同于 GEP。GDP 评估的是人类经济活动所产生的收益，对于自然生态系统仅考虑了进入市场的那部分产品，如农畜产品、文化旅游等，而这部分收益占生态资源资产的份额极低。

绿色 GDP 是扣除自然资源资产损失后的国民财富的总量核算指标。它是从现行统计的 GDP 中扣除由环境污染、自然资源消耗等因素引起的经济损失成本而得出的国民

财富总量。绿色 GDP 没有考虑良好生态资源所带来的效益。

### （三）生态系统功能、生态系统服务和生态产品

生态系统功能是指生态系统不同生境、生物及其系统属性或过程，是独立于人类而存在的，即生态系统作为一个开放系统，其内部及其与外部环境之间所发生的能量流动、物质循环和信息传递的总称。

生态系统服务由生态系统功能产生，基于人类的需要、利用和偏好，反映了人类对生态系统功能的利用，是生态系统功能满足人类福利的一种表现。简单地说是人类从生态系统中获得的直接或间接利益。

生态系统功能与生态系统服务是两个不同的概念，但两者又紧密相关。生态系统服务是生态系统功能的表现，生态系统功能是生态系统服务的基础。生态系统功能侧重于反映生态系统的自然属性，而生态系统服务则是基于人类的需要、利用和偏好，反映了人类对生态系统功能的利用。

生态产品狭义上是指生态系统提供的可为人类直接利用的食物、木材、纤维、淡水资源、遗传物质等；广义上的生态产品还包括维系生态安全、保障生态调节功能、提供良好人居环境的自然要素。

# 三、生态资源资产的核算原则

生态资源资产包括存量资产和流量资产，其中存量资产可以基于生态资源要素进行评估，主要包括土地资源、水资源、生物资源、海洋资源和环境资源等；流量资产是指生态系统服务和生态产品。由于生态系统可以提供的服务功能极其众多，部分服务功能还存在难以找到合适的表征指标或评估指标、缺少定量化评估方法等突出问题。因此，在建立生态资源资产评估指标体系之前必须先确定应该纳入核算的生态系统服务的基本原则，这将会有效避免出现评估指标选取随意、评估结果难以对比分析等问题。

### 1. 生物生产性原则

生物生产性原则是指纳入核算的生态系统服务必须是由生物生产且持续产生的、可再生性的服务，而单纯由自然界物理化学过程产生的、不可再生性的服务不应予以核算。人类的生产活动是国民经济的核心，是 GDP 核算的对象和基础。同样，生态系统服务产生于生物生产过程，生物生产是生态系统价值产生的基础，生物生产参与的生态系统服务是生态系统价值核算的对象和基础。有些生态系统服务，如煤、石油、天然气、盐业资源等是长期地质过程产生的；内河航运、水力发电、闪电过程产生的空气负离子等是生态系统中的物理化学过程产生的。这些没有生物生产过程参与的生态系统服务是不可持续更新的或不受人类控制的，不能纳入生态系统价值核算。此外，有些产品，如农林产品、旅游休憩等是生物生产活动和人类生产活动共同作用的结果，如果能将生物生产和人类生产明确区分，则应只将生物生产产生的服务纳入生态系统价值核算。但是如果生物生产和人类生产的贡献率很难区分，则可将该项服务全部纳

入生态系统价值核算。

### 2. 人类收益性原则

人类收益性原则是指纳入核算的生态系统服务必须是对人类福祉最终直接产生收益的服务，而不对人类福祉产生直接收益的，或者仅是生态系统维持自身功能或生态系统服务中间过程产生的一些服务收益不应予以核算。生态系统服务的产生往往须要通过非常复杂的生态功能和过程才能实现，有些生态功能和过程对于生态系统自身的维持非常重要，但对人类福祉却不直接产生收益，或是通过其他功能和过程才会产生对人类有益的物质产品和服务。例如，生物地球化学循环、土壤形成、植被蒸腾、水文循环过程等生态系统维持功能对人类福祉并没有产生直接收益。又如，植物授粉服务、病虫害控制等生态系统支持服务对于粮食和林木生产是一个必不可少的过程，但对人类福祉没有产生直接收益，但该服务在人类收获的农林产品中得到了体现，为避免核算内容重复，这种服务也不应予以核算。

### 3. 经济稀缺性原则

经济稀缺性原则是指纳入核算的生态系统服务必须具有经济稀缺性，而数量无限或人类没有能力控制的生态系统服务不应予以核算。资源的稀缺性是经济学的前提，同样生态系统服务的稀缺性是其价值产生的前提。生态系统服务的稀缺性与人类社会经济发展具有一定的相关性，在原始社会生态系统服务基本不存在稀缺情况，但随着人类社会进步，特别是工业革命以来，很多生态系统服务的数量相对于人类无限增长的欲望及生产、生活的需要来说都是很有限的，具有了稀缺性。例如，清新空气和干净水源等，随着环境污染和人口数量的膨胀，这些原本可以自由、免费得到的生态系统服务就有了价值。此外，如阳光、风等气象条件以及大气中的氧气等在自然界广泛存在，数量无限或人类难以控制和利用，不应予以核算。

### 4. 保护成效性原则

保护成效性原则是指纳入核算的生态系统服务必须是能够灵敏体现人类保护或破坏活动对生态系统影响或改变的服务，而主要取决于其地理区位、自然状况的服务或人类无法控制的服务不应予以核算。大部分生态系统服务对人类活动敏感，随着人类实施保护或恢复措施而增加，而随着人类过度利用或破坏而减少。但也有一些生态系统服务对人类活动不敏感，或者数量特别巨大且不受人类控制，或者在人类活动影响下几乎不变。例如，海洋的温度调节服务受人类活动影响非常小。阳光、风等气候资源几乎不受人类活动影响。如果将这些生态系统服务纳入核算，就会使一些区域的生态系统价值在很大程度上取决于其地理区位、自然状况，从而掩盖了其他生态系统服务对人类福祉的贡献。

### 5. 实物度量性原则

实物度量性原则是指纳入核算的生态系统服务必须是在当前科学技术等条件下可明确度量实物量的服务，而无法准确获取其实物量的服务不应予以核算。GDP 核算是建立在市场价值基础之上的,通过统计和调查社会生产、分配、交换、使用等国民经济活动在市场中的价格直接核算出价值量。生态系统价值核算与 GDP 核算有明显的不同,生态系统服务的消费具有外部不经济性特征,大多没有在市场中得到体现,也就没有通过市场竞争而形成的合理价格体系,因此除在市场中可以用货币体现的很少一部分外,生态系统价值核算大都不能通过市场价值直接核算出价值量,而只能在实物量核算的基础上采用替代市场价值法、模拟市场法等进行货币化。在没有经过市场竞争的价格体系支撑的情况下,生态系统价值核算必须以相对精确的实物量核算为基础,以实物量核算作为价值量核算的前提,没有实物量仅有价值量的生态系统服务不应予以核算。例如,文化遗产、艺术灵感、宗教精神、文化多样性等生态系统服务不具有物理、化学或生物的实物表现形式,这些服务的价值核算只能通过意愿调查等主观性比较强的方法,有可能造成核算结果不可比较,不应予以核算。

### 6. 实际发生性原则

实际发生性原则是指纳入核算的生态系统服务必须是生态系统实际为人类提供的服务,而未发生的、潜在的或采用虚拟假设方法核算的生态系统服务不应予以核算。有些学者认为除了实际已经为人类提供的直接和间接使用价值外,生态系统价值还应该包括存在价值、选择价值或遗产价值等非使用价值。但这些非使用价值均是潜在性的,实际并未产生,都是生态系统的存量价值。此外,有些生态系统服务,由于数据获取或者核算方法存在困难,有时会采用虚拟的假设条件方法或意愿情景方法进行核算,造成核算出的生态系统服务是虚拟的或者意愿性的。例如,通过支付意愿法调查,采用假设的旅客量及其支付意愿计算出的生态系统旅游休憩服务价值实际上并没有真实产生。由于未发生的、潜在的或虚拟的生态系统服务,大多没有相对应的、客观的实物量,所采用的核算数据和方法人为主观偏好干扰大,如果将这类生态系统服务纳入核算会造成核算结果主观随意性太强,核算结果不具有可重复性和可比性。

### 7. 数据可获性原则

数据可获性原则是指纳入核算的生态系统服务必须是其实物量可以通过实际监测数据直接测量或模拟验证的服务,而没有实际监测数据、只能通过借鉴其他地区经验参数进行实物量核算的生态系统服务不应予以核算。以实际监测数据为基础是准确客观核算生态系统价值的基础。开展实物量核算时应优先采用各行业部门的日常业务监测数据和定期开展资源清查获得的数据,在这些实际监测数据无法满足需要时,可以科研项目一次性监测调查获取的数据为基础开展核算。在缺乏以上所述日常业务监测数据、定期资源清查数据的情况下,无法针对其实物量核算开展补充性调查监测的生态系统服务应不予以核算。例如,气象地质灾害防治、海洋灾害防治和生物灾害防治等生态系统减灾服务本应纳入生态系统价值核算科目,但由于数据获取周期长、获取途径过难,在无法获取相应数据时,可以暂不核算。

### 8. 非危害性原则

非危害性原则是指纳入核算的生态系统服务必须是对生态系统自身功能有益的或

无害的服务，而可能对生态系统自身承载力产生危害的服务不应予以核算。有些生态系统服务在超过一定规模和范围时可能会对生态系统本身产生危害，例如，生态系统具有重要的水质净化、空气净化、固体废弃物处置作用，通过容纳、吸收和降解污染物为人类提供清新的空气、干净的水源等生态产品，这些服务在一定限度内不会对生态系统本身产生影响或危害，但当人类向环境中排放的污染物超过一定限度后，不可避免地会对生态系统产生危害。因此，对这类有可能对生态系统自身产生危害的服务应以干净水源、清新空气等服务的最终产品代替，以环境质量代替污染物排放量来衡量生态系统对环境的净化作用。

根据以上 8 条基本原则，列入核算的生态系统服务应全部满足各项基本原则，违反任意一条及以上基本原则的生态系统服务均不可列入核算。这样就可以筛选构建统一、规范的生态系统价值核算科目，为使核算结果可重复、可对比、可复制奠定坚实的理论基础。

# 四、生态资源资产核算指标体系

1997 年，Costanza 首次对全球生态系统服务进行了评估，并提出了包括 17 个评估指标的生态系统服务分类。2001 年联合国发起的千年生态系统评估（Millennium Ecosystem Assessment，MA）又将生态系统服务归纳为供给服务、调节服务、文化服务和支持服务 4 个功能类别。此后，生态系统与生物多样性经济学（The Economics of Ecosystems and Biodiversity，TEEB）和环境经济综合核算体系-实验性生态系统核算（SEEA-EEA）在 MA 核算框架的基础上形成了新的核算体系。

我国在充分借鉴国际核算经验的基础上，对我国生态系统服务评估指标体系进行了积极的探索，先后发布了《森林生态系统服务功能评估规范》（LY/T 1721—2008）、《海洋生态资本评估技术导则》（GB/T 28058—2011）和《荒漠生态系统服务评估规范》（LY/T 2006—2012）等规范、导则，推动了森林、海洋和荒漠等生态系统服务的评估进程。欧阳志云等（2013）、谢高地等（2015）、刘纪远等（2016）、傅伯杰等（2017）又先后构建了中国生态系统服务评估指标体系。各评估指标的对比分析见表4-1，本研究在此基础上根据生态资源资产的核算原则对各评估指标进行了筛选，确定了福建省生态资源资产核算指标体系（表4-2）。

福建省生态资源资产核算指标体系共包含生态系统产品、人居环境调节、生态水文调节、土壤侵蚀控制、支持服务、精神文化服务 6 项功能类别，包含 10 项一级核算科目、16 项二级核算科目。其中生态系统产品包含农林牧渔产品、干净水源和清新空气三项一级科目，人居环境调节包含局地气候调节、温室气体吸收两项一级科目，生态水文调节包含径流调节、洪水调蓄两项一级科目；土壤侵蚀控制包括土壤保持一项一级科目；支持服务包含物种保育一项一级科目；精神文化服务包含休憩服务一项一级科目。

表 4-1　国内外主要生态资源资产核算指标体系对比

| 指标来源 | 生态系统产品 | | | | 人居环境调节 | | | 污染废物处理 | | | 生态水文调节 | | 生态系统减灾 | | | 土壤侵蚀控制 | | 精神文化服务 | | | 支持服务 | | | | |
|---|---|---|---|---|---|---|---|---|---|---|---|---|---|---|---|---|---|---|---|---|---|---|---|---|---|
| | 农林牧渔产品 | 水资源 | 水电资源 | 遗传、药物、观赏、资源 | 机械能 | 有益物质释放 | 局地气候调节 | 温室气体吸收 | 大气净化 | 水质净化 | 废弃物处理 | 径流调节 | 洪水调节 | 气象地质灾害防治 | 海洋灾害控制 | 生物灾害防治 | 土壤保持 | 防风固沙 | 休憩服务 | 科研服务 | 文化服务 | 土壤形成 | 养分循环 | 水循环 | 生物多样性维持 | 生命周期维持 |
| A | √ | √ | √ | | | √ | √ | √ | √ | √ | √ | √ | √ | √ | √ | √ | √ | √ | √ | | √ | √ | | √ | √ | √ |
| B | √ | √ | √ | | | √ | √ | √ | √ | √ | √ | √ | √ | √ | | √ | √ | | √ | | √ | √ | | √ | √ | |
| C | √ | √ | √ | | | √ | √ | √ | √ | √ | √ | √ | √ | √ | | √ | √ | | | | | | | | | |
| D | √ | √ | | √ | | √ | √ | √ | √ | √ | √ | √ | √ | √ | | √ | √ | | | | | | | | | |
| E | | | | | | √ | √ | √ | √ | √ | √ | √ | √ | √ | | √ | √ | | | | | | | | | |
| F | √ | | | | | | | | | | | | | | √ | | | | √ | √ | | | | | | |
| G | √ | √ | | | | | | | √ | √ | √ | √ | √ | √ | | | √ | | | | | | | | | |
| H | √ | √ | √ | | | √ | √ | √ | √ | √ | √ | √ | √ | √ | | | √ | | | | | | | | | |
| I | √ | √ | | | | √ | √ | √ | √ | √ | √ | √ | √ | √ | | | √ | | √ | | | √ | √ | | √ | |
| J | √ | √ | | | | √ | √ | √ | √ | √ | √ | √ | √ | √ | | | | | | | √ | √ | | | | |
| K | √ | √ | | | | | | √ | √ | √ | √ | √ | √ | √ | | | | | | | | | | | | |

注：A 指 Costanza 等，1997；B 指 MA，2005；C 指 TEEB（Pushpam，2010）；D 指 SEEA-EEA（United Nation et al.，2014）；E 指《森林生态系统服务功能评估规范》(LY/T 1721—2008)；F 指《海洋生态资本评估技术导则》(GB/T 28058—2011)；G 指《荒漠生态系统服务评估规范》(LY/T 2006—2012)；H 指欧阳志云等，2013；I 指谢高地等，2015；J 指刘纪远等，2016；K 指傅伯杰等，2017

表 4-2　福建省生态资源资产核算指标体系

| 功能类别 | 核算科目 | | 实物指标 |
|---|---|---|---|
| | 一级科目 | 二级科目 | |
| 生态系统产品 | 农林牧渔产品 | 农产品 | 粮油、果蔬、茶叶、中草药等产量 |
| | | 林产品 | 木材、林副产品、林下产品、薪材等产量 |
| | | 牧产品 | 畜禽、蜂蜜、蚕茧等产量 |
| | | 淡水渔产品 | 淡水鱼类、虾、蟹、贝类等产量 |
| | 干净水源 | 水环境质量 | 水资源供给量、水环境质量 |
| | 清新空气 | 大气环境质量 | 大气环境质量、暴露人口 |
| | | 空气负离子 | 空气负离子浓度 |
| 人居环境调节 | 温度调节 | 生态系统吸收能量 | 空气温度 26℃ 以上时长、降温幅度 |
| | 生态系统固碳 | 生态系统固碳量 | 净生态系统生产力 |
| 生态水文调节 | 径流调节 | 径流调节量 | 潜在径流量、实际径流量 |
| | 洪水调蓄 | 洪水调蓄量 | 25mm 以上降水量、生态系统对洪峰的削减量 |
| 土壤侵蚀控制 | 土壤保持 | 减少泥沙淤积 | 减少泥沙淤积量 |
| | | 土壤养分保持 | 减少氮、磷、钾流失量 |
| 支持服务 | 物种保育 | 生境质量 | 生境质量 |
| | | 保护等级 | 濒危特有级别 |
| 精神文化服务 | 休憩服务 | 旅游观光 | 旅行人流量 |

# 第五章　福建省县域生态资源资产核算与时空动态变化

## 一、生态资源资产核算方法

本研究采用生物物理模型和统计经验模型两种方法进行实物量核算，采用市场定价法、替代市场法、模拟市场法和能值法进行价值量核算。各项生态系统服务的实物量核算方法如下：农林牧渔产品服务直接通过查阅统计年鉴获取各产品产量的增加值；干净水源服务包括地表水资源量和地表水环境质量两部分。地表水资源量采用 SWAT 模型模拟，地表水环境质量采用评估水体中超出Ⅲ类标准的污染物量（污染超标量）表征；清新空气中的大气环境质量服务采用国际上常用的世界卫生组织（World Health Organization，WHO）的健康效应模型，以 $PM_{2.5}$ 为空气污染指示物，以过早死亡作为健康效应终端（Curtis et al.，2006；Wilson et al.，2005），评估 $PM_{2.5}$ 浓度达到相应的空气质量标准时健康终端疾病的减少量；空气负离子服务实物量核算根据《森林生态系统服务功能评估规范》（LY/T 1721—2008），提出季尺度的空气负离子服务量公式；温度调节服务引入空调开启温度（≥26℃）作为服务标准，采用考虑植被覆盖度的绿色植被日降温吸收能量评估模型核算生态系统降温服务（赵伟等，2018）；生态系统固碳服务利用净生态系统生产力作为实物量表征指标，农田生态系统利用净生态系统生产力与农产品利用的碳消耗量之差表征农田的固碳服务；径流调节服务采用 SWAT 模型模拟并验证径流量，以实际生态系统情景下的地下径流量相对于极度退化裸地无植被覆盖情景下的地下径流量的增加量作为径流调节服务的实物量表征指标，其中极度退化裸地无植被覆盖情景的设置是将研究区有植被覆盖的土地利用类型设置为未利用土地，其他条件不变；洪水调蓄服务采用 SCS 模型，以日降雨为大雨及其以上的降雨为核算基准，以实际生态系统削减的大雨期洪水总量作为表征指标；土壤保持服务以实际生态系统的土壤侵蚀量与极度退化裸地无植被覆盖状态下的潜在土壤侵蚀量之差作为生态系统土壤保持量，其中土壤侵蚀量采用 USLE 方程进行计算；物种保育服务利用能值理论，考虑物种特有、濒危、保护等级及物种更新率进行物种保育服务评估（胡涛等，2018）；休憩服务采用旅行费用法（Clawson，1959；董天等，2017）进行核算（表 5-1）。

生态资源资产定价的基本原则为：①具有明确市场价格的服务功能，直接采用市场价格进行核算；②没有明确市场价格的服务功能，优先采用已发布的规范、技术导则等推荐的单价进行核算，其次采用替代市场法进行核算；③对于既没有明确的市场价格也不能采用替代成本法进行核算的服务，则采用能值法进行核算。福建省生态资源资产各核算指标定价见表 5-1。

表 5-1　福建省生态资源资产各核算指标定价

| 功能类别 | 核算科目 | 表征指标 | 单价 |
|---|---|---|---|
| 生态系统产品 | 农林牧渔产品 | 产品价值量 | 当年价 |
| | 干净水源 | 水资源价值量 | 1.6 元/m³ |
| | | 化学需氧量治理成本 | 3 833 元/t |
| | | 氨氮治理成本 | 2 400 元/t |
| | | 总磷治理成本 | 7 667 元/t |
| | 清新空气 | 人均人力资本 | 1 041 048.72 元 |
| | | 负离子生产费用 | $6.85 \times 10^{-18}$ 元/个 |
| 人居环境调节 | 温度调节 | 空调制冷价格 | 0.64 元/（kW·h） |
| | 生态系统固碳 | 碳税价格 | 1 412.55 元/t |
| 生态水文调节 | 径流调节 | 水库建设单位库容成本 | 7.19 元/m³ |
| | 洪水调蓄 | | |
| 土壤侵蚀控制 | 土壤保持 | 挖取单位面积土方成本 | 17.39 元/m³ |
| | | 尿素价格 | 1 250 元/t |
| | | 过磷酸钙价格 | 2 286.22 元/t |
| | | 钾肥价格 | 653.21 元/t |
| | | 有机肥价格 | 2 390.74 元/t |
| 支持服务 | 物种保育 | 能值货币比率 | $1.78 \times 10^{13}$ sej/元 |
| 精神文化服务 | 休憩服务 | 旅行费用与游憩费用支出 | 当年价 |

注：sej 表示太阳能焦耳

# 二、生态资源资产核算结果

## （一）农林牧渔产品

### 1. 福建省农林牧渔产品时空服务动态变化

2010 年福建省农林牧渔产品总产量为 4628.02 万 t，高值区主要在南平市、三明市和漳州市，低值区主要在厦门市和宁德市。2015 年福建省农林牧渔产品总产量为 5355.49 万 t，高值区主要在南平市、三明市、福州市和漳州市，低值区主要在厦门市和宁德市。相比 2010 年，2015 年福建省各地区农林牧渔产品产量明显增多，漳州市增量最多，约为 151.7 万 t，其次是福州市，增量为 147.44 万 t。

2010 年福建省农林牧渔产品总产值为 2209.88 亿元，其中福州市连江县最高，为 112.19 亿元。2015 年福建省农林牧渔产品总产值为 3553.55 亿元，2015 年农林牧渔产品产值明显高于 2010 年，总产值增加了 1343.67 亿元。与 2010 年一致，2015 年仍是福州市连江县最高，为 208.04 亿元。

### 2. 市域农林牧渔产品服务功能

2010 年和 2015 年福建省各市农林牧渔产品产量中三明市最高，分别为 861.23 万 t 和 992.77 万 t，其次是漳州市，分别是 810.84 万 t 和 962.54 万 t，厦门市最低，分别为 74.84 万 t 和 79.67 万 t（图 5-1）。

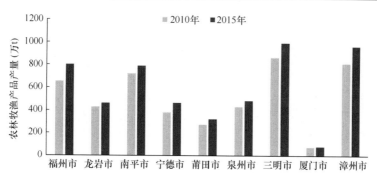

图 5-1 2010 年和 2015 年福建省各市农林牧渔产品产量

2010 年和 2015 年福建省各市农林牧渔产品产值中福州市最高，分别为 460.65 亿元和 741.28 亿元，其次是漳州市，分别是 429.11 亿元和 647.51 亿元，厦门市最低，分别为 6.29 亿元和 8.01 亿元。相比 2010 年，2015 年福州市农林牧渔产品产值增量最多，为 280.63 亿元（图 5-2）。

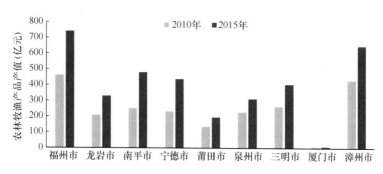

图 5-2 2010 年和 2015 年福建省各市农林牧渔产品产值

### 3. 县域农林牧渔产品服务功能

2010 年县域农林牧渔产品前十名产量为 96.30 万～174.74 万 t。2015 年农林牧渔产品前十名产量为 119.03 万～249.76 万 t，分别是漳州市的平和县、漳浦县，南平市的建瓯市，三明市的尤溪县、永安市、大田县，福州市的福清市、闽侯县、永泰县、连江县（图 5-3，图 5-4）。

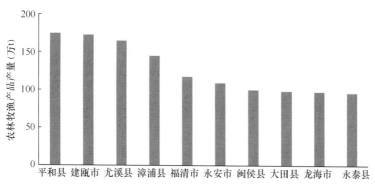

图 5-3 2010 年福建省县域农林牧渔产品产量前十名

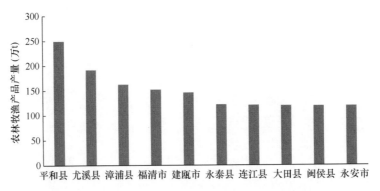

图 5-4　2015 年福建省县域农林牧渔产品产量前十名

2010 年县域农林牧渔产品前十名产值为 45.51 亿～112.19 亿元，分别是福州市的连江县、福清市、长乐市（2017 年改为长乐区），漳州市的平和县、漳浦县、龙海市、南靖县、诏安县，南平市的建瓯市，三明市的尤溪县；2015 年农林牧渔产品前十名产值为 75.15 亿～208.04 亿元，分别是福州市的连江县、福清市、长乐市，漳州市的平和县、漳浦县、龙海市、南靖县，宁德市的霞浦县，南平市的建瓯市，三明市的尤溪县（图 5-5，图 5-6）。

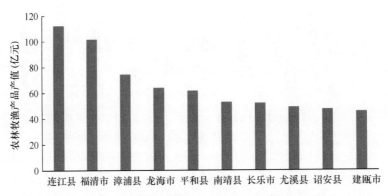

图 5-5　2010 年福建省县域农林牧渔产品产值前十名

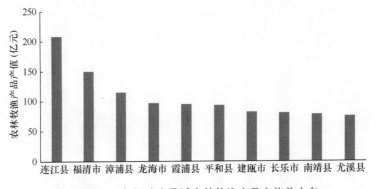

图 5-6　2015 年福建省县域农林牧渔产品产值前十名

2010 年福建省县域农林牧渔产品产量最高的为漳州市平和县（174.74 万 t），最低的为厦门市湖里区（0.63 万 t）；2015 年福建省县域农林牧渔产品产量最高的为漳州市平和县（249.76 万 t），最低的为厦门市湖里区（0.67 万 t）；2010～2015 年福建省各县域农林牧渔产品产量总体有所增加，有小部分县级行政区产量有所降低。

2010 年福建省县域农林牧渔产品产值最高的为福州市连江县（112.19 亿元），最低的为厦门市湖里区（0.05 亿元）；2015 年福建省县域农林牧渔产品产值最高的为福州市连江县（208.04 亿元），最低的为厦门市湖里区（0.07 亿元）；2010～2015 年福建省各县域农林牧渔产品产值总体有所增加，有小部分县级行政区产值有所降低。

## （二）干净水源

### 1. 福建省水资源和水环境质量状况

2015 年，福建省平均降水量为 1992.9mm，折合水量为 2468.14 亿 $m^3$，比上年偏多 16.9%，比多年平均值偏多 18.8%，属于丰水年。行政分区中，年降水量最大的是南平市，为 2228.8mm；最小的是平潭综合实验区，为 1015.5mm。与多年平均值相比，除平潭综合实验区偏少 11.1%外，其他各地市偏多 6.4%～26.1%。全省水资源总量为 1325.93 亿 $m^3$。其中：地表水资源量为 1324.67 亿 $m^3$，地下水资源量为 332.33 亿 $m^3$，地下水和地表水不重复量为 1.26 亿 $m^3$。产水系数为 0.54，产水模数为 107.06 万 $m^3/km^2$。

2015 年，福建省主要江河总体水质状况同上年相比略有好转。通过对全省 630 个断面的水质监测，采用国家《地表水环境质量标准》（GB 3838—2002）进行评价，在 11 298.4km 评价河长中，水质符合和优于Ⅲ类水的河长为 9021.7km，占评价河长的 79.8%。污染（Ⅳ、Ⅴ类和劣Ⅴ类）河长为 2276.7km，占 20.2%。水体的主要超标项目为氨氮、总磷、溶解氧和五日生化需氧量。

从各流域来看，2015 年福建省水环境质量总体保持良好水平。闽江水质为优，Ⅰ～Ⅲ类水质比例为 98.2%。九龙江水质良好，Ⅰ～Ⅲ类水质比例为 84.2%。萩芦溪、交溪、霍童溪、鳌江、晋江、漳江和东溪Ⅰ～Ⅲ类水质比例均为 100%。木兰溪、龙江和汀江分别为 83.3%、41.7%和 92.6%。

全省主要湖泊水库中，福州东张水库、莆田东圳水库、三明泰宁金湖、三明安砂水库和宁德古田水库等 5 个湖泊水库水质均为Ⅲ类，福州山仔水库、泉州惠女水库和龙岩棉花滩水库水质均为Ⅳ类，福州西湖水质为Ⅴ类，泉州山美水库水质为劣Ⅴ类。厦门筼筜湖为海水湖，水质为劣Ⅳ类海水。以湖泊水库综合营养状态指数进行评价，10 个主要湖泊水库均为中营养状态。

全省 9 个设区市的 31 个集中式生活饮用水水源地水质达标率为 97.3%，15 个主要集中式生活饮用水水源地中：泉州晋江北渠的北峰、东湖桥，龙岩富溪的凤凰水厂和福州塘坂水库水质较好，年测次合格率均为 100%；闽江北港的鳌峰洲、闽江南港的城门浚边和九龙江西溪的洋老洲 3 个供水水源地水质较差，主要超标项目为铁、锰、溶解氧和氨氮。

### 2. 干净水源服务时空动态变化

基于 SWAT 模型核算的福建省 2010 年和 2015 年水资源量分别为 1641.49 亿 $m^3$ 和 1397.64 亿 $m^3$，与《2010 福建省水资源公报》和《2015 福建省水资源公报》统计的水资源量误差分别为 0.69% 和 5.41%，模拟结果具有较高精度，可应用。2010 年和 2015 年福建省干净水源价值分别为 2642.13 亿元和 2178.14 亿元。相比 2010 年，2015 年福建省干净水源价值整体降低，主要原因是 2015 年降水量（1992.9mm）相较于 2010 年（2084.3mm）有所下降，导致 2015 年水资源量减少。

### 3. 市域干净水源服务功能

从福建省 9 个设区市干净水源价值来看（图 5-7），2015 年和 2010 年干净水源价值均是南平市最高，分别为 529.86 亿元和 679.17 亿元，其次是三明市，分别是 450.90 亿元和 543.12 亿元。两年均是厦门市最低，干净水源价值分别为 22.19 亿元和 20.98 亿元。

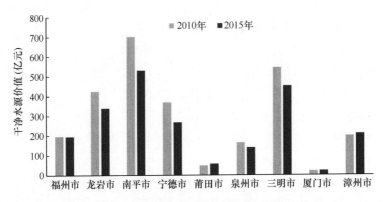

图 5-7　2010 年和 2015 年福建省各市干净水源价值

从单位面积干净水源价值来看，2015 年和 2010 年均是宁德市最高，分别为 205 万元/km$^2$ 和 284.49 万元/km$^2$。其次是南平市，分别为 258.46 万元/km$^2$ 和 201.64 万元/km$^2$。

### 4. 县域干净水源服务功能

从县域干净水源价值（图 5-8，图 5-9）来看，2015 年和 2010 年干净水源价值最高的均为南平市的建瓯市。干净水源价值排名前五名均是建瓯市、邵武市、长汀县、武夷山市和建阳区（建阳市在 2014 年改称建阳区），除长汀县外都位于南平市。一方面是由于这 5 个地区面积相对较大，水资源量大；另一方面是由于水质状况较好。

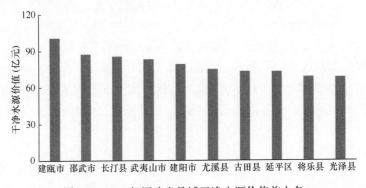

图 5-8　2010 年福建省县域干净水源价值前十名

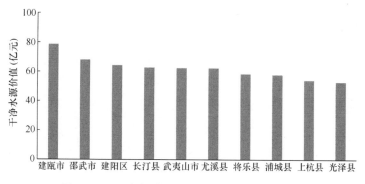

图 5-9　2015 年福建省县域干净水源价值前十名

## （三）清新空气

### 1. 各市空气质量状况

2015 年福州市、泉州市、莆田市、漳州市、宁德市、南平市、三明市、龙岩市和厦门市月平均 $PM_{2.5}$ 浓度分别为 28.67μg/m³、26.92μg/m³、30.33μg/m³、33.58μg/m³、28.58μg/m³、26.58μg/m³、29.25μg/m³、26.25μg/m³ 和 29.67μg/m³，其中，龙岩市 $PM_{2.5}$ 浓度最低，漳州市 $PM_{2.5}$ 浓度最高，莆田市和漳州市 $PM_{2.5}$ 浓度符合国家二级标准（表 5-2）。

表 5-2　2015 年福建省各市空气质量状况

| 设区市 | $PM_{2.5}$（μg/m³） |
| --- | --- |
| 福州市 | 28.67 |
| 泉州市 | 26.92 |
| 莆田市 | 30.33 |
| 漳州市 | 33.58 |
| 宁德市 | 28.58 |
| 南平市 | 26.58 |
| 三明市 | 29.25 |
| 龙岩市 | 26.25 |
| 厦门市 | 29.67 |

### 2. 市域大气环境质量服务功能

2015 年福建省清新空气服务价值为 624.84 亿元，各市大气环境质量价值差别较大，主要是由于各市常住人口和死亡率不同。

从福建省各市统计结果得出，2015 年福建省大气环境质量价值最高的为泉州市（164.20 亿元），其次是福州市，为 90.35 亿元，厦门市最低，为 43.71 亿元（图 5-10）。

### 3. 县域大气环境质量服务功能

从县域核算结果可以看出，2015 年大气环境质量服务价值排名第一位的为泉州市的晋江市（40.12 亿元），其次是泉州市的南安市，为 29.84 亿元（图 5-11）。

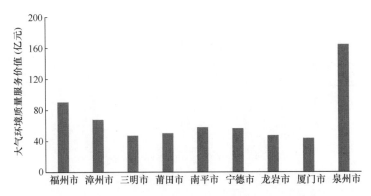

图 5-10　2015 年福建省各市大气环境质量服务价值

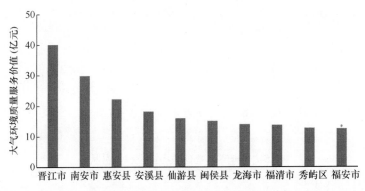

图 5-11　2015 年福建省县域大气环境质量服务价值前十名

### 4. 福建省空气负离子服务时空动态变化

福建省空气负离子服务功能量 2010 年为 $1.63×10^{27}$ 个，2015 年为 $1.31×10^{27}$ 个，相比 2010 年，2015 年福建省空气负离子释放量有所降低。2010 年福建省空气负离子服务价值高值区在南平市、龙岩市和三明市，2015 年高值区也在南平市、龙岩市和三明市。

福建省空气负离子价值量 2010 年为 88.44 亿元，2015 年为 71.02 亿元，相比 2010 年，2015 年福建省空气负离子价值量有所降低。

### 5. 市域空气负离子服务功能

2010 年和 2015 年福建省空气负离子功能量均为南平市最高，分别为 $3.61×10^{26}$ 个和 $2.92×10^{26}$ 个；两年均为厦门市最低，分别为 $9.88×10^{24}$ 个和 $7.89×10^{24}$ 个。相比 2010 年，2015 年福建省各市空气负离子服务功能量有所降低（图 5-12）。

2010 年和 2015 年福建省空气负离子价值量均为南平市最高，分别为 19.58 亿元和 16.18 亿元，两年均为厦门市最低，分别为 0.53 亿元和 0.42 亿元，相比 2010 年，2015 年空气负离子服务价值有所降低（图 5-13）。

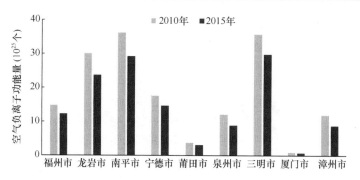

图 5-12　2010 年和 2015 年福建省各市空气负离子功能量

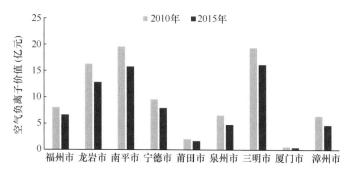

图 5-13　2010 年和 2015 年福建省各市空气负离子价值

### 6. 县域空气负离子服务功能

2010 年县域排名前十名空气负离子功能量为 $4.27 \times 10^{25} \sim 5.83 \times 10^{25}$ 个，对应的价值为 2.32 亿～3.16 亿元。这些地区分别是南平市的建瓯市、建阳区、浦城县，三明市的尤溪县、永安市，龙岩市的漳平市、上杭县、武平县、长汀县、新罗区；2015 年县域排名前十名空气负离子功能量为 $3.44 \times 10^{25} \sim 5.02 \times 10^{25}$ 个，对应的价值为 0.87 亿～2.72 亿元。这些地区分别是南平市的建瓯市、建阳区、武夷山市，龙岩市的漳平市、武平县、上杭县、新罗区，三明市的尤溪县、宁化县，泉州市的德化县（图 5-14，图 5-15）。

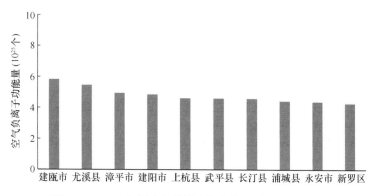

图 5-14　2010 年福建省县域空气负离子功能量前十名

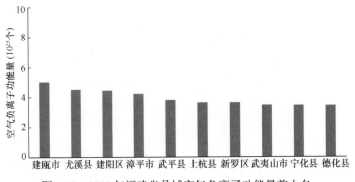

图 5-15　2015 年福建省县域空气负离子功能量前十名

## （四）温度调节

### 1. 福建省温度调节服务时空动态变化

2015 年福建省温度调节服务吸收能量 1455.85 亿 MJ，均值为 1.19MJ/（m²·a），价值量为 781.12 亿元。2010 年温度调节服务吸收能量 1387.82 亿 MJ，均值为 1.14MJ/（m²·a），价值量为 744.62 亿元。与 2010 年相比，2015 年福建省生态系统温度调节服务吸收的能量略有增加，约增加了 68.03 亿 MJ，均值约增加了 0.05MJ/（m²·a），价值量约增加了 36.50 亿元，增加率约为 4.90%。

2010 年和 2015 年福建省温度调节服务吸收能量的空间分布差异较大。总体来说，低值区主要分布在三明市和南平市两市与其他省交界区域，以及宁德市西部、福建省中部和沿海少部分地区；高值区主要分布在漳州市、泉州市、莆田市、福州市，以及南平市东南部和三明市东部。山区虽然植被覆盖度高，但是受海拔因素的影响，温度较低，温度调节服务时长相应减少，导致高海拔地区温度调节服务价值相对于中低海拔地区要小。与 2010 年相比，2015 年温度调节服务吸收能量高值区明显增加。

### 2. 市域温度调节服务功能

从分市统计分析结果可以看出，南平市温度调节服务吸收能量最大，2010 年和 2015 年温度调节服务吸收能量分别为 307.98 亿 MJ 和 276.07 亿 MJ，价值量分别为 165.24 亿元和 148.13 亿元。其次是三明市，温度调节服务吸收能量分别为 263.08 亿 MJ 和 285.18 亿 MJ，价值量分别为 141.15 亿元和 153.00 亿元。厦门市温度调节服务吸收能量最小，分别为 10.58 亿 MJ 和 12.62 亿 MJ，价值量分别为 5.67 亿元和 6.78 亿元。相比 2010 年，2015 年龙岩市、莆田市、泉州市、三明市、厦门市和漳州市温度调节服务吸收能量均有所增加，其他市温度调节服务吸收能量则有所减少（图 5-16）。

### 3. 县域温度调节服务功能

从县级行政区统计分析结果可以看出，2010 年和 2015 年温度调节服务吸收能量排名前十的县级行政区差异较大，但是 2010 年和 2015 年均为建瓯市最大，分别约为 58.78 亿 MJ 和 53.71 亿 MJ，价值量分别为 31.54 亿元和 28.53 亿元（图 5-17，图 5-18）。2010 年排名第二和第三的分别为尤溪县和建阳市，温度调节服务吸收能量分别约为 43.95 亿 MJ 和 42.44 亿 MJ，价值量分别为 23.58 亿元和 22.77 亿元。2015 年排名第二和第三的则

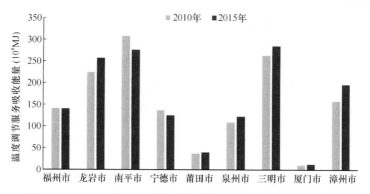

图 5-16 2010 年和 2015 年福建省各市温度调节服务吸收能量

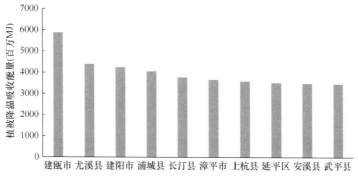

图 5-17 2010 年福建省县域温度调节服务吸收能量前十名

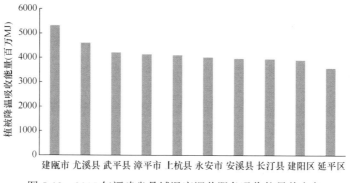

图 5-18 2015 年福建省县域温度调节服务吸收能量前十名

分别为尤溪县和武平县，温度调节服务吸收能量分别约为 46.10 亿 MJ 和 42.06 亿 MJ，价值量分别为 24.73 亿元和 22.56 亿元。2010 年和 2015 年温度调节服务吸收能量排名前十的县级行政区均包括建瓯市、尤溪县、建阳区、漳平市、长汀县、上杭县、安溪县。

## （五）生态系统固碳

### 1. 福建省生态系统固碳时空动态变化

2015 年福建省生态系统固碳量为 1.13 亿 t C/a，单位面积固碳量为 923.83g C/(m²·a)，价值量为 1353.14 亿元。其中，总初级生产力为 2.26 亿 t C/a，单位面积固碳量为 1854.06g C/(m²·a)；生态系统呼吸为 0.99 亿 t C/a，单位面积固碳量为 811.92g C/(m²·a)。

2010年生态系统固碳量为0.72亿tC/a，单位面积固碳量为680.19g C/(m²·a)，价值量为862.99亿元。其中，总初级生产力为2.02亿tC/a，单位面积固碳量为1653.08g C/(m²·a)；生态系统呼吸为1.15亿tC/a，单位面积固碳量为944.79g C/(m²·a)。相比2010年，2015年生态系统固碳量有所增加，约增加了0.41亿t，单位面积固碳量约增加了243.64g C/(m²·a)，价值量约增加了490.15亿元，增长率约为56.80%。其中，总初级生产力约增加了0.24亿tC/a，单位面积固碳量约增加了200.98g C/(m²·a)；生态系统呼吸约减少了0.16亿tC/a，单位面积固碳量约减少了132.87g C/(m²·a)。

2010年和2015年福建省绝大部分地区为碳汇区，只有沿海极少数地区表现为碳源区。相比2010年，2015年生态系统固碳的高值区增加较多，主要出现在南平市、三明市、福州市西部、漳州市、龙岩市各市与其他省交界区域，以及泉州市北部和莆田市东北部区域。2010年和2015年生态系统固碳的低值区均出现在沿海地区，其生态系统类型主要为城镇和沿海滩涂。此外，生态系统单位面积固碳量为300~600g C/(m²·a)的县（市、区）明显减少而大于1000g C/(m²·a)的县（市、区）明显增加。

### 2. 市域生态系统固碳服务功能

从分市统计分析结果可以看出，南平市生态系统固碳量最大，2010年和2015年固碳量分别为1363.90万tC/a和2447.79万tC/a，价值量分别为163.68亿元和293.71亿元。其次是三明市，生态系统固碳量分别为1391.17万tC/a和2323.81万tC/a，价值量分别为166.94亿元和278.85亿元。厦门市生态系统固碳量最小，分别为42.36万tC/a和60.49万tC/a，价值量分别为5.08亿元和7.24亿元。相比2010年，2015年各市生态系统固碳量均增加。其中，南平市增加最多，约增加了1083.89万tC/a，其次是三明市，约增加了932.64万tC/a（图5-19）。

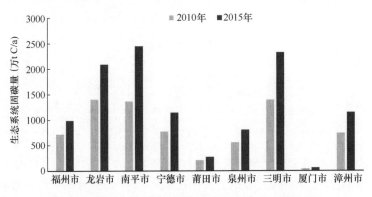

图5-19　2010年和2015年福建省各市生态系统固碳量

### 3. 县域生态系统固碳服务功能

从县域统计分析结果可以看出，2010年和2015年生态系统固碳量排名前十的县级行政区差异较大。2010年，生态系统固碳量最大的县级行政区是尤溪县，为246.50万tC/a，价值量为29.58亿元；其次是漳平市，固碳量为239.10万tC/a，价值量为28.69亿元（图5-20）。2015年，建瓯市生态系统固碳量最大，为417.37万tC/a，价值量为50.08亿元；其次是尤溪县，为389.70万tC/a，价值量为46.76亿元（图5-21）。相比

2010年，2015年这两个县级行政区的生态系统固碳量均增加。2010年和2015年生态系统固碳量排名前十的县级行政区均包括建瓯市、尤溪县、建阳区（2014年之前称建阳市）、永安市、漳平市、武平县、长汀县、上杭县。

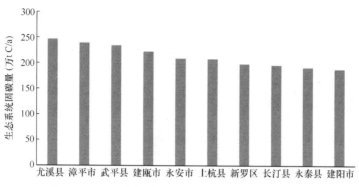

图5-20　2010年福建省县域生态系统固碳量前十名

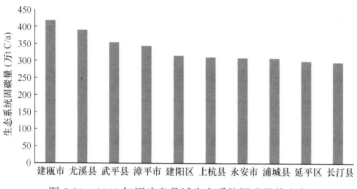

图5-21　2015年福建省县域生态系统固碳量前十名

## （六）径流调节

### 1. 福建省径流调节服务时空动态变化

从分市统计分析结果可以看出，南平市径流调节量最大，2010年和2015年径流调节量分别为307.98亿MJ和276.07亿MJ，价值量分别为165.24亿元和148.13亿元。2010年福建省平均降水量为2084.3mm，折合年降水总量为2581.31亿$m^3$，属于丰水年，计算得到的平均径流调节深度为303.72mm，折合调节量约为395.02亿$m^3$，约占降水总量的15.30%。2015年全省平均降水量为1992.9mm，折合年降水总量为2468.14亿$m^3$，平均径流调节深度为286.12mm，折合调节量为377.85亿$m^3$，约占降水总量的15.31%。相比2010年，2015年全省平均降水量减少了91.4mm，平均径流调节深度减少了17.60mm，径流调节量减少了17.17亿$m^3$。

### 2. 市域径流调节服务功能

从各市径流调节总量上来看，2010年和2015年南平市径流调节量最大，计算得到的径流调节量分别为166.29亿$m^3$和146.04亿$m^3$，分别占各年径流调节总量的42.10%和38.65%，这与南平市2010~2015年的降水有很大关系，《2010福建省水资源公报》

和《2015 福建省水资源公报》记载，2010 年和 2015 年南平市降水量也是全省最大，分别为 2433.8mm 和 2228.8mm，比平均降水量分别超出 16.77%和 11.84%。相较于 2010年，2015 年福建省各市径流调节量（图 5-22）均有不同程度的变化，其中南平市变化最大，径流调节量减少了 20.25 亿 m³，占 2010 年福建省径流调节总量的 5.13%；其次为三明市，径流调节量增加了 11.11 亿 m³，占 2015 年福建省径流调节总量的 2.94%；泉州市径流调节量的变化最小，2010～2015 年泉州市径流调节量增加了 0.91 亿 m³，不足 2015 年福建省径流调节总量的 1%。

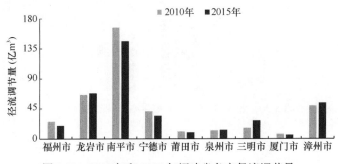

图 5-22　2010 年和 2015 年福建省各市径流调节量

### 3. 县域径流调节服务功能

2010 年和 2015 年福建省径流调节总量前十名的县级行政区见图 5-23 和图 5-24。从径流调节总量上来看，2010 年南平市的建阳市和 2015 年南平市的浦城县的径流调节量分别最大。2010 年建阳市径流调节深度为 1057.35mm，折合调节量为 35.76 亿 m³，占2010 年福建省径流调节总量的 9.05%，径流调节价值为 257.09 亿元；2015 年浦城县

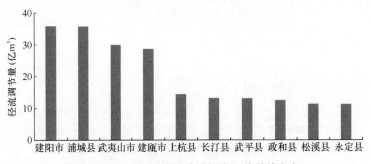

图 5-23　2010 年福建省县域径流调节量前十名

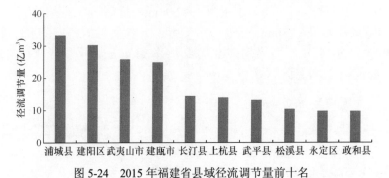

图 5-24　2015 年福建省县域径流调节量前十名

径流调节深度为 980.84mm，折合调节量为 33.15 亿 m³，占 2015 年福建省径流调节总量的 8.77%，径流调节价值为 238.32 亿元。

相比 2010 年，2015 年各县级行政区径流调节量有增有减，其中建阳区径流调节减少最大，减少了 5.58 亿 m³，价值量减少了 40.07 亿元；宁化县增加量最大，增加了 6.76 亿 m³，价值量增加了 48.54 亿元。

### （七）洪水调蓄

#### 1. 福建省洪水调蓄服务时空动态变化

2010 年，福建省共发生暴雨 33 次，最大降水量为 252mm。洪水调蓄深度约为 168.61mm，折合洪水调蓄量为 235.38 亿 m³，单位面积调蓄量为 19.28 万 m³/km²。2015 年，福建省共发生暴雨 40 次，最大降水量约为 286mm。洪水调蓄深度为 153.83mm，折合洪水调蓄量为 207.44 亿 m³，单位面积调蓄量为 16.99 万 m³/km²。

#### 2. 市域洪水调蓄服务功能

从各市洪水调蓄量（图 5-25）来看，2010 年和 2015 年南平市的洪水调蓄量最大，分别为 74.23 亿 m³ 和 52.65 亿 m³，分别占各年总调蓄量的 31.54% 和 25.38%，其次为三明市；2010 年和 2015 年洪水调蓄量最小的城市为厦门市，分别为 1.78 亿 m³ 和 1.33 亿 m³。

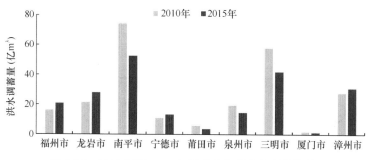

图 5-25 2010 年和 2015 年福建省各市洪水调蓄总量

#### 3. 县域洪水调蓄服务功能

从县域洪水调蓄总量上来看（图 5-26，图 5-27），2010 年和 2015 年洪水调蓄量最大的县级行政区分别是南平市的浦城县和南平市的武夷山市。2010 年浦城县洪水调蓄深度为 401.04mm，折合调蓄量为 13.55 亿 m³，占总调蓄量的 5.76%，对应洪水调蓄价

图 5-26 2010 年福建省县域洪水调蓄量前十名

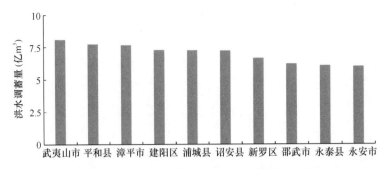

图 5-27　2015 年福建省县域洪水调蓄量前十名

值为 97.42 亿元；2015 年武夷山市洪水调蓄深度为 288.66mm，折合调蓄量为 8.10 亿 $m^3$，占总调蓄量的 3.90%，对应洪水调蓄价值为 58.24 亿元。

相比 2010 年，2015 年各县级行政区洪水调蓄量有增有减，漳平市增加量最高，调蓄量增加了 2.71 亿 $m^3$，价值量增加了 19.47 亿元；浦城县减少量最大，调蓄量减少了 6.29 亿 $m^3$，价值量减少了 45.26 亿元。

### （八）土壤保持

#### 1. 福建省土壤保持服务时空动态变化

2010 年和 2015 年福建省土壤保持总量分别为 3.64 亿 t 和 3.58 亿 t；单位面积土壤保持能力分别为 2984.99t/$km^2$ 和 2931.34t/$km^2$。相比 2010 年，2015 年土壤保持总量减少了 0.06 亿 t，单位面积土壤保持能力减小了 53.65t/$km^2$。

2010 年福建省生态系统因防止土壤侵蚀而产生的保持土壤养分的价值为 524.42 亿元。其中减少有机质流失价值为 167.11 亿元，减少氮肥流失价值为 61.48 亿元，减少磷肥流失价值为 4.39 亿元，减少钾肥流失价值为 291.44 亿元。防止泥沙淤积价值为 11.45 亿元。因此，2010 年福建省年保持土壤总价值为 535.87 亿元。

2015 年福建省生态系统因防止土壤侵蚀而产生的保持土壤养分的价值为 515.55 亿元。其中减少有机质流失价值为 164.28 亿元，减少氮肥流失价值为 60.44 亿元，减少磷肥流失价值为 4.32 亿元，减少钾肥流失价值为 286.51 亿元。防止泥沙淤积价值为 11.25 亿元。因此，2015 年福建省年保持土壤总价值为 526.80 亿元。

空间上，2015 年和 2010 年福建省单位面积土壤保持量呈现由西北向东南逐渐减少的规律，相比 2010 年，2015 年福建省单位面积土壤保持量变化不大。

#### 2. 市域土壤保持服务功能

由于各市的生态系统类型、植被覆盖度和地形不同，其土壤保持功能也有差异。2010 年和 2015 年福建省各市土壤保持量大小排序相同，由大到小为南平市、三明市、龙岩市、宁德市、泉州市、福州市、漳州市、莆田市、厦门市。南平市土壤保持量最高，2010 年和 2015 年分别为 1.06 亿 t 和 1.01 亿 t（图 5-28）。

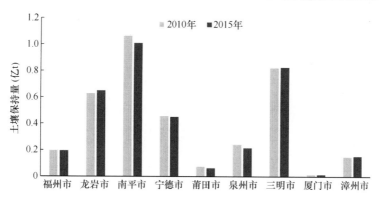

图 5-28 2010 年和 2015 年福建省各市土壤保持量

### 3. 县域土壤保持服务功能

2010 年福建省各县级行政区土壤保持量差别较大,前十名分别为武夷山市、浦城县、建阳市、光泽县、漳平市、永安市、邵武市、连城县、建瓯市和尤溪县。武夷山市最大,土壤保持量约为 0.17 亿 t,其次为浦城县,约为 0.15 亿 t(图 5-29)。

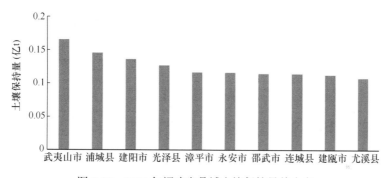

图 5-29 2010 年福建省县域土壤保持前十名

2015 年福建省各县级行政区土壤保持量同样是武夷山市最大,浦城县次之,分别为 0.15 亿 t 和 0.14 亿 t。相比 2010 年,排名前两名的武夷山市和浦城县 2015 年土壤保持量均略微减少(图 5-30)。

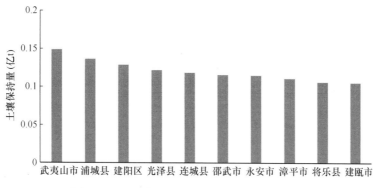

图 5-30 2015 年福建省县域土壤保持前十名

## （九）物种保育

### 1. 福建省物种保育服务时空动态变化

2015 年福建省物种保育价值为 2528.19 亿元，2010 年物种保育价值为 2529.20 亿元，两年物种保育价值基本不变。物种保育价值高值区主要位于南平市、三明市、龙岩市、漳州市和宁德市。

### 2. 市域物种保育服务功能

从各市生境质量指数可以看出（图 5-31），各市生境质量指数为 0.39～0.78。2015年和 2010 年龙岩市生境质量指数最大，分别为 0.780 和 0.781，其次是三明市，厦门市生境质量指数最低。

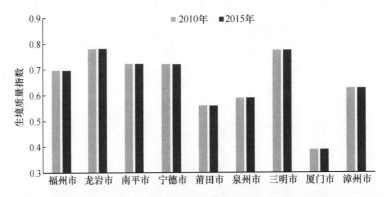

图 5-31　2010 年和 2015 年福建省各市生境质量指数

从各市物种保育价值来看（图 5-32），南平市最高，2010 年和 2015 年分别为560.24 亿元和 560.12 亿元。其次是三明市，分别为 541.42 亿元和 541.28 亿元。

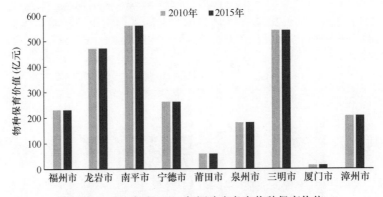

图 5-32　2010 年和 2015 年福建省各市物种保育价值

相比 2010 年，2015 年福建省各市物种保育价值整体变化不大，其中龙岩市和泉州市物种保育价值有所增加，分别增加了 0.39 亿元和 0.11 亿元，厦门市基本不变，而其他市物种保育价值则有所减少，福州市减少最多，减少了 0.32 亿元。

### 3. 县域物种保育服务功能

从县域统计分析结果可以看出，2010 年和 2015 年物种保育排名前十的县级行政区保持一致。武平县最高，2010 年和 2015 年分别为 94.43 亿元和 94.43 亿元。其次是建瓯市，2010 年和 2015 年分别为 93.72 亿元和 93.65 亿元（图 5-33，图 5-34）。

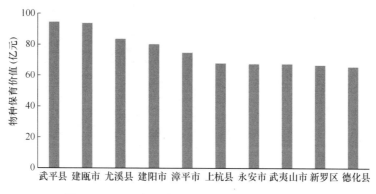

图 5-33　2010 年福建省县域物种保育价值前十名

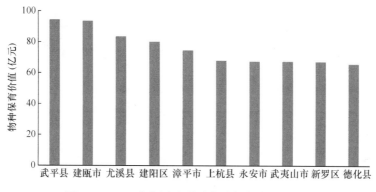

图 5-34　2015 年福建省县域物种保育价值前十名

## （十）休憩服务

### 1. 福建省旅游资源区域分析

截至 2017 年年底，福建省拥有 1 处世界文化与自然遗产（武夷山）、1 个世界地质公园（泰宁）、13 个国家级风景名胜区、10 个国家级自然保护区、21 个国家森林公园、9 个国家地质公园、4 个国家历史文化名城、85 个全国重点文物保护单位、2 个国家旅游度假区、25 个 4A 级旅游景区、24 个全国工农业旅游示范点单位、7 个中国优秀旅游城市、2 个省级优秀旅游县；这些旅游资源既包含了自然资源和生态资源，也包含了人文资源。由于本项目主要研究自然资源和生态资源带来的休憩服务价值，因此须要对福建省旅游资源按照表 5-3 进行分类。

根据表 5-3 和福建省旅游资源特点，将以人文资源为主的旅游资源排除，着重分析以自然资源、生态资源为主体的旅游地，福建省需要评估的旅游地如表 5-4 所示。

从表 5-4 可知,福建省自然和生态旅游资源共 312 处,包括 1 处世界文化与自然遗产、7 处中国优秀旅游城市、6 处 5A 级景区等。

**表 5-3　旅游资源构成**(余济云等,2011)

| 类别 | 主要构成因素 |
| --- | --- |
| 自然资源 | 森林、山、水、天气、珍稀动物、珍稀植物等 |
| 生态资源 | 空气、水、阳光、负氧离子等 |
| 人文资源 | 历史古迹、风俗民情、地域特色、艺术文化等 |

**表 5-4　福建省自然、生态旅游资源**

| 旅游资源类别 | 数量 |
| --- | --- |
| 世界文化与自然遗产 | 1 |
| 中国优秀旅游城市 | 7 |
| 5A 级景区 | 6 |
| 4A 级景区 | 66 |
| 3A 级景区 | 72 |
| 2A 级景区 | 18 |
| 福建省十佳旅游休闲集镇 | 10 |
| 福建省二十佳旅游特色村 | 20 |
| 一般旅游特色村 | 92 |
| 最美休闲乡村 | 20 |
| 总计 | 312 |

福建省旅游资源共 952 处,其中有 312 处为自然和生态旅游资源景点;这些自然、生态旅游资源分别属于不同的市、县。根据相关研究(卞显红和沙润,2008;许贤棠等,2015),得到福建省自然、生态旅游资源禀赋综合评价体系(表 5-5),计算得到福建省各市、县的旅游资源丰度。

**表 5-5　福建省自然、生态旅游资源禀赋综合评价体系表**

| 种类 | 权重 | 级别 | 分值 |
| --- | --- | --- | --- |
| 世界文化与自然遗产 | 0.3 | 世界级 | 150 |
| 中国优秀旅游城市 | 0.25 | 国家级 | 80 |
| A 级景区 | 0.2 | 5A | 80 |
|  |  | 4A | 60 |
|  |  | 3A | 40 |
|  |  | 2A | 20 |
|  |  | 1A | 10 |
| 旅游强县 | 0.1 | 省级 | 30 |
| 旅游名镇 | 0.08 | 省级 | 30 |
| 旅游名村 | 0.07 | 省级 | 30 |

## 2. 福建省游客客源地分析

通过《2016 福建统计年鉴》,并结合中国大陆游客和入境游客的旅游目的,得出 2010 年和 2015 年以休闲观光度假为目的的中国大陆游客比例分别为 54.2%和 76.4%,非中国大陆游客比例分别为 95.09% 和 97.20%。本研究将以休闲观光度假为目的的游客作为休憩服务的核算对象。

通过对福建省游客客源地进行分析，得到福建省游客可分为中国大陆游客和入境游客两大类，其中 2010 年、2015 年中国大陆游客分别为 12 844.82 万人和 29 025.18 万人，入境游客分别为 368.14 万人和 586.66 万人。

通过对 2010 年、2015 年福建省旅游经济运行简报及相关资料进行分析，得到福建省国内大陆游客中有 45% 左右来源于华东地区，20% 左右来源于华南地区。从图 5-35 中可以看出，2015 年来源于华东、华南和华中的游客较 2010 年有所增加，而 2015 年来源于华北、西南、东北和西北等地区的游客人数较 2010 年有小幅度的减少。

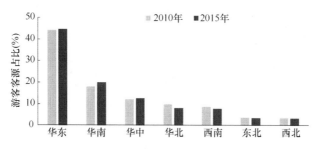

图 5-35 福建省中国大陆游客客源地分析

从图 5-36 中可知，非中国大陆游客主要来源于中国台湾、中国澳门、中国香港，以及美国、日本、新加坡、马来西亚等地。同时可以发现来源于中国台湾、中国澳门、中国香港，以及美国的游客人数 2015 年略少于 2010 年，来源于新加坡、马来西亚的游客人数 2015 年较 2010 年有所增加。

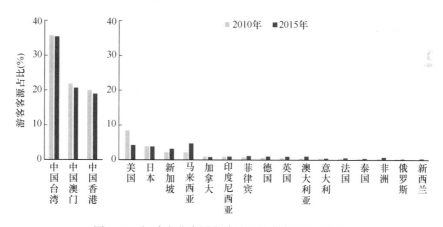

图 5-36 福建省非中国大陆地区游客客源地分析图

## 3. 旅行费用核算结果

旅行费用是游客本次旅行的实际花费，包括交通、食宿、门票、旅游纪念品、娱乐活动等所有费用。根据福建省及各市有关旅游的统计资料，可知旅行费用是旅游的实际收入，包括入境游客创汇收入和中国大陆旅游收入两部分。根据 2011 年和 2016 年《福建统计年鉴》和各个市的年报得到福建省各市 2010 年、2015 年旅游人数和收入情况，如表 5-6 所示。

表5-6 福建省各市 2010 年、2015 年旅游人数和收入情况

| 地区 | 入境游客人数（万人次） | | 入境游客创汇（亿美元） | | 中国大陆游客人数（万人次） | | 中国大陆旅游收入（亿人民币） | |
|---|---|---|---|---|---|---|---|---|
| | 2010 年 | 2015 年 | 2010 年 | 2015 年 | 2010 年 | 2015 年 | 2010 年 | 2015 年 |
| 福州市 | 69.86 | 97.30 | 8.43 | 12.02 | 2 275.11 | 4 572.35 | 208.03 | 463.17 |
| 厦门市 | 155.19 | 265.59 | 10.86 | 23.80 | 2 863.27 | 5 718.59 | 310.35 | 708.61 |
| 莆田市 | 18.47 | 26.99 | 1.29 | 2.36 | 774.71 | 1 949.36 | 54.81 | 144.66 |
| 三明市 | 2.90 | 0.53 | 0.20 | 0.48 | 650.39 | 1 946.71 | 60.96 | 147.01 |
| 泉州市 | 77.05 | 111.09 | 6.67 | 11.28 | 2 314.10 | 4 903.46 | 207.04 | 532.77 |
| 漳州市 | 24.75 | 42.44 | 1.55 | 3.22 | 1 001.74 | 2 681.18 | 89.45 | 459.83 |
| 南平市 | 17.34 | 30.40 | 0.67 | 1.70 | 1 300.03 | 2 896.18 | 151.38 | 363.29 |
| 龙岩市 | 2.24 | 9.82 | 0.10 | 0.60 | 984.73 | 2 522.35 | 69.59 | 192.55 |
| 宁德市 | 0.34 | 2.50 | 0.02 | 0.14 | 680.74 | 1 835.00 | 50.39 | 149.40 |
| 福建省 | 368.14 | 586.66 | 29.79 | 55.60 | 12 844.82 | 29 025.18 | 1 202 | 3 161.29 |

注：入境游客人数和入境游客创汇数据来源于《福建统计年鉴》；中国大陆游客人数和中国大陆旅游收入数据来源于福建省各市统计年鉴或统计公报

根据福建省以休闲观光度假为目的的中国大陆游客、入境游客比例，可以计算得出福建省各市的旅行实物量及费用；福建省 2010 年、2015 年以休闲观光度假为目的的旅游人数分别为 6246.26 万人次、19 842.93 万人次，对应旅行费用分别为 695.16 亿元、2321.93 亿元（图 5-37，图 5-38）。

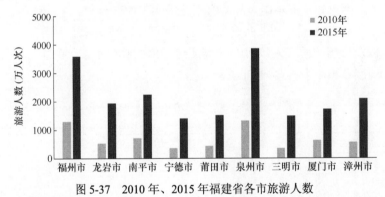

图 5-37 2010 年、2015 年福建省各市旅游人数

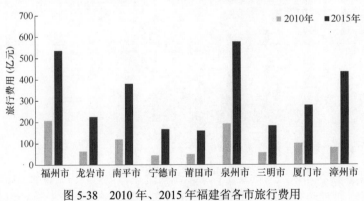

图 5-38 2010 年、2015 年福建省各市旅行费用

泉州市的游客人数和收入较其他市多，其次是福州市和漳州市，三明市、莆田市、宁德市相对较低。

### 4. 时间成本核算结果

时间成本是指时间的机会成本，包括旅行时间和游览时间。在本研究中采用问卷调查法统计游客停留天数，结合游客客源地的年平均工资来计算各客源地的时间成本。单位时间成本采用工资率的 1/3 来计算，年工作时间按照 250 天、8h/天来计算。通过对厦门市问卷调查进行整理可知，游客平均停留天数为 3.5 天。通过对客源地分析得到客源地游客旅游时间成本，其中中国台湾，时间成本为 361.67 元/人次；中国澳门，时间成本为 245 元/人次；中国香港，时间成本为 443.33 元/人次（表 5-7）。计算得到 2010 年、2015 年福建省游客的总时间成本分别为 159.93 亿元、426.03 亿元；根据各个县的资源丰度值将时间成本分配到各县，表 5-8 为 2010 年和 2015 年福建省各市游客时间成本统计。

**表 5-7　不同客源地游客旅游时间成本**

| 客源地 | 时间成本（元/人次） | 客源地 | 时间成本（元/人次） |
| --- | --- | --- | --- |
| 华东 | 214.29 | 印度尼西亚 | 97.18 |
| 华南 | 212.18 | 菲律宾 | 70 |
| 华中 | 164.16 | 德国 | 804.58 |
| 华北 | 279.77 | 英国 | 903.36 |
| 西南 | 263.19 | 澳大利亚 | 689.87 |
| 东北 | 197.13 | 意大利 | 687 |
| 西北 | 259.16 | 法国 | 789.28 |
| 美国 | 1198.42 | 泰国 | 69.78 |
| 日本 | 1099.64 | 非洲 | 88.58 |
| 新加坡 | 676.48 | 俄罗斯 | 83.17 |
| 马来西亚 | 120.45 | 新西兰 | 505.69 |
| 加拿大 | 762.52 | | |

**表 5-8　2010 年、2015 年福建省各市游客时间成本**　（单位：亿元）

| 地区 | 2010 年 | 2015 年 | 变化量 |
| --- | --- | --- | --- |
| 福州市 | 27.27 | 74.08 | 46.81 |
| 龙岩市 | 20.44 | 55.53 | 35.09 |
| 南平市 | 26.04 | 70.75 | 44.71 |
| 宁德市 | 14.05 | 38.15 | 24.10 |
| 莆田市 | 7.44 | 20.20 | 12.76 |
| 泉州市 | 23.72 | 64.43 | 40.71 |
| 三明市 | 19.41 | 52.73 | 33.32 |
| 厦门市 | 5.33 | 6.06 | 0.73 |
| 漳州市 | 16.23 | 44.10 | 27.87 |
| 福建省 | 159.93 | 426.03 | 266.10 |

### 5. 消费者剩余价值核算结果

通过厦门市问卷调查法统计不同客源地游客人数、旅行消费支出，以空间距离（省级单元）对样本进行分区，结合人口数量，计算出游率。其中出游率最高的省份为福建省，达到 18.18‰，其次是浙江省和广东省，分别达到 4.91‰、3.86‰。

通过对休憩需求曲线 $F(x)$ 的积分，当追加费用为 10 850 元/人（问卷调查所得最大消费支出）时，得出 2015 年人均消费剩余价值为 96.84 元。由于无法获得 2010 年的问卷调查结果，2010 年休憩资源消费者剩余价值采用 2015 年休憩需求曲线进行估算，结果如表 5-9 所示。

**表 5-9　2010 年、2015 年福建省各市游客剩余价值**　（单位：亿元）

| 地区 | 2010 年 | 2015 年 | 变化量 |
|---|---|---|---|
| 福州市 | 12.58 | 34.74 | 22.16 |
| 厦门市 | 5.19 | 18.75 | 13.56 |
| 莆田市 | 6.98 | 21.71 | 14.73 |
| 三明市 | 3.58 | 13.60 | 10.02 |
| 泉州市 | 4.24 | 14.68 | 10.44 |
| 漳州市 | 12.86 | 37.32 | 24.46 |
| 南平市 | 3.44 | 14.41 | 10.97 |
| 龙岩市 | 6.14 | 16.70 | 10.56 |
| 宁德市 | 5.49 | 20.24 | 14.75 |
| 福建省 | 60.50 | 192.15 | 131.65 |

### 6. 福建省休憩服务时空动态变化

通过对福建省休憩服务价值量的核算，得出 2010 年、2015 年福建省休憩服务价值分别为 915.60 亿元、2940.11 亿元，总价值增加了 2024.51 亿元。

2010 年福建省休憩服务价值普遍较低，其中武夷山市、厦门市对福建省休憩服务价值的贡献相对较大；2015 年福建省休憩服务价值普遍较高，高值区主要分布在厦门市、福州市等沿海地区，其次南平市、龙岩市的贡献也相对较大。

### 7. 市域休憩服务功能

从图 5-39 可知，2015 年福建省各市休憩服务价值普遍比 2010 年高，泉州市、福州市、漳州市、南平市的旅游资源对福建省休憩服务价值的贡献较大，三明市、宁德市、莆田市的贡献较小；各市的旅游资源对福建省休憩服务价值贡献均有所增加。

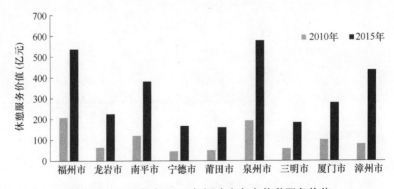

图 5-39　2010 年和 2015 年福建省各市休憩服务价值

8. 县域休憩服务功能

从各县级行政区来看，武夷山市、永泰县、永春县对福建省休憩服务价值的贡献较大。2010～2015 年武夷山市、漳浦县和东山县的休憩服务价值增加较大，分别占据了前三位（图 5-40，图 5-41）。

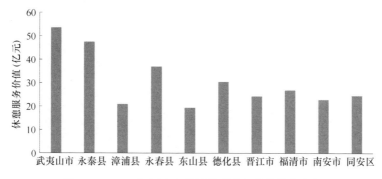

图 5-40　2010 年福建省县域休憩服务价值量前十名

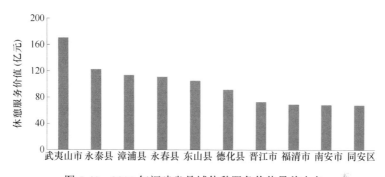

图 5-41　2015 年福建省县域休憩服务价值量前十名

# 三、生态资源资产时空动态变化

## （一）福建省生态资源资产时空分布

2015 年福建省生态资源资产总值为 18 765.03 亿元，约为当年 GDP 的 0.72 倍，单位面积资产为 0.15 亿元/km²。在评估年气象条件下，2010 年生态资源资产总值为 15 685.55 亿元，相比 2010 年，2015 年福建省生态资源资产增加了 3079.48 亿元。

从 2015 年福建省生态资源资产构成（表 5-10）可以看出，农林牧渔产品价值最高，为 3553.55 亿元，占生态系统服务总价值的 18.94%，其次是休憩服务，为 2940.13 亿元，占生态系统服务总价值的 15.67%，土壤保持服务价值最低，为 526.80 亿元，仅占生态系统服务总价值的 2.81%。

## （二）市域生态资源资产

从各市来看，南平市生态资源资产最高，为 4046.00 亿元，其中径流调节服务价值最高，为 1050.00 亿元；其次是三明市，为 2695.95 亿元，其中物种保育服务价值最高，为 541.28 亿元；厦门市最低，为 433.67 亿元（表 5-11）。

表 5-10　2015 年福建省生态资源资产构成

| 生态系统服务类型 | 价值（亿元） | 比例（%） |
| --- | --- | --- |
| 农林牧渔产品 | 3 553.55 | 18.94 |
| 休憩服务 | 2 940.13 | 15.67 |
| 径流调节 | 2 716.741 | 14.48 |
| 物种保育 | 2 528.19 | 13.47 |
| 干净水源 | 2 178.08 | 11.61 |
| 洪水调蓄 | 1 491.51 | 7.95 |
| 生态系统固碳 | 1 353.07 | 7.21 |
| 温度调节 | 781.10 | 4.16 |
| 清新空气 | 695.86 | 3.71 |
| 土壤保持 | 526.80 | 2.81 |
| 生态系统服务总价值 | 18 765.03 | 100.00 |

表 5-11　2015 年福建省各市生态资源资产　　　　　（单位：亿元）

| 地区 | 农林牧渔产品 | 干净水源 | 清新空气 | 温度调节 | 生态系统固碳 | 径流调节 | 洪水调蓄 | 土壤保持 | 物种保育 | 休憩服务 | 合计 |
| --- | --- | --- | --- | --- | --- | --- | --- | --- | --- | --- | --- |
| 福州市 | 741.28 | 194.61 | 97.00 | 75.40 | 118.35 | 141.83 | 149.72 | 22.68 | 230.78 | 535.46 | 2 307.11 |
| 龙岩市 | 329.76 | 338.43 | 60.26 | 138.01 | 250.35 | 491.07 | 201.54 | 98.13 | 472.07 | 225.03 | 2 604.65 |
| 南平市 | 479.90 | 529.86 | 73.66 | 148.13 | 293.71 | 1 050.00 | 378.55 | 151.74 | 560.12 | 380.33 | 4 046.00 |
| 宁德市 | 436.53 | 266.23 | 64.29 | 67.25 | 137.48 | 248.14 | 96.07 | 67.72 | 262.12 | 166.76 | 1 812.59 |
| 莆田市 | 193.76 | 57.13 | 51.86 | 21.49 | 32.75 | 68.89 | 26.57 | 9.59 | 58.85 | 159.70 | 680.59 |
| 泉州市 | 312.26 | 109.32 | 168.99 | 65.77 | 96.56 | 95.23 | 104.88 | 30.23 | 181.05 | 577.09 | 1 741.38 |
| 三明市 | 404.54 | 450.90 | 63.30 | 153.00 | 278.85 | 195.69 | 301.88 | 124.12 | 541.28 | 182.39 | 2 695.95 |
| 厦门市 | 8.01 | 22.02 | 44.14 | 6.78 | 7.24 | 40.81 | 9.57 | 2.24 | 14.62 | 278.24 | 433.67 |
| 漳州市 | 647.51 | 209.58 | 72.37 | 105.27 | 137.78 | 385.09 | 222.72 | 20.34 | 207.30 | 435.13 | 2 443.09 |
| 福建省 | 3 553.55 | 2 178.08 | 695.87 | 781.10 | 1 353.07 | 2 716.75 | 1 491.50 | 526.79 | 2 528.19 | 2 940.13 | 18 765.03 |

生态资源资产等同于 GEP。从图 5-42 可以看出，生态资源资产与 GDP 差异较大，在考虑各市生态资源资产后，GDP 与 GEP 之和的排序相较于原来的 GDP 排序发生了

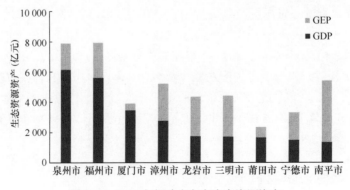

图 5-42　2015 年福建省各市生态资源资产

较大变化。最明显的是南平市，GDP 排名为最后一位，GDP 加上 GEP 后，排名提升至第三位。

从各市单位面积生态资源资产来看，单位面积 GEP 与单位面积 GDP 差别较大，其中厦门市单位面积 GEP 最高，为 0.280 亿元/km²；其次是福州市和漳州市，单位面积 GEP 分别为 0.199 亿元/km² 和 0.194 亿元/km²（图 5-43）。

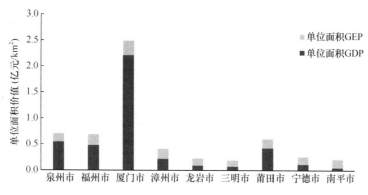

图 5-43　2015 年福建省各市单位面积 GDP 和单位面积 GEP

## （三）县域生态资源资产

从县域生态资源资产来看（图 5-44），2015 年南平市的武夷山市、建瓯市、建阳区、浦城县和龙岩市的漳浦县生态资源资产排名前五，其中武夷山市最高，为 651.73 亿元，约占福建省生态资源资产的 3.47%，其次是建瓯市，为 601.32 亿元，约占福建省生态资源资产的 3.20%。

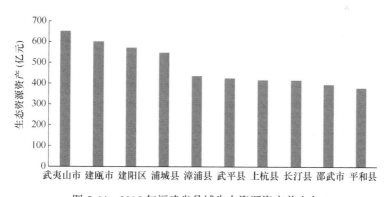

图 5-44　2015 年福建省县域生态资源资产前十名

由图 5-45 可以看出，福建省县域 GEP 与 GDP 排名差别较大，在考虑县域 GEP 后，GDP 与 GEP 之和减小了仅考虑 GDP 时所带来的差异。鼓楼区、思明区、南安市和福清市 4 个地区的 GDP 差别较大，当考虑 GEP 后，明显缩小了 4 个地区的差别。

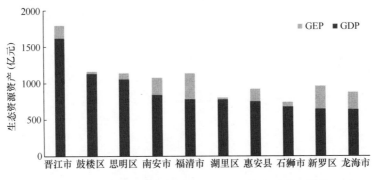

图 5-45　2015 年福建省县域 GDP 前十强的生态资源资产

# 四、福建省生态资源资产核算下一步工作推进的对策建议

## （一）推进目标

牢固树立和践行绿水青山就是金山银山的理念，以生态资源资产业务化应用为核心，坚持大胆改革、实践优先、科技创新、统一推进的原则，通过 5～10 年的不懈努力，持续深入推进生态资源资产核算理论探索和实践应用，形成可在全国推广复制的生态资源资产业务核算技术体系，在全国率先将生态资源资产纳入国民经济核算体系，形成支撑生态产品价值实现的体制机制，从而率先将福建省建设成为生态产品价值实现的先行区和绿色发展绩效指数评价的导向区，为生态文明建设贡献中国智慧和中国方案。

试点推广期（2019～2020 年）：用 2 年的时间，以形成可在全国推广复制的生态资源资产业务核算技术体系为重点，在进一步深入总结试点经验的基础上，通过扩大生态资源资产核算试点范围，实施生态资源资产核算重大科技专项，总结发布福建省生态资源资产核算技术标准，探索生态资源资产核算相关制度体系建设。

业务核算期（2021～2022 年）：在总结试点经验、形成统一规范的生态资源资产核算技术的基础上，再用 2 年的时间在福建全省各地市全面开展生态资源资产价值核算工作，摸清福建省生态资源资产家底；构建生态资源资产核算业务化体系，形成基于各行业部门监测统计报表数据的业务化核算体系，发布"福建省生态资源资产统计年鉴"，进一步深入开展生态资源资产核算相关制度体系建设，在全国率先将生态资源资产纳入国民经济核算体系。

制度完善期（2023 年）：以生态产品价值实现和生态文明绩效考核制度为重点，再用 1 年的时间，形成支撑生态产品价值实现的体制机制，率先将福建省建设成为生态产品价值实现的先行区和绿色发展绩效指数评价的导向区。

## （二）基本原则

坚持大胆改革："两山"理论是中国对世界发展模式的重大贡献，生态资源资产核算在世界上还没有非常成熟的经验和模式可借鉴，必须突破原有的制度体系限制，注重突出特色和重点,在核算技术、体制机制等领域和关键环节大胆创新改革,才有可能为生态文明建设提供支撑。

坚持实践优先:生态资源资产核算是一个世界性的科学难题,更是一个实践性问题。只有不畏难、不畏苦,将理论研究工作与地方实际情况紧密结合,在实践和应用中发现问题并解决完善,使理论与实践相互促进,才能真正将生态资源资产核算应用于生态文明建设。

坚持科技创新:技术问题是制约生态产品价值实现的重要瓶颈之一,必须坚持科技创新,让科学研究与生态文明制度改革紧密结合在一起,让科学家与政府管理人员紧密联系在一起,组织起强有力的专家技术团队,发挥集体力量,重点攻关,形成在核算试点地区驻点工作的研究团队,让科研人员深入核算试点的第一线,将技术转化为实践可操作的模式。

坚持统一推进:开展生态资源资产核算是建立"源头严防、过程严管、后果严惩"的生态文明制度体系的前提和基础。生态资源资产核算与建立自然资源资产负债表、建立领导干部自然资源资产离任审计制度、开展绿色发展绩效指数评价、建立生态环境损害赔偿制度等其他生态文明试点任务密切相关,在这些试点工作推进过程中,应坚持统一领导、统一推进,在技术研究、制度建设等方面步调应协调一致,整合形成系统、完整的生态文明改革成果。

## (三)近期重点任务

### 1. 在总结经验的基础上扩大核算试点范围

厦门市和武夷山市生态资源资产核算试点工作已经取得了很好的经验,总结经验形成统一的技术标准对于推广国家生态文明试验区试点经验非常重要。一是总结经验形成生态资源资产核算技术标准。分析对比厦门和武夷山试点技术方法,分析指标体系与评估方法的适用范围和条件,总结经验,形成可重复、可比较、可推广的技术体系,由福建省质量技术监督局尽快出台福建省生态资源资产核算技术标准,推进生态资源资产核算的福建经验向国家经验提升转变。二是在总结试点经验的基础上继续扩大试点范围。在厦门和武夷山试点的基础上,综合考虑流域上下游、生态系统代表性、经济发展条件等因素,在沿海和山区再选择 2~4 个市、县应用,总结形成技术方法并扩大生态系统价值核算试点,验证并完善核算技术方法。三是逐步摸清福建省生态资源资产家底。在扩大核算试点的基础上,进一步完善核算技术方法,形成完善规范的技术体系,在福建省各市、县全面开展生态资源资产核算,最终摸清生态资源资产家底。

### 2. 实施生态资源资产核算重大科技专项

生态资源资产核算涉及众多复杂的科学问题,必须依靠强有力的科技手段提供技术支撑。建议福建省科技厅、生态环境厅等相关部门牵头实施生态资源资产核算重大科技专项,集中解决市、县试点核算难以解决的生态资源资产核算的基础理论、共性技术和政策机制问题。一是组建生态资源资产核算总体专家组。组建由国家和省内知名专家组成的跨行业专家技术团队,全面负责生态资源资产核算的技术问题,负责总结试点经验,编制统一的核算技术规范，制定详细可行的试点推进工作方案，解决试点地区核算的技术问题。二是开展生态资源资产核算基础理论研究。阐明"生态资源资产-生态产品价格-生态补偿成效"的作用关系，揭示生态系统生产与经济生产之间的相互作用机制，分析生态系统价值的供给空间和受益空间，以及其空间流转对生态补偿的影响。三是开展生态资源资产核算关键技术研究。研究建立基于生态资源要素质量的生态资源资产核算技术，研究区域间和要素间生态系统价值的当量关系，研究构建基于县级行政区的生态资源资产业务统计核算技术，深入研究近岸海域生态资源资产核算技术。四是开展生态资源资产核算体制机制研究。建立生态资源资产核算配套保障体制机制，保证项目顺利实施。

### 3. 开展基于生态资源资产的生态文明绩效考核

制度创新是推进生态文明建设的重要举措，生态资源资产核算是建立生态文明制度的前提，是实施生态文明绩效考核的基础，建议福建省以生态资源资产核算成果为依据，加大生态文明制度的创新力度。一是建立生态文明改革试点联席会议制度。国家生态文明试验区（福建）开展的生态资源资产核算、自然资源资产负债表、干部离任审计制度、绿色发展绩效指数评价、生态环境损害赔偿制度等试点任务有非常强的关联性，分别由福建省发展和改革委员会、生态环境厅、审计厅、林业厅、农业厅、统计局等相关部门负责，建立改革试点联席会议制度，省领导小组定期集中安排部署，统一推进相关工作，有利于整合形成系统、完整的生态文明改革成果。二是完善建立生态文明绩效考核体系。在国家发展和改革委员会会同相关部门已经发布实施的《绿色发展指标体系》和《生态文明建设考核目标体系》基础上，构建完善以生态环境质量改善为核心、反映生态文明建设水平和主体功能区差异的绿色发展绩效指数，形成综合反映各区域生态文明建设努力程度和发展水平的绩效考核体系。三是基于核算结果探索建立领导干部自然资源资产离任审计制度。在试点研究的基础上，进一步深化研究并形成基于生态资源要素及其质量的区域生态资源资产核算办法，探索形成领导干部自然资源资产离任审计制度。四是将生态资源资产纳入国民经济和社会发展规划。将生态资源资产作为约束性指标，列入年度发展计划和政府工作报告，制定生态资源资产保质增值的目标和任务，各级政府在向人民代表大会常务委员会报告经济发展的同时报告生态资源资产核算结果。

### 4. 探索建立生态产品价值实现综合实验区

生态产品价值实现是国家赋予福建省生态文明制度改革的明确任务，也是引领世界、贡献中国方案的重要途径。生态资源资产核算是生态产品价值实现的重要基础，建议福建省依托生态资源资产核算结果，以生态产品价值实现为主线，选择基础条件良好且较为典型的地区，建立生态产品价值实现综合实验区。一是建立与国民经济相衔接的生态产品分类目录。在现有生态资源资产核算试点指标体系的基础上，根据使用属性和市场化程度建立与国民经济既有衔接性又不重复的生态产品分类目录，促进生态产品的生产和发展。二是总结生态产品创新实践模式和经验。深入总结国内外生态产品价值创新实践模式及其实施成效，分析其与区域生态环境状况和社会经济发展水平的关系，识别制约生态产品价值实现的主要因素。三是开展生态产品价值实现试点示范。筛选经济发展优先区、绿色发展贫困区和两者协调发展区，分区选择具有良好工作基础的典型地区开展试点示范，探索生态产品价值实现路径。四是创新政府购买生态产品的生态补偿模式。在福建已开展的生态补偿模式的基础上，借鉴国内新安江等生态补偿的良好经验，以生态产品价值为基础，确定生态补偿标准，探索制定政府购买生态产品的生态补偿模式。五是开展生态产品价值实现配套体制机制建设。研究构建生态产品市场化运作机制及其相关金融财税政策，以及与生态产品价值相匹配的生态补偿、损害赔偿体制机制等。

# 第六章　福建省生态产品价值实现研究

## 一、生态产品概念内涵及其意义

### （一）党和国家对生态产品价值的总体部署与要求

"生态产品"概念在我国政府文件中首次见于 2010 年国务院发布的《全国主体功能区规划》，将生态产品与农产品、工业品和服务产品并列为人类生活所必需的、可消费的产品，重点生态功能区是生态产品生产的主要产区。随后党的十八大将"增强生态产品生产能力"作为生态文明建设的一项重要任务。十九大进一步明确要求"提供更多优质生态产品以满足人民日益增长的优美生态环境需要"，将生态产品短缺看作新时代社会主要矛盾的一个主要方面。2018 年在深入推动长江经济带发展座谈会上，习近平总书记明确要求"要积极探索推广绿水青山转化为金山银山的路径，选择具备条件的地区开展生态产品价值实现机制试点"，生态产品价值实现成为践行绿水青山就是金山银山理论的重要方式。

十八大以来，党和国家先后出台了一系列文件对生态产品价值实现及相关制度建设做出重大安排和部署。一是在生态产品价值实现相关领域积极开展试点工作。2015 年国家将呼伦贝尔、湖州等 5 个地市列为编制自然资源资产负债表的试点地区，2016 年福建作为国家生态文明试验区，提出建设"生态产品价值实现的先行区"的战略目标，2017 年贵州等四省份被列为国家生态产品价值实现机制试点地区。全国各地超过 100 个省（市、县）开展了关于生态资产、自然资源资产、GEP、生态系统价值等核算工作。二是继续加大生态保护补偿力度。2016 年出台了《国务院办公厅关于健全生态保护补偿机制的意见》，当前我国重点生态功能区转移支付制度、森林生态效益补偿制度、草原生态保护补助奖励政策、湿地生态保护补偿机制基本形成并逐步完善，已经实现了森林、草原、湿地、荒漠、海洋等重点领域和禁止开发区域、重点生态功能区等重要区域生态保护补偿全覆盖。三是实施生态产品供给保障与修复措施。划定并严守生态红线，构建以国家公园为主体的自然保护地体系，建立了三江源、神农架等 10 个国家公园试点；水质较好湖泊的生态环境保护转变了原有"先污染、后治理"的老路。自 2016 年国家开启了山水林田湖草生态保护修复试点工程，目前已开展 3 批次的试点申报工作。四是大力推进环境治理和生态保护市场体系建设。2017 年浙江、广东、贵州等五省（区）的部分地区设立了绿色金融改革创新试验区。碳排放权、水权、用能权和排污权市场日益扩大，至 2017 年底试点碳市场累计成交量突破 2 亿 t，年配额总量超过欧盟的一半。水权交易从个别省（区）试点迈向全面推行阶段，排污权交易试点活跃。

### （二）生态产品概念内涵

生态产品是指生态系统通过生物生产或与人类生产共同作用为人类福祉提供的最终产品或服务，包括清新空气、干净水源、安全土壤、清洁海洋、物种保育、气候调节、生态系统减灾、农林产品、生物质能、旅游休憩、健康休养、文化产品等，是与农产品和工业产品并列的、满足人类美好生活需求的生活必需品。根据生物生产、人类生产参与的程度以及服务类型，生态产品可划分为公共性生态产品和经营性生态产品两类。公共性生态产品是指由生态系统通过生物生产过程为人类提供的自然产品，包括清新空气、干净水源、安全土壤、清洁海洋等人居环境产品以及物种保育、气候调节和生态系统减灾等生态安全产品。经营性生态产品是由生物生产与人类生产共同作用为人类提供的产品，包括农林产品、生物质能等物质原料产品和旅游休憩、健康休养、文化产品等。

生态产品的价值表现在生态、伦理、政治、经济、社会、文化、经济等多方面；其经济价值实现方式主要包括生态保护补偿、生态权属交易、直接开发利用、绿色金融扶持和政策制度激励等措施。公共性生态产品的价值主要通过生态保护补偿和碳排放权、排污权、水权、用能权等生态权属产权交易方式实现，经营性生态产品主要通过直接开发利用使其在市场交易中实现其经济价值；绿色金融和政策制度等主要通过金融和制度等手段激发人们主动参与生态产品价值实现的积极性。

### （三）生态产品价值实现的重大现实意义

生态产品概念的提出表明我国生态文明建设在理念上的重大变革。一是对生态环境的认识更加深刻。我国政府文件用"生态产品"代替学术领域常用的"生态系统服务"，突出强调生态环境是一种具有生产和消费关系的产品，生态环境不再仅仅只是简单的生产原料或劳动对象，而是以生态产品的形式成为满足人类美好生活需求的一种优质产品，成为影响生态关系的重要生产力要素，丰富了生产力与生产关系的内涵。二是使用经济手段解决环境外部的不经济性。生态产品作为一种产品，具备了通过市场交换实现价值的基础，强调生态环境是有价值的，保护自然就是增值自然价值和自然资本的过程，就应得到合理回报和经济补偿，可以通过经济方式解决生态环境外部不经济性问题。三是运用市场机制配置生态环境资源。生态产品的价值通过在市场中交易得以实现，价值规律在生态产品的生产、流通与消费过程中发挥作用，运用经济杠杆实现环境治理和生态保护的资源高效配置。四是用生命共同体的系统理念保护生态环境。生态产品与山水林田湖草生命共同体的理念一脉相承，山水林田湖草生命共同体是生态产品的生产者，生态产品是山水林田湖草生命共同体的结晶产物，生态环境保护理念由要素分割向系统思想转变。五是将生态产品培育成为我国经济未来发展的绿色新动能。我国生态产品极为短缺与不足，生态差距是我国与发达国家最大的差距。差距是发展的动力，提高生态产品生产供给能力可以成为我国经济发展的强大引擎。

# 二、福建省农林产业绿色发展研究

## （一）农林生态资源状况

### 1. 总体情况

福建省全省山地和丘陵面积有 1000 万 $hm^2$ 左右，海拔一般较低，1000m 以上的仅占 3%，500～1000m 的占 33%，500m 以下的占 64%，便于开发利用。山地和丘陵的林业基础较好，现有林面积 6744.5 万亩，加上疏林地、灌木林地和未成林的造林地等共 8410 万亩，人均 3.3 亩，活立木蓄积量为 4.3 亿 $m^3$，人均 $17.1m^3$，都高于全国平均水平。林区松香、香菇、笋干等林副产品也十分丰富；现有的茶、果等多年生作物，绝大部分也分布于山地和丘陵。

全省现有省级以上生态公益林 286.2 万 $hm^2$（4293 万亩），占全省林地面积的 30.9%；林业自然保护区 89 处（其中：国家级 15 处，省级 21 处，市县级 53 处）、保护小区 3300多处，保护面积为 1260 万亩，占陆域面积的 6.8%；森林公园 177 个（其中：国家级森林公园 30 个，省级 127 个）；创建国家森林城市 4 个、省级森林城市（县城）34 个。

近年来，福建省的水资源总量逐年下降，从 2010 年的 1652.7 亿 $m^3$ 降到 2015 年的 1325.9$m^3$，人均水资源量从 2010 年的 4491.7$m^3$/人降到 2015 年的 3468.7$m^3$/人。森林、草地资源基本保持不变，2015 年森林面积达 801.3 万 $hm^2$，森林覆盖率为 66.0%，草地面积达 204.8 万 $hm^2$。耕地面积逐年下降，从 2010 年的 133.83 万 $hm^2$ 降到 2015 年的 133.63 万 $hm^2$。果园、茶园面积逐年增加，果园面积从 2010 年的 53.62 万 $hm^2$ 增加到 2015 年的 54.57 万 $hm^2$，茶园面积从 2010 年的 20.12 万 $hm^2$ 增加到 2015 年的 25.01 万 $hm^2$。表 6-1 为 2010～2015 年福建省农业资源数量变化。

**表 6-1  2010～2015 年福建省农业资源数量变化**

| 项目 | 2010 年 | 2011 年 | 2012 年 | 2013 年 | 2014 年 | 2015 年 |
|---|---|---|---|---|---|---|
| 水资源总量（亿 $m^3$） | 1652.7 | 774.9 | 1511.4 | 1151.9 | 1219.6 | 1325.9 |
| 地表水资源量（亿 $m^3$） | 1651.5 | 773.5 | 1510.1 | 1150.7 | 1218.4 | 1324.7 |
| 人均水资源量（$m^3$/人） | 4491.7 | 2090.5 | 4047.8 | 3062.8 | 3218.0 | 3468.7 |
| 森林面积（万 $hm^2$） | 801.3 | 801.3 | 801.3 | 801.3 | 801.3 | 801.3 |
| 人工林面积（万 $hm^2$） | 377.7 | 377.7 | 377.7 | 377.7 | 377.7 | 377.7 |
| 森林覆盖率（%） | 66.0 | 66.0 | 66.0 | 66.0 | 66.0 | 66.0 |
| 草地面积（万 $hm^2$） | 204.8 | 204.8 | 204.8 | 204.8 | 204.8 | 204.8 |
| 耕地面积（万 $hm^2$） | 133.83 | 133.79 | 133.84 | 133.87 | 133.64 | 133.63 |
| 果园面积（万 $hm^2$） | 53.62 | 53.12 | 53.49 | 53.92 | 53.92 | 54.57 |
| 茶园面积（万 $hm^2$） | 20.12 | 21.13 | 22.15 | 23.23 | 24.29 | 25.01 |

数据来源：福建省历年统计年鉴

### 2. 耕地质量状况

2015 年，全省耕地质量等别面积为 133.81 万 $hm^2$。基本农田保护面积为 107.30 万 $hm^2$，保护率为 80.2%。全省完成水土流失综合治理面积 238.3 万亩，比年度下达任务 200 万亩超出 19.2%。国家自然等主要分布在 5～8 等别，占 85.7%；国家利用等主要分布在 6～10 等别，占 85.57%；国家经济等主要分布在 6～10 等别，占 82.4%。国家自然等与国家利用等、国家经济等之间差别较大，国家利用等、国家经济等之间相差较小。总体上，耕地质量处在高等、中等地水平（图 6-1）。

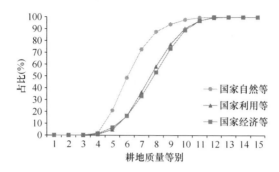

图 6-1　2015 年福建省耕地质量等别面积占比累计曲线

数据来源：福建省国土资源年报，2015

## （二）农林产业发展状况

近年来，全省扎实推进农业供给侧结构性改革，加快发展特色现代农业，深入实施精准扶贫、精准脱贫方略，持续深化农村改革创新，较好地完成了各项目标任务。全省农林牧渔业增加值增长 3.5%，农民人均可支配收入增长 8.2%，粮食等主要农产品实现增产增效，农业农村经济保持稳中向好态势。表 6-2 和表 6-3 分别是近年来福建省农产品产量和农林牧渔产值情况。

表 6-2　近年来福建省农产品产量　　　　　　（单位：万 t）

| 年份 | 粮食 | 油料 | 蔬菜 | 园林水果 | 茶叶 | 肉制品 | 水产品 |
|---|---|---|---|---|---|---|---|
| 2010 | 584.65 | 22.08 | 1278.82 | 495.03 | 25.83 | 192.61 | 587.42 |
| 2011 | 576.13 | 21.72 | 1276.2 | 514.22 | 27.67 | 199.06 | 603.78 |
| 2012 | 547.33 | 21.18 | 1264.56 | 540.83 | 29.6 | 223.1 | 628.61 |
| 2013 | 534.68 | 20.75 | 1254.22 | 557.68 | 31.57 | 238.62 | 658.76 |
| 2014 | 520.43 | 20.49 | 1254.65 | 481.35 | 33.4 | 247.56 | 695.98 |
| 2015 | 500.05 | 20.1 | 1274.5 | 554.3 | 35.63 | 258.94 | 733.89 |
| 2016 | 477.28 | 19.41 | 1256.78 | 548.51 | 37.29 | 279.97 | 711.33 |
| 2017 | 487.15 | 19.55 | 1292.18 | 601.14 | 39.49 | 264.91 | 744.57 |

表 6-3　近年来福建省农林牧渔产值　　　　　　（单位：亿元）

| 年份 | 农业 | 林业 | 牧业 | 渔业 |
|---|---|---|---|---|
| 2010 | 899.39 | 190.13 | 414.49 | 640.19 |
| 2011 | 1025.03 | 239 | 527.12 | 733.83 |
| 2012 | 1119.42 | 258.06 | 533.56 | 836.57 |
| 2013 | 1196.59 | 296.02 | 558.67 | 902.18 |

续表

| 年份 | 农业 | 林业 | 牧业 | 渔业 |
| --- | --- | --- | --- | --- |
| 2014 | 1307.63 | 326.31 | 574.6 | 926.08 |
| 2015 | 1358.58 | 317.7 | 633.83 | 967.02 |
| 2016 | 1474.49 | 318.28 | 768.11 | 1091.29 |
| 2017 | 1527 | 327.73 | 750.49 | 1202.05 |

一是粮食综合生产能力得到新提升。层层落实粮食生产责任制，建设高标准农田 170 万亩，改造抛荒山垄田 20 万亩，累计建成粮食生产功能区 202 万亩。在粮食主产县整建制推进绿色高产高效创建，推广增产增效关键技术 3000 万亩（次）以上，粮食耕种收综合机械化水平提高到 61%。推广优质稻 562 万亩，扩大专用甘薯、马铃薯品种种植覆盖面，粮食品种结构进一步优化，粮食播种面积和总产保持稳定。

二是特色现代农业建设迈上新台阶。扎实推进农业供给侧结构性改革，培育壮大茶叶、水果、蔬菜、食用菌、畜禽等特色产业，福建百香果、富硒农业成为特色现代农业新亮点，七大优势特色产业全产业链总产值超过 1.1 万亿元，其中蔬菜、水果、畜禽等产业全产业链产值均跨越千亿元大关。创建武夷岩茶国家级农产品优势区、安溪国家级现代农业产业园，组织创建省级以上现代农业产业园 59 个，全省实施现代农业重点项目 761 个，新增投资超过 120 亿元，特色产业向适宜区域集聚发展的态势进一步形成。品牌农业加快发展，初选 10 个福建区域公用品牌、26 个福建名牌农产品，安溪铁观音、武夷岩茶荣获中国十大茶叶区域公用品牌，福建百香果等 6 个农产品获第十五届中国国际农交会金奖，永春芦柑等 4 个农产品被评为中国百强农产品区域公用品牌，支持一批重点龙头企业加强品牌宣传推介，组织拍摄并播放特色产业电视专题片，"清新福建·绿色农业"品牌效应初步形成。特色林业改善生态与民生，至 2015 年末，全省花卉苗木基地面积达 110 万亩、丰产竹林基地面积达 600 万亩、丰产油茶基地面积达 125 万亩、林下经济种植基地面积达 750 万亩，"森林人家"品牌被国家林业局（现称自然资源部）在全国推广应用。促进产业转型升级，引导产业集聚，培育五大集群和龙头企业，有效带动和促进农民就业增收。深入实施农产品质量安全"1213"行动计划，新建标准化规模生产基地 3163 个，"三品一标"农产品（无公害农产品、绿色食品、有机农产品、地理标志农产品）达 3724 个，农业部（现称农业农村部）对我省主要农产品质量抽检的总体合格率达 98.6%，我省农产品质量居全国前列。数字农业稳步发展，启动建设 14 个现代农业智慧园和 180 个物联网应用示范基地。大力发展农业产业化经营，规模以上农产品加工企业发展到 4428 家，农产品加工转化率提高到 68%，成立了福建百香果、葡萄、蜜柚等产销联盟，农村电商、休闲农业等新产业新业态加快发展。

三是农业绿色发展获得新成效。生态农业建设扎实推进，初步建立了农产品产地长期定位监测制度，加强农业面源污染防治，生猪养殖场的关闭拆除和规模养殖场标准化改造全面完成，基本实现达标排放。开展化肥、农药使用量零增长减量化行动，推广农业绿色高产高效示范，整县推进有机肥替代化肥试点工作，2017 年化肥、农药使用量均比 2016 年减少 5% 以上。加快转变农业发展方式，积极推广生态循环模式，漳州、南平被确定为国家级农业可持续发展试验区。强化重大动植物疫病防控和动物卫生监督执法，推进饲料、兽药、屠宰、病死猪无害化处理等全程监管，全省未发生区域性重大动植物疫情。农业安全生产进一步加强，"平安农机"创建工作获得农业部和国家安全生产监督管理总局（现称应急管理部）表彰。

四是农业对外合作取得新进展。组织重点企业参加国际展会，持续推进"闽茶海丝行"等推介活动，农业"走出去"步伐加快，一批重大农业项目在"一带一路"沿线国家和地区落地建设；农产品国际市场不断开拓，农产品市场多元化特征更加明显，2017年农产品出口额超过 91 亿美元，居全国第三位。持续深化闽台农业合作，国家级台创园（台湾农民创业园）建设水平不断提高，漳平、漳浦等 5 个台创园包揽全国前五名；闽台农业合作推广成效日益显现，福建百香果、莲雾等新产业加快发展；闽台农业交流力度不断加大、领域持续拓展，"海峡论坛"农业专场活动成功举办，农业利用台资规模继续保持全国第一。

五是脱贫攻坚取得新成就。全面推进精准扶贫、精准脱贫，2017年脱贫 20 万人，造福工程易地扶贫搬迁 10 万人任务圆满完成。贫困人口动态管理制度不断完善，对象识别更加精准。建立《扶贫手册》《挂钩帮扶工作手册》制度，落实"一户一策""一户一挂钩"帮扶政策。产业扶贫政策不断强化，扶贫小额信贷覆盖生达 39.2%，"雨露计划"培训贫困户 6.9 万人次，贫困户发展产业到户奖补政策实现全覆盖。扶贫机制持续创新，精准扶贫医疗叠加保险政策启动实施，资产收益扶贫试点有序展开。福建省"构建综合脱贫体系、精准理念贯穿全程"的精准扶贫做法，得到李克强总理的重要批示。

六是农村改革有了新突破。制定出台福建省农村承包地"三权分置"、农村集体产权制度改革、农垦改革发展、新型农业经营主体培育等重大改革的实施意见，基本确立我省农村改革总体框架。农村土地确权登记颁证工作基本完成，农村集体产权制度改革全面启动，农垦改革重点任务加快推进。加快培育家庭农场、农民合作社、农业龙头企业等各类新型经营主体，总数超过 6 万家，累计培育新型职业农民超过 40 万名。积极推进改革试点工作，打造农村改革福建模式，多项改革成果被中央文件采纳，"强化小农生产扶持政策、创新小农生产发展体制机制"的做法，得到习近平总书记、李克强总理等中央领导的重要批示。

## （三）农林产业绿色发展的主要做法与成效

### 1. 主要做法

1）确定目标任务

按照福建省第十次党代会的部署，紧紧围绕国家生态文明试验区（福建）建设，牢固树立新发展理念，坚持"绿水青山就是金山银山"，以资源环境承载力为基准，以推进农业供给侧结构性改革为主线，以促进农业转型升级，建设现代高效、绿色生态、循环发展的生态农业为目标，强化改革创新、激励约束和政府监管，转变农业发展方式，优化空间布局，节约利用资源，保护产地环境，提升生态服务功能，全力构建人与自然和谐共生的农业发展新格局，推动形成绿色生产方式和生活方式，实现农业强、农民富、农村美，为"再上新台阶、建设新福建"提供有力支撑。

到 2020 年，福建省"三品一标"生产基地的面积或产量占全省农产品的 40% 以上；

主要农作物化肥、农药使用量比 2016 年分别减少 10%以上，化肥、农药利用率均达到 40%以上，畜禽养殖废弃物综合利用率达到 90%以上，农膜回收率达到 80%以上；全省耕地保有量不少于 1895 万亩，永久基本农田保护面积不少于 1609 万亩；全省农业源化学需氧量（COD）、氨氮等主要污染物排放总量明显下降。

2）出台系列方案

福建省委办公厅、省政府办公厅于 2017 年下发《关于创新体制机制推进农业绿色发展加快建设生态农业的实施意见》，从 5 个方面提出 20 项具体措施，包括优化产业布局，强化农业资源环境保护；推行清洁生产，强化农业面源污染防治；突出循环发展，强化农业废弃物资源化利用；注重集成推广，强化生态农业科技支撑；加强组织领导，强化政策引导和扶持等。2018 年，福建省农业厅研究制定了《福建省加快推进畜禽粪污资源化利用专项行动方案（2018—2020 年）》《福建省化肥使用量零增长减量化专项行动方案》（2018—2022 年）《福建省农药使用量零增长减量化专项行动方案》（2018—2022 年）等 3 个专项行动方案。2019 年，为全面推进茶产业高质量发展，福建省出台了《福建省农业厅关于进一步推进茶产业绿色发展的通知》，积极打造茶产业绿色发展新模式，力争到 2022 年实现全省茶园不使用化学农药，打响"清新福建·多彩闽茶"品牌。

3）优化农业空间布局，保护农业生态环境

福建省 2012 年印发的《福建省主体功能区规划》，依据不同区域资源环境的承载能力，确定功能定位，控制开发强度，规范开发次序，形成了闽西北绿色农业、闽东南高优农业、沿海地区蓝色农业三大特色农业产业带。南平市以农业空间和生态空间保护为重点，划定限制建设区和禁止建设区，严格执行建设占用耕地占补平衡制度，突出抓好农业空间的保量和提质。漳州市以特色农业、观光农业为载体，深入实施"生态市"战略，积极探索"生态+"模式，持续开展富美乡村创建活动，促进生态与产业发展、文化与历史融合发展，推动绿水青山向金山银山转变。

4）在资源保护利用上，数量与质量并重

一是以高标准农田建设为重点，加强耕地保护利用。福建坚持"保优不保劣、用一必补一"原则，优先将集中成片、公路沿线、城镇周边的优质耕地划入永久基本农田，保持耕地占补平衡。"十二五"期间建成 325 万亩高标准农田，"十三五"拟再建 851 万亩。南平市将耕地保有量等纳入考核指标体系，"十二五"期间全市耕地总量增加 4 万多亩，连续 17 年实现耕地占补平衡。漳州市把耕地保护列为县级政府部门业绩考核的重要内容，确保耕地保护得到有效落实，"十二五"期间补充耕地 7.2 万亩，连续 19 年实现耕地占补平衡。二是以严格落实"河长制"为重点，加强水资源保护利用。福建全面推进"河长制"，全部由"一把手"挂帅，流域水质得到明显改善，截至目前，全省已有 6 条河流全流域达到Ⅱ类水质，其余流域水质也都达到或优于Ⅲ类水质。

5）在环境保护治理上，同步推进产地和人居两个环境

一是防止城镇和工业污染"上山下乡"。福建加大环境违法查处力度，定期排查小型造纸、印染、炼焦、农药等不符合产业政策的"十小"企业和严重污染生产项目，不留死角、不存盲区，严防污染向农业农村转移。二是加强农业面源污染治理。按照"一控两减三基本"的总体安排，福建提出实施农药、化肥使用量零增长行动，力争到 2020 年比 2016 年各减少 10%；出台全面拆除禁养区内养殖场、推进可养区养殖场标准化建设、

实施废弃物综合利用等一系列措施，全面加强生猪养殖面源污染防治。三是同步治理农业产地环境和农村人居环境。漳州市坚持把农村垃圾与城镇垃圾同步规划和处理，农村垃圾处理率从 2010 年的 62%上升到 2016 年的 83%。实地走访武夷山市黎前村，当地生活污水实现肥料化、清洁化统一处理，生活垃圾实现"户分类、村集中、乡转运、县处理"。

### 2. 主要成效

福建深入实施生态省战略、加快生态文明先行示范区建设以来，在 7 个方面取得了明显成效，形成了比较成熟的做法经验、工作体系和制度机制，具有重要的示范推广价值。

（1）落实主体责任，实行生态环境保护党政同责。福建牢固树立"绿水青山就是金山银山"的理念，坚持绿色发展，守住"环境质量只能更好，不能变坏"的底线，建立党政领导生态环境保护目标责任制，切实强化党政同责、落实属地责任，采取强有力措施保护生态环境，全省生态环境质量持续向好。

（2）围绕"机制活、产业优、百姓富、生态美"主线，推动经济绿色化。福建坚持绿色富省、绿色惠民，大力推进生态文明先行示范区建设，改造经济存量、构建绿色增量，努力提升经济绿色化水平，建设"机制活、产业优、百姓富、生态美"的新福建。"十二五"期间在全省地区生产总值年均增长 10.7%、人均 GDP 达 10 915 美元的同时，能源资源消耗强度保持全国先进水平，森林覆盖率达 65.95%，至 2019 年连续 40 多年保持全国第一，成为水、大气等环境质量总体优良的省份。福建从树立绿色思想到推动绿色布局、推进绿色生产、倡导绿色文化，使绿色成果由群众共享，实现经济发展与生态环境保护的双赢。

（3）坚持"多措并举、上下游联动"，实施流域水生态环境综合整治。福建流域河网密布且自成体系，12 条主要河流均发源于本省，除汀江外又都在本省入海。从"九五"开始，福建省就着手组织实施流域水污染防治工作，推出包括河长制、重点流域生态补偿、山海协作等在内的"组合拳"，打造水清、河畅、岸绿、景美的水生态环境。2015 年，全省 12 条主要河流 I～III类水质比例为 94.0%，较同期全国七大流域平均水平高出近 30 个百分点。

（4）弘扬"长汀经验"，全面推进省域水土流失综合治理。自 1983 年起，福建即在长汀县开展水土流失治理工作，其成功经验已成为我国南方水土流失治理的典范。从2012 年起，福建将长汀经验推广至全省范围，加大水土流失治理力度，取得了明显成效。至 2015 年底，全省水土流失率降到 8.87%，处于全国先进水平。

（5）突出"筹资金、抓建设、保运行"，建立健全农村污水垃圾治理长效机制。福建把农村生活污水垃圾治理作为全省流域水环境整治、美丽乡村建设的重要内容，因地制宜地选择处理工艺或模式，在资金保障、建设模式、常态运行机制等方面，探索出了可借鉴、可推广的经验，形成了有效管用的做法。

（6）以"多规合一、一张蓝图"厦门试点为契机，促进空间协同管控和服务管理优化。2014 年 9 月厦门市成为全国"多规合一"试点地区以来，始终把实施"多规合一"改革、建立统一的空间规划体系作为推动厦门城市治理能力现代化、促进城市转型升级的一项重点工作来抓。目前，厦门的"多规合一"已成为一个平台、一套机制、一张蓝图，初步解决了空间规划冲突的问题，并划定了生态控制线，有力地促进了生态文明建设，同时优化审批流程，提高了政府办事效率。

（7）加强生态环境保护与司法衔接，实现设区市生态环境审判庭全覆盖。福建紧紧围绕先行示范区建设和生态文明体制创新，运用司法力量加快推动绿色发展，为建设青山常在、绿水长流、空气清新的美好家园提供有力的司法保障。2015年11月，最高人民法院在福建龙岩市上杭县召开第一次全国法院环境资源审判工作会议，向全国法院推广生态司法保护的"福建样本"。

### （四）漳州"生态+"模式

漳州市地处福建省最南端，辖11个县（市、区），与台湾隔海相望，四季常青，土地肥沃，物产丰富，被誉为"天然温室"，是著名的食品名城、水果之乡、花卉之都、蘑菇之都、蕈业之城、水产基地，发展高产优质高效农业和外向型农业的条件得天独厚。漳州市是全国首批、福建省首个整市域创建的国家农业现代化示范区，也是全国首批整市域创建的国家农业可持续发展试验示范区暨农业绿色发展试点先行区。在农业可持续发展的进程中，漳州走出了一条可资借鉴的路子，主要做法与经验如下。

（1）打造"生态+"名片，优化农业发展空间。以"五湖四海"建设为抓手，带动各地加快实施一批"生态+"示范项目。①沿海平原优化发展区。农业生产基础好，特色农业产业集群优势明显区域，包括芗城区、龙文区、龙海市、漳浦县、南靖县、平和县、云霄县、长泰县、诏安县等。②"两江两溪"流域适度发展区。九龙江、鹿溪、漳江、东溪水源涵养和生物多样性的保护及利用较好，农业生产特色鲜明的区域，包括平和县、华安县、南靖县、长泰县等。③饮用水水源地及自然保护区等保护发展区。包括漳州市各县（市、区）的自然保护区、风景名胜区、森林公园、湿地公园、地质公园、世界文化与自然遗产及重要饮用水水源地一级保护区等。

（2）构建具有漳州特色的"农业资源-农业产品-农业废弃物资源化再利用"的农业绿色模式与技术体系，凝练推广三大技术集，即食用菌绿色循环技术集、封闭式循环水养殖技术集、酸性土壤障碍因子改良修复技术集；三大模式群，即海峡两岸合作模式、病死畜禽第三方处理循环模式、林下绿色经济模式。最终形成"农田复合微生物-农菌一体化精准减控-农企（园区）绿色循环"的技术模式群，为全国农业绿色发展提供可推广的技术集成模式发展经验。

### （五）重大工程措施

#### 1. 特色产业提升工程

围绕农林特色优势产业，按照生态、高效、特色、精品的要求，积极引进新品种、新技术、新模式，不断完善装备设施，加快转变生产方式，生产出更多有优势、市场有需求、效益有保障的农产品。大力发展农林产品精深加工和营销流通业，着力推动农业一二三产业融合发展，构建一批全产业链，提升现代农业发展水平。突出农业龙头企业主导地位，大力发展农产品加工流通业，形成上下游协作紧密、产业链相对完整、辐射带动能力和市场竞争能力较强的产业集群。围绕特色主导产业发展，引进培育一批规模大、科技含量高、带动能力强的农产品加工龙头企业，促进农产品加工集群化发展，重点推进产业集聚建设。

2. 生态循环提速工程

加强污染物源头治理，发展适度规模养殖，拆除禁养区内养殖场及"低、小、散、乱"的养殖场，把养殖量控制在生态承载力范围之内，积极推广农牧结合、稻鱼共生等生态循环模式，创建美丽畜牧业试点县、美丽生态牧场及生态循环示范主体，培育生态化养殖示范区。全面实施土壤污染三年防治计划，建立土壤污染监测预警体系，推动土壤重金属污染治理。加强农业废弃物资源化循环利用，加快建立秸秆、沼液利用以及农药、化肥包装废弃物，废旧农膜，病死动物等回收及无害化处理体系，实现农业废弃物回收处置体系全覆盖，促进农业废弃物回收处理和资源化循环利用。推进多种形式的种养结合模式，污染治理模式，节水、节肥、节药技术模式等机制创新，形成示范效应，推进现代生态循环农业示范区建设。

3. "互联网+农业"推进工程

以"两化"（工业化和信息化）深度融合为方向，以"互联网+"为载体，以农业物联网智能化园区为平台，着力推进现代信息技术在农业生产、农产品加工营销、农产品质量追溯、农业执法和农业综合服务等领域的应用。重点突破粮油全程机械化应用，提高畜牧水产生产过程等设施装备应用率，加速推广果蔬播种、育苗、移栽机械，增加农产品加工、冷藏保鲜设备保有量。支持和引导物联网技术在"三品一标"质量追溯，农产品加工、仓储、包装、运输、销售等环节的应用，推动农产品从生产、流通到销售全程信息化管理。积极推进现代农业地理信息系统的应用，强化农业产业布局、农机作业调度、动植物疫病防控、市场供求信息、农村集体"三资"（资金、资产、资源）管理、农村土地承包经营管理和农民负担监督管理等各项功能，不断提高农业信息化管理水平，提升服务效能。鼓励农业生产经营主体发展农产品电子商务，培育生产主体在天猫、一号店、京东等国内知名网站开设网络旗舰店，支持发展生鲜农产品网上直销，探索"网订店取"等新模式运用。

4. 休闲农业拓展工程

加强规划引导，研究制定促进休闲农业发展的用地、财政、金融等扶持政策，加大配套公共设施建设支持力度，加强从业人员培训，强化创意活动体验、加强农事景观设计、乡土文化开发，提升服务能力，加强重要农业文化遗产发掘和保护，依托乡村旅游集聚示范区，建设一批具有历史、地域、民族特色的特色景观，提升休闲农业示范创建水平，建设一批具有生产、观赏、体验、游乐功能等配套服务的休闲观光农业园区、生态农庄，培育农业文化产品，丰富农业文化内涵。

5. 品牌创建强化工程

坚持政府推动和市场导向相结合，加强政策引导，营造公平有序的市场竞争环境，开展农业品牌塑造培育、推介营销和社会宣传，着力打造一批有影响力、有文化内涵的优势特色农业品牌，提升增值空间。充分利用优势产业、传统文化及特色产品，制定特色化、差异化品牌发展战略实施方案。依托具有地域特色、历史渊源、文化内涵的农产品培育区域公共品牌，统筹区域品牌建设、运营和保护。坚持规范申报认证和严格监管并举，严格准入管理，制定品牌使用细则，维护品牌形象。推进农产品品牌子母商标模式，引导区域品牌、公共品牌、知名品牌的整合优化。继续开展农产品政府质量奖评选活动，形成一批有湖州特色的农产品品牌。

### 6. 农业人才培育工程

结合农业部等部委"新型职业农民培育计划""现代青年农场主计划"，通过财政扶持、税收优惠、金融支持等手段，加快引进培育农业职业经理人、农业创二代、返乡实力农民和农民大学生等新型职业农民。大力培养适应现代农业发展的农业技术推广人员，对农业经营人才开展继续教育，分层次对农业龙头企业负责人、技术管理人员和专业合作社理事长、技术辅导员以及家庭农场负责人开展教育培训，不断满足农业经营人员的知识更新需求。出台相关政策，引进具有涉农管理经验和农业技术的优秀人才，鼓励农业领域优秀人才"走出去"，加强农业对外合作与交流。大力发展涉农职业教育，通过减免学费、提高待遇、提供就业机会等方式，鼓励当地初高中毕业生进入职业教育学院，通过举办供需洽谈会、人才市场、直接招聘、定向委托等手段，搭建职业劳动力供需对接平台，推动涉农职业教育大发展。

## 三、福建省生态产品价值实现的发展模式与主要路径

### （一）"两山"发展模式

生态产品价值实现即"绿水青山"与"金山银山"关系演化的过程。改革开放以来，中国经济持续快速增长，成为世界第二大经济体，收入与发达国家之间的差距日趋缩小，但在经济急速发展的同时，我国付出了资源、生态和环境代价。研究表明我国的生态产品价值没有与社会经济同步增长，而同时期经济发达国家基本表现为二者"双增长、双富裕"。生态产品供给不足的底线与"天花板"作用严重制约了经济发展。生态产品蕴藏于"绿水青山"中，而"金山银山"代表了经济得以发展的社会经济效益。要想"金山银山"长远发展壮大，必须开发利用好"绿水青山"，生产和供给更多的生态产品，并使其价值得以实现。因此，可以从"绿水青山"与"金山银山"的关系演化中发掘不同发展时期生态产品价值实现的模式。

人类社会经历了原始文明→农业文明→工业文明→生态文明的过程。在这4个人类文明演化的过程中，"绿水青山"与"金山银山"的关系也发生着变化。原始文明时期，生产力水平极其低下，人类活动简单，"绿水青山"与"金山银山"关系微弱，彼此不受影响。农业文明时期，人类开始认识并开发利用自然，并向自然界排放废弃物，但此阶段生态系统处于自我恢复的稳定状态，因此，此时"金山银山"单方面受益于"绿水青山"。工业文明时期，科技取得进步，人类开始从利用自然转为征服自然，生态环境在此阶段遭到严重破坏，"金山银山"得到迅速发展的同时"绿水青山"受损。随着经

济发展与生态、资源等矛盾的日益凸显，人类开始意识到自然环境是人类长远发展的基础，加之随着生活水平的提高，人民对拥有良好生态环境的意识逐渐增强，享受基本的生态产品成为越来越多人的共同诉求，人类文明开始走进生态文明阶段，生态产品价值实现初见端倪。

生态文明是在工业文明基础上发展起来的一种全新的文明形态，是通过绿色发展引领，科技取得革命性突破，推动生产力水平极大跃升，达到人与自然和谐后跃升到人与自然共生的新平衡态。生态文明时代"两山"关系得到了根本性的变化，人类逐渐意识到"绿水青山"就是"金山银山"，生态产品价值与经济发展可以相互转化、相互促进、共同发展。如今生态文明进入新时代，"必须树立和践行绿水青山就是金山银山的理念"，而生态产品价值实现正是架起绿水青山与金山银山之间的桥梁。

运用四象限模型，分析"两山"的发展模式（图6-2）。第一象限"绿水青山就是金山银山"是对绿色发展的一种新的阐释，也是生态产品价值实现的理论依据和终极目标，即绿水青山与金山银山"共生增长"。而目前我国很多地区处在第二象限，经济发展水平高，速度快，收获了金山银山，却忽略了生态环境，让美好的绿水青山"受伤"，称为"金色污染"。还有个别地区，尤其资源枯竭型城市生态环境恶化，经济发展受限，并且未能抓住时机走上绿色转型之路，绿水青山与金山银山"拮抗发展"。还有一些贫困地区，它们很大程度上是生态资源富集区、生态脆弱区及重要生态功能区等"三区合一"区，被赋予了生态产品生产供给功能，但生态产品生产在很长一段时间未获得合理回报，且经济发展受限，形成了贫困地区特有的生态资源诅咒效应，守着绿水青山，陷入经济上的贫困状态，称为"绿色贫困"。

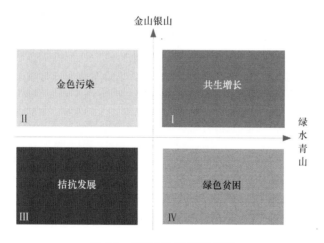

图6-2　"两山"发展模式图

绿水青山与金山银山的总和就是人类赖以生存的自然资源与环境，本研究利用每一象限对应的"＋""－"坐标符号及"0"代表绿水青山与金山银山的发展方向，阐释4种发展模式。其中"＋"表示正向发展，即有利，"－"表示反向发展，即有害，"0"表示不受影响。共生增长模式下"两山"双方获利，或一方获利而另一方无影响；金色污染和绿色贫困模式下"两山"一方获利，另一方无影响或受损；拮抗发展模式下"两山"双方竞争，两者都受到不利影响（表6-4）。

## （二）生态产品价值实现的主要路径

生态产品价值的实现就是实现了绿水青山向金山银山的转化，也是"两山"发展模式从第三象限向第一象限转变的过程。各类生态产品的特点不同，其价值实现的主要途径也有所不同。生态产品价值实现的途径主要包括市场交易、财税政策、权属交易、绿色金融、生态补偿和政策制度激励等。

表 6-4  "两山"发展模式特征

| 主要模式 | | 绿水青山 | 金山银山 | 特征 |
|---|---|---|---|---|
| 共生增长 | 偏利共生 | + | 0 | 绿水青山受益，金山银山无影响 |
| | | 0 | + | 绿水青山无影响，金山银山受益 |
| | 互利共生 | + | + | 这种模式对"两山"都有利 |
| 金色污染 | 单利单害 | − | + | 绿水青山受损，金山银山受益 |
| | 偏害 | − | 0 | 绿水青山受损，金山银山无影响 |
| 绿色贫困 | 单利单害 | + | − | 绿水青山受益，金山银山受损 |
| | 偏害 | 0 | − | 绿水青山无影响，金山银山受损 |
| 拮抗发展 | 竞争 | − | − | "两山"都受到不利影响 |

注："+"表示有利，"−"表示有害，"0"表示不受影响

### 1. 市场交易

市场交易途径适合有合理市场价格且消费者明确的本地独享和异地受益生态产品，包括经营性生态产品和绿色标签产品中的生态工程产品，这些生态产品可直接进入市场交易从而实现其价值。直接市场途径可不断提高生态产品的可持续生产能力和市场竞争能力，但此类生态产品市场占有率受消费方式和市场需求影响较大，需建立绿色消费的长效机制。

### 2. 财税政策

财税政策包括两个方面：一方面是主要依据《中华人民共和国环境保护税法》，对大气污染物、水污染物、固体废弃物等征收环境保护税，实现清新空气、干净水源和安全土壤的价值；另一方面是税收优惠或减免政策，对获得绿色、有机产品认证的农林产品，绿色能源的生物质能，生态友好的生态工程产品等实行一系列财税优惠减免政策，实现生态产品价值。

### 3. 权属交易

权属交易适合能够通过产权界定消除消费的非排他性且能够计量的生态产品，如清新空气、干净水源、气候调节。它们可通过水权交易、排污权交易、碳排放权交易实现其价值。这种途径可降低治理污染的总费用，同时使政府职能转变，更能充分发挥市场机制的资源配置作用；但产权界定较困难，中国市场经济体制还不完善，信息不对称、规则不明确、政策不确定性导致交易成本高昂。

### 4. 生态补偿

生态补偿主要针对公共生态产品，因为此类生态产品多为禁止开发区、重点生态功能区生产的消费者不明确甚至消费群体不明确的产品。尤其上下游的横向生态补偿，是化解当前我国水环境保护突出矛盾、实现干净水源价值的有效途径。生态购买是生态产品的一种创新方式，适合生态建设类成果的转让。生态补偿政策见效快，但生态补偿标准难以确定，目前我国生态补偿政策时效性偏短，生态产品价值不能持续有效地得到实现。

### 5. 绿色金融

绿色金融主要是引导资金流向节约资源技术开发和生态环境保护产业，引导企业生产注重绿色环保，引导消费者形成绿色消费理念。目前通过我国绿色金融改革创新试验区可看到绿色金融支持的项目有排污权、水权、用能权这些生态权属交易，节能减排、清洁能源项目，此外还包括碳金融产品。涉及的生态产品包括清新空气、干净水源、气候调节、农林产品、生物质能等。绿色金融可减轻政府和个人财政负担，降低社会主体的投资风险，但其与政府干预度有很大关系，需要政府强制力和激励机制，才能充分发挥绿色金融政策的信号作用和投资引导作用。

### 6. 政策制度激励

政策制度激励能够调动各方主体履行生态资源保护责任的积极性，形成可持续的生态产品生产和价值实现途径。十八大以来，党和国家提出要建立"源头严防、过程严管、后果严惩"的生态文明制度体系，而生态文明绩效考核、领导干部自然资源资产离任审计、生态环境损害赔偿制度是生态文明制度体系的核心内容，政策制度激励能够发挥"指挥棒"的作用，切实引导各级党政机关和领导干部树立绿色政绩观，在促进生态产品市场价值实现的同时，实现生态产品政绩价值。

# 四、福建省生态产品价值实现的对策建议

## （一）加强生态产品价值实现的顶层设计

加强对生态产品价值实现的组织领导。生态产品价值实现涉及社会经济发展和生态环境保护各方面，是一项系统性、复杂性、长期性的工程，与我国生态文明建设与体制改革密切相关，需要国家系统性、整体性地推进和部署，建议由党和国家成立领导机构，统筹安排协调，促进生态产品价值实现。由党中央或国务院出台"关于生态产品价值实现的意见"。对当前和今后一个时期生态产品价值实现的任务、目标和具体措施提出指导意见。成立负责生态产品价值实现的专业机构。建立国家-省-市-县四级生态产品价值实现促进中心，落实专职人员专门具体负责生态补偿、生态权属交易等生态产品价值实现工作。

## (二)加强促进生态产品价值实现的立法工作

研究制定"生态产品价值实现促进法"。对生态产品价值实现的理念、原则、目标和要求做出整体安排；明确界定生态产权关系，围绕"谁来补、补给谁、补多少、如何管"等核心内容来明确生态补偿的法律关系。修改完善现有资源环境相关法律。梳理《中华人民共和国森林法》《中华人民共和国土地管理法》《中华人民共和国水法》《中华人民共和国环境保护法》等与生态产品价值实现相关的现有法律，将生态产品价值实现的要求纳入其中。建立健全生态公益诉讼制度和权益保障机制。拓展生态公益诉讼的主体，完善生态公益诉讼具体操作程序，合理分配举证责任，研究举证责任倒置在生态公益诉讼中的具体应用；制定生态责任界定和损失评估制度，科学界定生态破坏原因、责任主体、损害程度、弥补措施和赔偿数额等。

## (三)建立鼓励生态产品发展的绿色金融与财税政策

建立绿色发展基金和生态税制度。扩大绿色发展基金，撬动更多的社会资本，充分发挥生态补偿资金效益；在环境税基础上探索开征生态税，在重点开发区、优化开发区，每年安排一定比例的土地出让金，专项用于生态补偿，促进生态产品价值实现。探索发行生态彩票。提高生态彩票的宣传和教育功能，调动一切可以调动的社会力量，为生态产品生产和价值实现积累公益金。扩宽绿色金融的扶持范围。在我国绿色金融实践的基础上，将公共生态产品纳入绿色金融扶持的范围，因地制宜地挖掘地方特色的生态产品，开发与其价值实现相匹配的绿色金融手段。

## (四)健全促进生态产品价值实现的体制机制

建立重点生态功能区生态产品价值实现考核机制。重点生态功能区把生态产品价值实现作为脱贫攻坚的重要内容一并考核，并建立重点生态功能区的生态产品价值实现排名考核机制。建立对口扶贫地区的生态产品价值实现横向机制。探索研究对口扶贫区的生态产品购买机制、生态补偿机制，将被帮扶地区的生态产品价值实现与帮扶地区领导政绩考核相挂钩。健全生态产品价值实现公众参与机制。培育多元主体参与生态产品生产和价值实现，明确公众参与的原则、范围、程序和方式，加大信息公开力度，健全完善生态产品价值实现的社会监督机制。

## (五)增强全社会的生态产品消费意识

让地方政府能够充分认识到生态产品是经济发展最大的资源。国内外实践经验证明，禁止开发不是妨碍发展而是有利于发展，地方政府应多考虑利用生态产品价值实现的方式去发展经济，科学破解经济发展和环境保护的矛盾。让企业和老百姓意识到生态产品是最大的福祉。提升公民生态意识，使企业担负起生态产品价值实现的社会责任，使老百姓积极主动去保护生态，并发挥监督作用。着力培育生态产品生产和消费理念。积极开展形式多样的美丽乡村竞赛活动，激发全国上下开展农村美化运动；合理引导生活和消费方式，鼓励消费生态产品、绿色产品。加强生态产品生产和价值实现的职业教育。生态产品生产及其价值实现具有非常强的专业性，需要注重专业人才的教育与培训，通过大力普及中高等职业教育，为生态产品价值实现提供专门的技术人才队伍。

# 专题研究

# 福建省县域生态资源资产核算与制度设计

## 一、生态资源资产核算理论框架

### （一）生态资源资产概念内涵

生态资源资产是指生物生产性土地及其所提供的生态系统服务和生态产品，是自然资源资产中必不可少的组成部分。从资产构成上看，生态资源资产包括三部分。第一部分是生态用地，是指一切具有生物生产能力的土地，是生态系统存在的载体，具体包括森林、草地、湿地、农田、荒漠等土地类型及其上附着的土壤、水分和生物要素。第二部分是生态系统服务，是生态系统在生产过程中给人类带来的间接使用价值，主要包括水源涵养、土壤保持、物种保育、生态系统固碳、气候调节、防风固沙、科研文化、休闲旅游等。第三部分是生态产品，是指生态系统生产出的可以供人类直接利用的物质，包括干净水源、清新空气、农畜产品等。

从生态资源资产的形成过程上看，生态资源资产又可以划分为存量资产和流量资产，其中生态用地是生态资源存量资产，而生态系统服务和生态产品则是生态资源流量资产。生态用地是生态系统在相当长的历史过程中发展演化而来，积累蓄积从而形成土壤、水分和生物等要素，是生态系统服务和生态产品产生的基础。生态系统服务和生态产品是生态系统依托存量资产通过生态生产过程每年为人类所产生的价值，只要存在生态资源存量资产，生态系统就会每年产生生态资源流量资产。因此，生态资源存量资产类似于经济资产概念中的"家底"或"银行本金"，我们可以形象地将其概括成"生态家底"，而生态资源流量资产则类似于银行资产所产生的利息，与经济生产中的"GDP"相对应，也被生态学家称为"GEP"（生态系统生产总值）。一般情况下，生态资源存量资产在一段时间内是稳定不变的，而生态资源流量资产是随时间变化的。生态资源存量资产越大，其每年所产生的生态资源流量资产也就越大（专题图1-1）。

### （二）生态资源资产与其他有关概念的辨析

1. 自然资源、自然资源资产和生态资源资产

自然资源是人类生存和发展的基础，是在一定时间条件下，能够产生经济价值从而提高人类当前和未来福利的自然环境因素的总称。

自然资源资产是指产权明晰、可给人类带来福利、以自然资源形式存在的稀缺性物质资产，是在人类逐渐认识自然资源和良好生态环境的重要性及稀缺性的基础上，将资本和资产从传统的经济社会领域延伸到自然资源和生态环境领域，包括土地、矿产等资

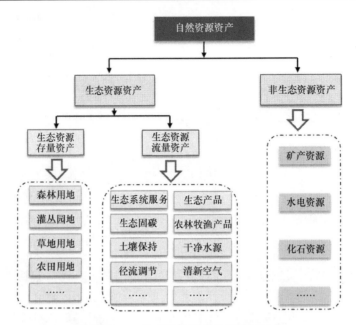

专题图 1-1　生态资源资产的概念与组成

源。而非资产性自然资源是指在一定时间条件下，不具有稀缺性的自然资源，包括太空、光能、风能等资源。

生态资源资产则是自然资源资产中具有生物性、能够提供生态系统服务和生态产品、能够进行可持续生产的资产，包括森林、草地、湿地等。自然资源、自然资源资产和生态资源资产的关系见专题图 1-2。

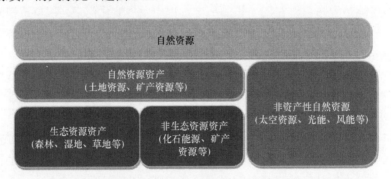

专题图 1-2　自然资源、自然资源资产与生态资源资产的关系

### 2. GDP、GEP 和绿色 GDP

目前国民经济核算体系中所采用的主要核算指标是国内生产总值（GDP），它是一个国家或地区在一定时期内生产和提供的全部最终产品和劳务的价值。

生态系统生产总值（GEP）的概念是借鉴 GDP 概念提出的，指生态系统为人类提供的产品与服务价值的总和。它是生态资源资产的流量部分，即生态用地在一段时间内所产生的价值，本研究生态资源资产等同于 GEP。GDP 评估的是人类经济活动所产生的收益，对于自然生态系统仅考虑了进入市场的那部分产品，如农畜产品、文化旅游等，而这部分收益占生态资源资产的份额极低。GDP 和 GEP 关系见专题图 1-3。

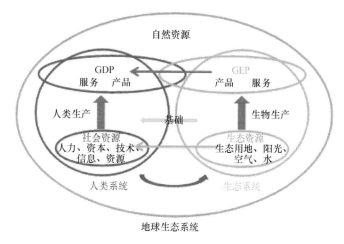

专题图 1-3　生态资源资产与经济资产的关系

绿色 GDP 是扣除自然资源资产损失后的国民财富的总量核算指标。它是从现行统计的 GDP 中扣除由环境污染、自然资源消耗等因素引起的经济损失成本而得出的国民财富总量。绿色 GDP 没有考虑良好生态资源所带来的效益。

3. 生态系统功能、生态系统服务和生态产品

生态系统功能是指生态系统不同生境、生物及其系统属性或过程，是独立于人类而存在的，即生态系统作为一个开放系统，其内部及其与外部环境之间所发生的能量流动、物质循环和信息传递的总称。

生态系统服务由生态系统功能产生，是基于人类的需要、利用和偏好，反映了人类对生态系统功能的利用，是生态系统功能满足人类福利的一种表现。简单地说是人类从生态系统中获得的直接或间接利益。

生态系统功能与生态系统服务是两个不同的概念，但两者又紧密相关。生态系统服务是生态系统功能的表现，生态系统功能是生态系统服务的基础。生态系统功能侧重于反映生态系统的自然属性，而生态系统服务则是基于人类的需要、利用和偏好，反映了人类对生态系统功能的利用。

生态产品狭义上是指生态系统提供的可为人类直接利用的食物、木材、纤维、淡水资源、遗传物质等；广义上的生态产品还包括维系生态安全、保障生态调节功能、提供良好人居环境的自然要素。

### （三）生态资源资产的核算原则

生态资源资产包括存量资产和流量资产，其中存量资产可以基于生态资源要素进行评估，主要包括土地资源、水资源、生物资源、海洋资源和环境资源等；流量资产是指生态系统服务和生态产品。由于生态系统可以提供的服务功能极其众多，部分服务功能存在难以找到合适的表征指标或评估指标、缺少定量化评估方法等突

出问题。因此，在建立生态资源资产评估指标体系之前必须先确定应该纳入核算的生态系统服务的基本原则，这将会有效避免出现评估指标选取随意、评估结果难以对比分析等问题。

### 1. 生物生产性原则

生物生产性原则是指纳入核算的生态系统服务必须是由生物生产且持续产生的、可再生性的服务，而单纯由自然界物理化学过程产生的、不可再生性的服务不应予以核算。人类的生产活动是国民经济的核心，是 GDP 核算的对象和基础。同样，生态系统服务产生于生物生产过程，生物生产是生态系统价值产生的基础，生物生产参与的生态系统服务是生态系统价值核算的对象和基础。有些生态系统服务，如煤、石油、天然气、盐业资源等是长期地质过程产生的；内河航运、水力发电、闪电过程产生的空气负离子等是生态系统中的物理化学过程产生的。这些没有生物生产过程参与的生态系统服务是不可持续更新的或不受人类控制的，不能纳入生态系统价值核算。此外，有些产品，如农林产品、旅游休憩等是生物生产活动和人类生产活动共同作用的结果，如果能将生物生产和人类生产明确区分，则应只将生物生产产生的服务纳入生态系统价值核算。但是如果生物生产和人类生产的贡献率很难区分，则可将该项服务全部纳入生态系统价值核算。

### 2. 人类收益性原则

人类收益性原则是指纳入核算的生态系统服务必须是对人类福祉最终直接产生收益的服务，而不对人类福祉产生直接收益的，或者仅是生态系统维持自身功能或生态系统服务中间过程产生的一些服务收益不应予以核算。生态系统服务的产生往往需要通过非常复杂的生态功能和过程才能实现，有些生态功能和过程对于生态系统自身的维持非常重要，但对人类福祉却不直接产生收益，或是通过其他功能和过程才会产生对人类有益的物质产品和服务。例如，生物地球化学循环、土壤形成、植被蒸腾、水文循环过程等生态系统维持功能对人类福祉并没有产生直接收益。又如，植物授粉服务、病虫害控制等生态系统支持服务对于粮食和林木生产是一个必不可少的过程，但对人类福祉没有产生直接收益，但该服务在人类收获的农林产品中得到了体现，为避免核算内容重复，这种服务也不应予以核算。

### 3. 经济稀缺性原则

经济稀缺性原则是指纳入核算的生态系统服务必须具有经济稀缺性，而数量无限或人类没有能力控制的生态系统服务不应予以核算。资源的稀缺性是经济学的前提，同样生态系统服务的稀缺性是其价值产生的前提。生态系统服务的稀缺性与人类的社会经济发展具有一定的相关性，在原始社会生态系统服务基本不存在稀缺情况，但随着人类社会进步，特别是工业革命以来，很多生态系统服务的数量相对于人类无限增长的欲望及生产、生活的需要来说都是很有限的，具有了稀缺性。例如，清新空气和干净水源等，随着环境污染和人口数量的膨胀，这些原本可以自由免费得到的生态系统服务就有了价值。此外，如阳光、风等气象条件以及大气中的氧气等在自然界广泛存在，数量无限或人类难以控制和利用，不应予以核算。

### 4. 保护成效性原则

保护成效性原则是指纳入核算的生态系统服务必须是能够灵敏体现出人类保护或破坏活动对生态系统影响或改变的服务，而主要取决于其地理区位、自然状况的服务或人类无法控制的服务不应予以核算。大部分生态系统服务对人类活动敏感，随着人类实施保护或恢复措施而增加，而随着人类过度利用或破坏而减少。但也有一些生态系统服务对人类活动不敏感，或者数量特别巨大且不受人类控制，或者在人类活动影响下几乎不变。例如，海洋的温度调节服务受人类活动影响非常小。阳光、风等气候资源几乎不受人类活动影响。如果将这些生态系统服务纳入核算，就会使一些区域的生态系统价值在很大程度上取决于其地理区位、自然状况，从而掩盖了其他生态系统服务对人类福祉的贡献。

### 5. 实物度量性原则

实物度量性原则是指纳入核算的生态系统服务必须是在当前科学技术等条件下可明确度量实物量的服务，而无法准确获取其实物量的服务不应予以核算。GDP核算是建立在市场价值基础之上的，通过统计和调查社会生产、分配、交换、使用等国民经济活动在市场中的价格直接核算出价值量。生态系统价值核算与 GDP 核算有明显的不同，生态系统服务的消费具有外部不经济性特征，大多没有在市场中得到体现，也就没有通过市场竞争而形成的合理价格体系，因此除在市场中可以用货币体现的很少一部分外，生态系统价值核算大都不能通过市场价值直接核算出价值量，而只能在实物量核算的基础上采用替代市场价值法、模拟市场法等进行货币化。在没有经过市场竞争的价格体系支撑的情况下，生态系统价值核算必须以相对精确的实物量核算为基础，以实物量核算作为价值量核算的前提，没有实物量仅有价值量的生态系统服务不应予以核算。例如，文化遗产、艺术灵感、宗教精神、文化多样性等生态系统服务不具有物理、化学或生物的实物表现形式，这些服务的价值核算只能通过意愿调查等主观性比较强的方法，有可能造成核算结果不可比较，不应予以核算。

### 6. 实际发生性原则

实际发生性原则是指纳入核算的生态系统服务必须是生态系统实际为人类提供的服务，而未发生的、潜在的或采用虚拟假设方法核算的生态系统服务不应予以核算。有些学者认为除了实际已经为人类提供的直接和间接使用价值外，生态系统价值还应该包括存在价值、选择价值或遗产价值等非使用价值。但这些非使用价值均是潜在性的，实际并未产生，都是生态系统的存量价值。此外，有些生态系统服务，由于数据获取或者核算方法存在困难，有时会采用虚拟的假设条件方法或意愿情景方法进行核算，造成核算出的生态系统服务是虚拟的或者意愿性的。例如，通过支付意愿法调查，采用假设的旅客量及其支付意愿计算出的生态系统旅游休憩服务价值实际上并没有真实产生。由于未发生的、潜在的或虚拟的生态系统服务，大多没有相对应的、客观的实物量，所采用的核算数据和方法人为主观偏好干扰大，如果将这类生态系统服务纳入核算会造成核算结果主观随意性太强，核算结果不具有可重复性和可比性。

### 7. 数据可获性原则

数据可获性原则是指纳入核算的生态系统服务必须是其实物量可以通过实际监测数据直接测量或模拟验证的服务，而没有实际监测数据，只能通过借鉴其他地区经验参数进行实物量核算的生态系统服务不应予以核算。以实际监测数据为基础是准确客观核算生态系统价值的基础。开展实物量核算时应优先采用各行业部门的日常业务监测数据和定期开展资源清查获得的数据，在这些实际监测数据无法满足需要时，可以科研项目一次性监测调查获取的数据为基础开展核算。在缺乏以上所述日常业务监测数据、定期资源清查数据的情况下，无法针对其实物量核算开展补充性调查监测的生态系统服务应不予以核算。例如，气象地质灾害防治、海洋灾害防治和生物灾害防治等生态系统减灾服务本应纳入生态系统价值核算科目，但由于数据获取周期长、获取途径过难，在无法获取相应数据时，可以暂不核算。

### 8. 非危害性原则

非危害性原则是指纳入核算的生态系统服务必须是对生态系统自身功能有益的或无害的服务，而可能对生态系统自身承载力产生危害的服务不应予以核算。有些生态系统服务在超过一定规模和范围时可能会对生态系统本身产生危害，例如，生态系统具有重要的水质净化、空气净化、固体废弃物处置作用，通过容纳、吸收和降解污染物为人类提供清新的空气、干净的水源等生态产品，这些服务在一定限度内不会对生态系统本身产生影响或危害，但当人类向环境中排放的污染物超过一定限度后，不可避免地会对生态系统产生危害。因此，对这类有可能对生态系统自身产生危害的服务应以干净水源、清新空气等服务的最终产品代替，以环境质量代替污染物排放量来衡量生态系统对环境的净化作用。

根据以上 8 条基本原则，列入核算的生态系统服务应全部满足各项基本原则，违反任意一条及以上基本原则的生态系统服务均不可列入核算。这样就可以筛选构建统一规范的生态系统价值核算科目，为使核算结果可重复、可对比、可复制奠定坚实的理论基础。

## （四）生态资源资产核算指标体系

1997 年，Costanza 首次对全球生态系统服务进行了评估，并提出了包括 17 个评估指标的生态系统服务分类。2001 年联合国发起的千年生态系统评估（MA，2005）又将生态系统服务归纳为供给服务、调节服务、文化服务和支持服务 4 个功能类别。此后，生态系统与生物多样性经济学（TEEB，2010）和环境经济综合核算体系-实验性生态系统核算（SEEA-EEA，2014）在 MA 核算框架的基础上形成了新的核算体系。

我国在充分借鉴国际核算经验的基础上，对我国生态系统服务评估指标体系进行了积极的探索，先后发布了《森林生态系统服务功能评估规范》（LY/T 1721—2008）、《海洋生态资本评估技术导则》（GB/T 28058—2011）和《荒漠生态系统服务评估规范》（LY/T

2006—2012）等规范导则，推动了森林、海洋和荒漠等生态系统服务的评估进程。欧阳志云等（2013）、谢高地等（2015）、刘纪远等（2016）、傅伯杰等（2017）又先后构建了中国生态系统服务评估指标体系。各评估指标的对比分析见专题表 1-1，本研究在此基础上根据生态资源资产的核算原则对各评估指标进行了筛选，确定了福建省生态资源资产核算指标体系（专题表 1-2）。

**专题表 1-1　国内外主要生态资源资产核算指标体系对比**

| 指标来源 | 生态系统产品 | | | | | 人居环境调节 | | | 污染废物处理 | | | 生态水文调节 | | 生态系统减灾 | | | 土壤侵蚀控制 | | 精神文化服务 | | | 支持服务 | | | | |
|---|---|---|---|---|---|---|---|---|---|---|---|---|---|---|---|---|---|---|---|---|---|---|---|---|---|---|
| | 农林牧渔产品 | 水资源 | 水电 | 遗传、药物、观赏、资源 | 机械能 | 有益物质释放 | 局地气候调节 | 温室气体吸收 | 大气净化 | 水质净化 | 废弃物处理 | 径流调节 | 洪水调节 | 气象地质灾害防治 | 海洋灾害控制 | 生物灾害防治 | 土壤保持 | 防风固沙 | 休憩服务 | 科研服务 | 文化服务 | 土壤形成 | 养分循环 | 水循环 | 生物多样性维持 | 生命周期维持 |
| A | √ | √ | | √ | | √ | √ | √ | √ | √ | √ | √ | √ | √ | | √ | √ | | √ | √ | √ | | | | √ | √ |
| B | √ | √ | | √ | | | √ | √ | √ | √ | √ | √ | √ | √ | | √ | √ | | √ | √ | √ | | | | √ | |
| C | √ | √ | | √ | | | | | | √ | | | | | | | √ | | √ | √ | √ | | | | √ | |
| D | √ | √ | | | √ | √ | √ | √ | √ | √ | √ | √ | √ | √ | | √ | √ | | √ | √ | √ | | | | √ | |
| E | | √ | | | | √ | √ | √ | √ | √ | | | | √ | | √ | √ | | √ | √ | √ | | √ | | | |
| F | √ | | | | | | √ | | | | | | | √ | | | | | √ | | | | | | | |
| G | | √ | | | | | √ | | | | | | | √ | | | √ | | | | | | | | | |
| H | √ | √ | √ | | | √ | √ | √ | | | | | | √ | | √ | √ | | | | | | | | | |
| I | √ | √ | | | | √ | √ | √ | | | | | | √ | | | √ | | √ | | √ | | √ | √ | | |
| J | √ | √ | | | | | √ | √ | | | | | | √ | | | √ | | | | | | √ | | | |
| K | √ | √ | | | | | √ | √ | | | | | | √ | | | √ | | | | | | | | | |

注：A 指 Costanza 等，1997；B 指 MA，2005；C 指 TEEB（Pushpam，2010）；D 指 SEEA-EEA（United Nation et al.，2014）；E 指《森林生态系统服务功能评估规范》（LY/T 1721—2008）；F 指《海洋生态资本评估技术导则》（GB/T 28058—2011）；G 指《荒漠生态系统服务评估规范》（LY/T 2006—2012）；H 指欧阳志云等，2013；I 指谢高地等，2015；J 指刘纪远，2016；K 指傅伯杰等，2017

**专题表 1-2　福建省生态资源资产核算指标体系**

| 功能类别 | 核算科目 | | 实物指标 |
|---|---|---|---|
| | 一级科目 | 二级科目 | |
| 生态系统产品 | 农林牧渔产品 | 农产品 | 粮油、果蔬、茶叶、中草药等产量 |
| | | 林产品 | 木材、林副产品、林下产品、薪材等产量 |
| | | 牧产品 | 畜禽、蜂蜜、蚕茧等产量 |
| | | 淡水渔产品 | 淡水鱼类、虾、蟹、贝类等产量 |
| | 干净水源 | 水环境质量 | 水资源供给量、水环境质量 |
| | 清新空气 | 大气环境质量 | 大气环境质量、暴露人口 |
| | | 空气负离子 | 空气负离子浓度 |
| 人居环境调节 | 温度调节 | 生态系统吸收能量 | 空气温度 26℃以上时长、降温幅度 |
| | 生态系统固碳 | 生态系统固碳量 | 净生态系统生产力 |

| 功能类别 | 核算科目 | | 实物指标 |
|---|---|---|---|
| | 一级科目 | 二级科目 | |
| 生态水文调节 | 径流调节 | 径流调节量 | 潜在径流量、实际径流量 |
| | 洪水调蓄 | 洪水调蓄量 | 25mm 以上降水量、生态系统对洪峰的削减量 |
| 土壤侵蚀控制 | 土壤保持 | 减少泥沙淤积 | 减少泥沙淤积量 |
| | | 土壤养分保持 | 减少氮、磷、钾流失量 |
| 支持服务 | 物种保育 | 生境质量 | 生境质量 |
| | | 保护等级 | 濒危特有级别 |
| 精神文化服务 | 休憩服务 | 旅游观光 | 旅行人流量 |

福建省生态资源资产核算指标体系共包含生态系统产品、人居环境调节、生态水文调节、土壤侵蚀控制、支持服务、精神文化服务 6 项功能类别，包含 10 项一级核算科目、16 项二级核算科目。其中生态系统产品包含农林牧渔产品、干净水源和清新空气三项一级科目，人居环境调节包含局地气候调节、温室气体吸收两项一级科目，生态水文调节包含径流调节、洪水调蓄两项一级科目；土壤侵蚀控制包括土壤保持一项一级科目；支持服务包含物种保育一项一级科目；精神文化服务包含休憩服务一项一级科目。

# 二、福建省县域生态资源资产核算方法

本研究采用生物物理模型和统计经验模型两种方法进行实物量核算，采用市场定价法、替代市场法、模拟市场法和能值法进行价值量核算。

## （一）农林牧渔产品

农林牧渔产品服务主要是指农林牧渔业能够提供直接使用的部分，具体指农产品、林产品、牧产品、淡水渔产品的数量和价值。

1）实物量核算方法

通过查阅福建省各市的统计年鉴，获取农产品、林产品、牧产品和渔产品产量。其中，农业包括种植业和其他农业产量；林业包括采种、育苗、植树造林、森林抚育、迹地更新、森林保护、天然林场的经营管理以及林木种植及其林产品的产量；牧业包括各种牲畜的饲养、放牧，家禽及珍禽的饲养，野生动物产品的采集及其他畜牧业产量。根据《2010 福建统计年鉴》和《2015 福建统计年鉴》各县域在各市中的第一产业占比，分别计算各县域的农林牧渔产品产量（专题表 1-3）。

2）价值量核算方法

获取农林牧渔产品产量后，对其进行价值量核算。根据数据的可获得性，采用产值计算法，即统计年鉴上的产值。

专题表 1-3　农林牧渔产品指标

| 一级指标 | 二级指标 |
| --- | --- |
| 1 农产品 | 1.1 谷物 |
| | 1.2 杂粮 |
| | 1.3 薯类 |
| | 1.4 豆类 |
| | 1.5 油料 |
| | 1.6 甘蔗 |
| | 1.7 药材 |
| | 1.8 蔬菜 |
| | 1.9 水果 |
| | 1.10 茶叶 |
| | 1.11 食用菌 |
| | 1.12 烟叶 |
| 2 林产品 | 2.1 木材采伐 |
| | 2.2 林副产品 |
| 3 牧产品 | 3.1 肉类 |
| | 3.2 蛋类 |
| | 3.3 蜂蜜 |
| | 3.4 奶类 |
| 4 渔产品 | 4.1 淡水鱼类 |
| | 4.2 淡水虾蟹类 |
| | 4.3 其他淡水产品 |

## （二）干净水源

干净水源服务功能即某一区域范围内的水体在某一时间段能够提供干净水源的量。本研究以达到或优于《地表水环境质量标准》（GB 3838—2002）中Ⅲ类水质标准的地表水体为基准，核算福建省县域干净水源价值。

1）实物量核算方法

本研究采用 SWAT 模型模拟福建省各县（区）产水量，作为水资源量。水环境质量采用污染物超标量来表征。以《地表水环境质量标准》（GB 3838—2002）中Ⅲ类水质作为评估基准，评估水体某一断面主要污染物的污染超标量的计算公式如下：

$$A(t) = \sum_{i=1}^{n} \left( C_s(i) - C(i,t) \right) \times W(t) \times 10^{-3} \qquad \text{（专题 1-1）}$$

式中，$A(t)$ 为断面 $t$ 时段的污染超标量（kg）；$C(i, t)$ 为第 $i$ 个水质指标 $t$ 时段的浓度值（mg/L）；$C_s(i)$ 为第 $i$ 个水质指标地表水Ⅲ类标准限值（mg/L）；$W(t)$ 为评估水体某一断面 $t$ 时段的地表水资源量（m³）。

本研究选取《地表水环境质量标准》（GB 3838—2002）表 1 中 COD、氨氮、总磷作为福建省各县（区）地表水环境评价指标，对于每个县（区）每个评估时段内评估指标的选择，依据以下原则来确定：①按照不同指标对应水质类别，优先选择最差的一项指标作为评估指标；②若评估指标水质类别相同，则计算污染物超标量，选择污染物超标量最大的一项指标作为评估指标。

2）价值量核算方法

A. 水资源定价

根据《关于水资源费征收标准有关问题的通知》规定的"十二五"末各地区水资源费最低征收标准，北京和天津的地表水水资源管理费平均征收标准为 1.6 元/m³，采用该值作为资源水价。

B. 水环境质量定价

采用环境恢复成本法确定单位水资源品质的价格，其思路为：因污染物排放到环境导致河流湖库受到污染，按照现行的治理技术和水平去除水体中的超标污染物从而使受损环境恢复所需要的费用（专题表 1-4）。因其尚未发生，故此费用为虚拟治理成本，其估算公式如下：

$$P = \sum_{i=1}^{n} P_i \times Q_i \qquad （专题 1\text{-}2）$$

式中，$P$ 为受污染水体的环境恢复成本（元）；$P_i$ 为第 $i$ 个污染物的单位虚拟治理成本价格（元/kg）；$Q_i$ 为受污染水体中第 $i$ 个污染物质量（kg）。

**专题表 1-4　污染物治理成本定价表**

| 表征指标 | 治理成本（元/kg） |
| --- | --- |
| 化学需氧量 | 1.92 |
| 氨氮 | 2.40 |
| 总磷 | 7.67 |

C. 所需数据及来源

水环境质量数据来源于福建省环境保护厅水质监测点的水质周报、各市环境质量公报；各县（区）水资源量采用 SWAT 模型逐月模拟。

## （三）清新空气

### 1. 大气环境质量服务核算方法

大气污染会对人群健康造成各种生理负面效应（刘勇等，2011），表现为发病率的上升，住院人数和门诊人数的增多，慢性疾病的发生甚至是过早死亡（Curtis et al.，2006；Wilson et al.，2005）。短期暴露于细颗粒物可诱发心律失常、心肌梗死、心肌缺血、心力衰竭、脑卒中、外周动脉疾病的加重以及猝死。长期暴露也可增加高血压和全身性动脉粥样硬化等多种心血管疾病的风险（Brook，2007）。

1）实物量核算方法

大气中影响人体健康的主要空气污染因子包括可吸入颗粒物（PM）、$SO_2$、$NO_x$、臭氧、CO 等。目前我国城市空气污染的主要污染物是可吸入颗粒物（PM）、$SO_2$、$NO_2$。考虑学术界对这一问题的观点、剂量（暴露）反应关系的研究以及我国连续监测数据的可获得性，本研究只选取 $PM_{2.5}$ 作为大气污染因子健康效应分析的指标，服务基准设置为 2015 年我国 74 个城市的年均 $PM_{2.5}$ 浓度。

本研究利用大气污染流行病学研究中常用的泊松回归模型评价大气污染对人群健康的影响，选择死亡人数作为健康效应终端。在某一大气污染物浓度下人群健康效应值为

$$E_i = \exp\left[\beta \times (C - C_0)\right] \times E_0 \qquad \text{（专题 1-3）}$$

式中，$\beta$ 为暴露反应关系系数，指污染物浓度每变化 $1\mu g/m^3$，人群各健康效应终端增加的比例；$C$ 为污染物的实际浓度（$\mu g/m^3$）；$C_0$ 为污染物的基准浓度（$\mu g/m^3$）；$E_0$ 为污染物基准浓度下的人群健康效应。

大气颗粒物控制带来的健康效应改善为 $E_i$ 和 $E_0$ 的差值，可用下式表示：

$$\Delta E = E_i - E_0 = P \times M_0 \times \left\{\exp\left[\beta \times (C - C_0)\right] - 1\right\} \qquad \text{（专题 1-4）}$$

式中，$P$ 为暴露人口数；$M_0$ 为健康效应终端基准情形死亡率或患病率。

为方便计算，进行如下转换：

$$\Delta E = P \times M_0 \times \left(1 - \frac{1}{\exp\left[\beta \times (C - C_0)\right]}\right) \qquad \text{（专题 1-5）}$$

2）价值量核算方法

在估算因大气污染引起过早死亡的经济损失时，往往采用修正的人力资本法（韩明霞等，2006）。这种方法与人力资本法的区别在于从整个社会而不是从个体角度来考察人力生产要素对社会经济增长的贡献。计算公式如下：

$$\text{HCL} = \sum_{i=1}^{t} \text{GDP}_i = \text{GDP}_0 \times \sum_{i=1}^{t} \frac{(1+a)^i}{(1+r)^i} \qquad \text{（专题 1-6）}$$

式中，HCL 为修正的人均人力资本损失（元）；$t$ 为大气污染引起过早死亡的平均损失寿命年数（年），采用於方等（2009）在《中国环境经济核算技术指南》中所采用的总平均损失寿命年数（18 年）；$\text{GDP}_i$ 表示未来第 $i$ 年人均 GDP 贴现值（元）；$\text{GDP}_0$ 表示基准年人均 GDP；2010 年、2015 年中国人均 GDP 分别为 30 876 元、49 992 元；$a$ 表示人均 GDP 增长率（%），2015 年中国人均 GDP 年增长率为 9%；$r$ 表示社会贴现率，为 8%。

大气环境质量价值为福建省各县域实际 $PM_{2.5}$ 浓度与全国 2015 年 74 个城市平均浓度之差下的人群健康效应对应的价值，计算公式如下：

$$\text{CV} = \Delta E \times \text{HCL} \qquad \text{（专题 1-7）}$$

式中，$\Delta E$ 为大气污染现状造成的过早死亡人数（人）；HCL 表示修正的人均人力资本损失（元）。

3）所需数据及来源

所需数据为监测数据，监测项目为细颗粒物（$PM_{2.5}$）年均浓度值。我国 2012 年修订的《环境空气质量标准》（GB 3095—2012）首次将 $PM_{2.5}$ 纳入监测范围，2013 年我国开始发布 $PM_{2.5}$ 的监测信息，且仅部分城市有完成的全年监测值。在计算过程中，为充分反映福建省 $PM_{2.5}$ 各区域浓度，采用福建省 2015 年（2010 年无浓度数据）$PM_{2.5}$ 的月均实际浓度作为待评估地区的实际浓度值。专题表 1-5 为大气环境质量价值核算所需数

据及来源。

专题表 1-5　大气环境质量价值核算所需数据及来源

| 健康终端变化量 | 数据 | 数据来源 |
| --- | --- | --- |
| 健康终端 | 全因死亡率 | 陈仁杰等, 2010; 刘晓云等, 2010; 殷永文等; 2011; 黄德生和张世秋, 2013 |
| 暴露人口 | 各市常住人口 | 《2016 福建统计年鉴》 |
| 年均浓度基准 | 2015 年中国 74 个城市年均浓度 55μg/m$^3$ | 《2015 中国环境状况公报》 |
| 年均实际浓度 | 2015 年各市 PM$_{2.5}$ 浓度 | 实际监测值 |
| 全因死亡率 | 各市人口死亡率 | 2015 年福建省各市统计年鉴 |
| 各健康终端平均损失寿命年 | 全死因早死的平均损失寿命年数 18 年 | 卫生部（现称国家卫生和计划生育委员会）第三次国家卫生服务调查;《中国环境经济核算技术指南》 |
| 社会贴现率 | 8% | 於方等, 2009 |

本研究暴露人口数采用福建省各市常住人口数据。全因死亡率采用 2015 年各市人口死亡率, 来自 2016 年福建省各地区统计年鉴。

2. 空气负离子服务核算方法

空气负离子是指获得多余电子而带负电荷的氧气离子, 它是空气中的氧分子结合了自由电子而形成的, 也叫负氧离子。本研究以空气负离子含量减去基准值（对人体有益的最低浓度）后的服务量为指标来计算福建省空气负离子供给功能的物质量。

1）实物量核算方法

衡量负离子的实物量指标是负离子个数, 根据《森林生态系统服务功能评估规范》（LY/T 1721—2008）, 可以得到森林区域每年提供负离子个数的计算公式:

$$G_{ni} = 5.256 \times 10^{15} \times Q_{ni} \times A \times H / L \qquad \text{（专题 1-8）}$$

式中, $G_{ni}$ 为森林每年提供的负离子个数（个/a）; $5.256 \times 10^{15}$ 为换算系数; $Q_{ni}$ 为森林负离子浓度（个/cm$^3$）; $A$ 为森林面积（hm$^2$）; $H$ 为森林高度（m）; $L$ 为负离子寿命（min）。

为提高精确度及细分不同土地利用类型, 改进公式如下:

$$G_i = 1.314 \times 10^{15} \times \sum_{j=1}^{4} \left( Q_{ij} - 600 \right) \times A \times H / L \qquad \text{（专题 1-9）}$$

式中, $G_i$ 为生态系统类型 $i$ 每年提供的负离子个数（个/a）; $Q_{ij}$ 为生态系统类型 $i$ 在 $j$ 季度的负离子季节平均浓度（个/cm$^3$）, $j$=1, 2, 3, 4, 分别表示春、夏、秋、冬四季; 600 为对人类有益的负离子最低浓度（个/cm$^3$）; $A$ 为土地利用类型面积（hm$^2$）; $H$ 为土地利用类型高度（m）; $L$ 为负离子寿命（min）; $1.314 \times 10^{15}$ 为单位换算系数。

2）价值量核算方法

根据《森林生态系统服务功能评估规范》（LY/T 1721—2008）, 森林提供空气负离子的价值量计算方法如下:

$$U_i = G_i \times K \qquad \text{（专题 1-10）}$$

式中, $U_i$ 为生态系统类型 $i$ 提供空气负离子价值（元/a）; $K$ 为空气负离子生产费用

（元/个），《森林生态系统服务功能评估规范》（LY/T 1721—2008）中的推荐值为 $5.8185 \times 10^{-18}$ 元/个。

3）所需数据及来源

空气负离子服务核算所需数据包括县域土地利用类型面积、县域负离子监测浓度。负离子浓度数据通过福建省负离子实地监测和文献获得。

### （四）温度调节

温度调节服务主要通过植物的蒸腾作用降低周围环境温度，从而降低夏季高温及缓解城市的热岛效应。本研究以国家设定的空调开启温度26℃为服务基准，对空气温度大于26℃时的温度调节服务功能进行核算。

1）实物量核算方法

生态系统降温过程主要通过树冠遮挡阳光，减少阳光与地面的辐射能量交换进而减少地面对空气的增温过程；同时通过植被自身的蒸腾作用向环境中散发水分，吸收周围环境中的热量，进而降低空气温度（Mackey et al.，2012；唐泽等，2017）。

然而，植被类型的差异导致树冠大小、叶面疏密和叶片类型等特性存在不同，不同生态系统类型的降温效应也不同。在总结以往关于不同生态系统类型降温效应研究的基础上（杨士弘，1994；Zhang et al.，2014），本研究设立不同生态系统类型的最大理论降温值（专题表1-6），进而计算各生态系统中在卫星遥感观测像元尺度上植被每天吸收来自周围大气的热量 $\Delta Q_i$：

$$\Delta Q_i = \Delta T_i \times \rho_c \times L \qquad （专题1-11）$$

式中，$\rho_c$ 为空气的容积热容量 [1256J/（$m^3 \times$℃）]；$\Delta T$ 为降温幅度（℃/h）；$L$ 为时长（设为24h）；$i$ 代表像元。

专题表1-6 不同植被类型的最大降温幅度（Zhang et al.，2014）

| 植被类型 | 最大降温幅度（℃/h） | 植被类型 | 最大降温幅度（℃/h） |
|---|---|---|---|
| 常绿阔叶林 | 2.34 | 乔木园地 | 2.34 |
| 常绿针叶林 | 2.34 | 灌木园地 | 1.30 |
| 针阔混交林 | 2.34 | 其他园地 | 0.85 |
| 稀疏林 | 2.34 | 乔木绿地 | 2.34 |
| 灌木林地 | 1.60 | 灌木绿地 | 1.30 |
| 草地 | 0.85 | 草本绿地 | 0.85 |

植被实际降温效应与绿色植被覆盖度高度相关。在同一生态系统类型中，高植被覆盖度条件下的植被降温效果比低植被覆盖度条件下要高。此外，本研究将26℃设为温度调节服务基准，低于这一基准时的降温服务不进行计算。因此，在温度调节服务评估过程中还需考虑植被覆盖条件差异以及温度调节服务时长（即每天空气温度大于26℃的时长），因此对上述公式进行了改进：

$$\Delta Q_{i,d} = \Delta T_i \times \rho_c \times \text{FVC}_{i,d} \times L_{i,d'} \qquad （专题1-12）$$

式中，$i$ 代表像元；$d$ 代表第 $d$ 天；$\text{FVC}_{i,d}$ 为第 $d$ 天像元 $i$ 的植被覆盖度；$L_{i,d'}$ 为第 $d$ 天

像元 $i$ 空气温度大于 26℃ 的时长。其中, $\text{FVC}_{i,d}$ 根据像元的归一化植被指数（NDVI），采用二分法计算获得；$L_{i,d}$ 通过在已有地面观测站点数据统计的基础上，建立该像元日平均温度与日大于 26℃ 时长的经验关系获得。

基于数据的可获得性，本研究对 2015 年厦门市 18 个站点的日平均空气温度与每日 26℃ 以上时长进行线性拟合。由拟合结果可以看出，二者存在非常显著的正相关关系，拟合结果的 $R^2$ 为 0.7725（专题图 1-4）。

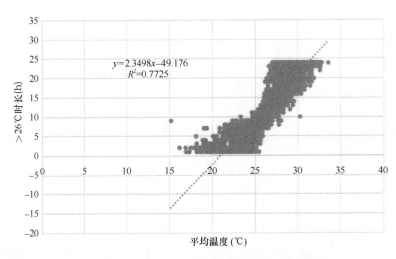

专题图 1-4  站点平均空气温度与＞26℃时长的线性拟合图

因此，基于日平均空气温度与每日 26℃ 以上时长的线性关系式，本研究简单采用日平均空气温度作为变量，基于估算模型直接计算各像元每日 26℃ 以上时长，即生态系统有效降温服务时间长度。当模型估算值小于 0 时，时长设为 0；当模型估算值大于 24 时，时长设为 24h。那么不同生态系统每天吸收来自周围大气的热量为

$$\Delta Q_{i,d} = \Delta T_i \times \rho_c \times \text{FVC}_{i,d} \times \begin{cases} 2.3498 T_{\text{ave}} - 49.176 & 20.93 \leqslant T_{\text{ave}} \leqslant 34.14 \\ 0 & T_{\text{ave}} < 20.93 \\ 24 & T_{\text{ave}} > 34.14 \end{cases} \qquad (\text{专题 } 1\text{-}13)$$

式中，$T_{\text{ave}}$ 为日平均气温（℃）；$L$ 为每日 26℃ 以上时长（h）。

2）价值量核算方法

本研究首先将绿地降温服务吸收的能量转换为电能，再采用电网企业全国平均销售电价进行生态系统温度调节服务功能的核算。电能与能量之间的转换关系为

$$V_i = \sum_d \Delta Q_{i,d} \times \alpha \times \text{COP} \times P \times A \qquad (\text{专题 } 1\text{-}14)$$

式中，$V_i$ 为每个像元 $i$ 每年的绿地降温价值（元/a）；$\alpha$ 为能量与电能转换系数（$0.278 \times 10^{-6} \text{kW·h/J}$），COP 为空调制冷系数（设为 3）；$P$ 为电价 [元/（kW·h）]；$A$ 为像元面积（km$^2$）。根据统计资料查询得知，2015 年电网企业全国平均销售电价为 643.33 元/（kW·h）。

3）所需数据及来源

本研究所用数据包括空气温度、NDVI 和生态系统类型图。其中，空气温度来源于

国家气象局；NDVI 利用 MOD09A1 产品计算获取，来源于美国国家航空航天局（NASA）官网，本研究首先利用 MOD09A1 提供的质量控制文件对所需数据层进行无效数据剔除和插补，再进行 NDVI 计算；生态系统类型图来源于环境保护部（现称生态环境部）卫星环境应用中心。

## （五）生态系统固碳

陆地生态系统通过光合作用固定大气中的 $CO_2$，同时通过呼吸作用向大气中释放 $CO_2$，两者的差值为净生态系统生产力（net ecosystem productivity，NEP）。此后，经过一系列自然和人为因素的干扰（如收获、火灾、土壤侵蚀等），会有一部分碳从生态系统中移出。由自然因素干扰导致的碳损失所占份额较小，因此，自然条件下可以应用 NEP 来近似表征生态系统固碳量；而在人为干扰较大的农田生态系统，则需要在 NEP 的基础上去除农产品利用的碳消耗量（carbon consumption by agricultural utilization，CCU）。

1）实物量核算方法

A. 核算模型

陆地生态系统固碳服务（carbon fixation，CF）核算涉及三部分，即总初级生产力（gross primary productivity，GPP）、生态系统呼吸（ecosystem respiration，$R_e$）和农产品利用的碳消耗量（CCU）。在农田生态系统中，固碳服务（CF1）应用下式来表征：

$$CF1 = GPP - R_e - CCU \qquad （专题1-15）$$

在非农田生态系统中，固碳服务（CF2）的表征公式为

$$CF2 = GPP - R_e \qquad （专题1-16）$$

a. GPP 模型

本研究采用植被光合模型（vegetation photosynthesis model，VPM）来表征 GPP 的变化（Xiao et al.，2014），该模型基于光能利用率模型建立而成，假设植被生产力等于植被吸收的光合有效辐射与植被光能利用率的乘积。VPM 模型自提出以来已在森林、灌丛、草地、农田等多种生态系统类型中得到了很好的验证，该模型形式为

$$GPP = \varepsilon_0 \times T_{scalar} \times W_{scalar} \times P_{scalar} \times FPAR_{PAV} \times PAR \qquad （专题1-17）$$

式中，$\varepsilon_0$ 表示最大光能利用率（mol $CO_2$/mol PPFD）；$T_{scalar}$、$W_{scalar}$ 和 $P_{scalar}$ 分别表示温度、水分和物候因子对 $\varepsilon_0$ 的影响；$FPAR_{PAV}$ 表示植被吸收的光合有效辐射占总光合有效辐射的比例（%）；PAR 表示光合有效辐射 [mol/（$m^2 \cdot d$）]。

$T_{scalar}$ 的计算公式为

$$T_{scalar} = \frac{(T - T_{min})(T - T_{max})}{[(T - T_{min})(T - T_{max})] - (T - T_{opt})^2} \qquad （专题1-18）$$

式中，$T$ 为温度（℃）；$T_{min}$ 为光合最低温度（℃）；$T_{max}$ 为光合最高温度（℃）；$T_{opt}$ 为光合最适温度（℃）。如果温度低于光合最低温度，则 $T_{scalar}$ 设为 0。

$W_{scalar}$ 的计算公式为

$$W_{scalar} = \frac{1 + LSWI}{1 + LSWI_{max}}$$ （专题 1-19）

式中，LSWI 为陆地表面水分指数；$LSWI_{max}$ 为每个栅格 LSWI 的最大值。LSWI 的计算公式为

$$LSWI = \frac{\rho_{nir} - \rho_{swir}}{\rho_{nir} + \rho_{swir}}$$ （专题 1-20）

式中，$\rho_{nir}$ 和 $\rho_{swir}$ 分别表征近红外和短波红外波段反射率（Xiao et al.，2004）。

$P_{scalar}$ 分两个阶段进行计算，植物从发芽到叶子全部展开期间的计算公式为

$$P_{scalar} = \frac{1 + LSWI}{2}$$ （专题 1-21）

当叶子全部展开后，由于福建省为常绿生态系统类型，因此，$P_{scalar}$ 取值为 1。

$FPAR_{PAV}$ 的计算公式为

$$FPAR_{PAV} = a \times EVI$$ （专题 1-22）

式中，EVI 表示增强型植被指数；$a$ 为经验系数，取值为 1。

EVI 的计算公式为

$$EVI = G \times \frac{\rho_{nir} - \rho_{red}}{\rho_{nir} + (C_1 \times \rho_{red} - C_2 \times \rho_{blue}) + L}$$ （专题 1-23）

式中，$G = 2.5$，$C_1 = 6.0$，$C_2 = 7.5$，$L = 1$，$\rho_{nir}$、$\rho_{red}$ 和 $\rho_{blue}$ 分别表征近红外波段、红波段和蓝波段反射率（Huete et al.，2002）。

b. $R_e$ 模型

生态系统呼吸由一系列呼吸组分组成，包括属于植物自养呼吸（$R_a$）的生长呼吸（$R_g$）和维持呼吸（$R_m$），属于异养呼吸（$R_h$）的根际微生物呼吸（$R_{rhi}$）、植物残体分解的微生物呼吸（$R_{res}$）和土壤有机质（SOM）分解的微生物呼吸（$R_{SOM}$）。本研究选用充分考虑 $R_e$ 不同组分的呼吸底物来源和单位质量呼吸速率限制因素的 ReRSM 模型来表征 $R_e$ 的变化（Gao et al.，2015），其模型形式为

$$R_e = a \times GPP + R_{ref} \times e^{E_0 \times \left(\frac{1}{61.02} - \frac{1}{T + 46.02}\right)}$$ （专题 1-24）

式中，$a$ 表征 GPP 以呼吸形式释放的比例；$R_{ref}$ 表征参考温度 288.15K（15℃）条件下，GPP 为 0 时的生态系统呼吸 $[mol\ C/(m^2 \cdot d)]$；$E_0$ 为类似于活化能的参数（K）；$T$ 为温度（℃）。

c. CCU 核算

由于统计年鉴公布的农产品产量数据仅为经济产量，不包括秸秆等非经济部分产量，因此，本研究利用农产品产量、作物收获指数、含水量和含碳系数计算农产品利用的碳消耗量，计算公式如下（朱先进等，2014）：

$$CCU = \sum_{i=1}^{n} \{Y_i \times (1 - Cw_i) / HI_i\} \times Cc_i$$ （专题 1-25）

式中，CCU 表征农产品利用的碳消耗量，$Y_i$ 表征农产品产量；$Cw_i$ 表征含水量；$HI_i$ 表征收获指数；$Cc_i$ 表征含碳系数；$i$ 表征不同农作物；$n$ 表征农作物种类。

B. 模型参数

a. 最大光能利用率

最大光能利用率（$\varepsilon_0$）是光能利用率模型的重要参数，其数值因植被类型的不同而有所差异，可利用生长旺盛期（7～8月）的碳通量和气象观测数据，基于 Michaelis-Menten 方程拟合获取，该方程在低光条件下的曲线斜率可看作最大光能利用率。本研究所用的最大光能利用率数据来源于陈静清等（2014）的文献。

b. 三基点温度

所谓三基点温度是指最低、最高和最适温度，可以利用温度与 GPP 关系曲线的拐点确定。本研究所用的三基点温度数据来源于陈静清等（2014）的文献。

c. ReRSM 模型参数

ReRSM 模型参数包括 GPP 以呼吸形式释放的比例（$a$）和参考生态系统呼吸（$R_{ref}$），本研究利用中国通量观测研究联盟与福建省生态系统相同或相近站点的碳通量和气象观测数据，以及所在站点的 MODIS 植被指数，采用最小二乘曲线拟合法进行模型参数拟合，进而获取福建省不同生态系统类型的呼吸模型参数。

d. 其他参数

收获指数：禾谷类作物收获指数来源于谢光辉等（2011a）的文献，非禾谷类作物收获指数来源于谢光辉等（2011b）的文献，蔬菜、水果类收获指数来源于朱先进等（2014）的文献。

含水量和含碳系数：各农作物数据均来源于朱先进等（2014）的文献。

2）价值量核算方法

本研究采用《森林生态系统服务功能评估规范》（LY/T 1721—2008）推荐的固碳价格对生态系统固碳服务功能进行价值量评估，其数值为 1200 元/t C。

3）所需数据及来源

本研究所用数据包括通量观测数据、MODIS 遥感数据、光合有效辐射、生态系统类型图、农产品产量。其中，通量观测数据主要来源于中国通量网和全球通量网，用于模型参数率定；MODIS 遥感数据来自 NASA 官网，包括 MOD09A1 和 MOD11A2 产品，本研究利用其提供的质量控制文件对各数据层分别进行无效数据剔除和插补；光合有效辐射来源于中国-东盟 5km 分辨率光合有效辐射数据集（张海龙等，2017）；生态系统类型图来源于环境保护部（现称生态环境部）卫星环境应用中心；农产品产量来源于《2015福建统计年鉴》。

## （六）径流调节

径流调节服务是陆地生态系统水文调节服务的一项重要内容，是指生态系统在一定的时空范围和条件下，通过对降雨截留、吸收，使降雨保存在林冠层、枯枝落叶层、土壤及地下水中，从而改变降雨径流的时空分配。主要表现为减少汛期洪峰，增加枯季径流量，延长汇流时间等（Wilcox and Thurow，2006；秦嘉励等，2009；Pamukcu et al.，2016）。

1）实物量核算方法

A. 核算模型

综合考虑研究区的气候特征和生态环境现状，基于水文、气象、空间地理等信息，采用 SWAT 模型（Arnold，2002）分析福建省不同生态系统类型的径流调节功能及时空演变特征。采用实际生态系统的地下径流量相对于无植被覆盖裸地情景增加的地下径流量作为径流调节量。基于评估年实际气象条件来评估福建省县（区）径流调节功能，反映福建省各县（区）降雨径流的吸收和蓄纳能力。

计算公式如下：

$$W = \sum_i (Q_i - Q_{ck}) \times A_i \times 1000 \qquad \text{（专题 1-26）}$$

式中，$W$ 为福建省径流调节量（m³）；$Q_i$ 为福建省各县（区）的地下径流量（mm）；$Q_{ck}$ 为裸地情景下的地下径流量（mm）；$A_i$ 为各县（区）的面积（km²）。

SWAT 模型模拟流域的水文循环过程（专题图 1-5），主要包括两部分：一是坡面产流过程，控制流域内的水、沙和化学物质等汇入河道的总量；二是河道汇流演算过程，决定各子流域内的水流向流域出口的总量。该模型模拟水文循环过程所依据的水量平衡公式（郝芳华等，2006）为

$$SW_t = SW_0 + \sum_{i=1}^{t} (R_{day} - Q_{surf} - E_a - W_{seep} - Q_{gw}) \qquad \text{（专题 1-27）}$$

式中，$SW_t$ 为时段末土壤含水量（mm）；$SW_0$ 为土壤前期含水量（mm）；$t$ 为时间步长（天）；$R_{day}$ 为第 $i$ 天降水量（mm）；$Q_{surf}$ 为第 $i$ 天的地表径流量（mm）；$E_a$ 为第 $i$ 天的蒸散发量（mm）；$W_{seep}$ 为第 $i$ 天存在于土壤剖面地层的渗透量和侧流量（mm）；$Q_{gw}$ 为第 $i$ 天地下水含量（mm）。

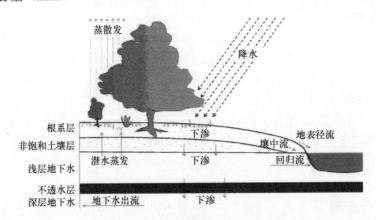

专题图 1-5　SWAT 模型水文循环示意图

本研究采用的是较为常见的 SCS 曲线法估算地表径流。SCS 径流模型是美国农业部水土保持局于 1954 年开发的流域水文模型。发展至今，已被广泛应用于流域工程规划、流域水土保持、城市雨洪管理以及无资料地区的水文模拟研究（袁艺和史培军，2001）。该模型能够客观反映土壤类型、土地利用方式及前期土壤含水量对降雨径流的影响，模型结构简单、输入的参数少。

SCS 径流曲线方程为

$$Q_{\text{surf}} = \frac{\left(R_{\text{day}} - I_a\right)^2}{\left(R_{\text{day}} - I_a + S\right)}$$　　　　（专题 1-28）

式中，$Q_{\text{surf}}$ 表示地表径流量（mm）；$R_{\text{day}}$ 为某天的降水量（mm）；$I_a$ 表示初损量（mm），包含产流前的地面填洼量、植物截留量和下渗量，通常近似为 $0.2S$（贺宝根等，2001）；$S$ 是土壤最大滞留量（mm），与土壤类型、前期土壤含水量和地表覆被条件相关，通过产流参数 CN（curve number）来进行计算：

$$S = \frac{25\,400}{\text{CN}} - 254$$　　　　（专题 1-29）

CN 是一个无量纲的量，反映了降雨前下垫面的地表特征，需根据土壤前期湿润程度、坡度、土壤类型和土地利用现状等综合推算。CN 值越大，$S$ 值越小，越容易产生地表径流；反之，则相反。

将 $I_a$ 替换为 $0.2S$，则得到 SCS 曲线方程的一般形式：

$$Q_{\text{surf}} = \begin{cases} \dfrac{\left(R_{\text{day}} - 0.2S\right)^2}{R_{\text{day}} + 0.8S} & R_{\text{day}} \geqslant 0.2S \\ 0 & R_{\text{day}} < 0.2S \end{cases}$$　　　（专题 1-30）

B. 模型构建

流域划分：考虑福建省河流自然节点、水文站位置、湖泊位置等，对福建省进行子流域划分。

水文响应单元（Hydrological Response Unit，HRU）定义：将土地利用与 SWAT 模型数据进行匹配，将土壤数据输入数据库，并按 0°～26.5°、26.5°以上两个坡度进行 HRU 定义。

气象数据加载：将 30 个气象站的气温、降水、风速、日照等资料按照要求输入数据库，计算福建省气象参数。

C. 模型参数

利用研究区水文站月平均流量对模型进行参数率定。模型率定的方式为人工率定与自动率定相结合。较为敏感的模型参数（林炳青等，2013）见专题表 1-7。

专题表 1-7　敏感参数一览表

| 参数 | 解释 | 说明 |
| --- | --- | --- |
| CN2 | SCS 径流曲线系数 | 用于控制地表径流，是最为敏感的参数之一，反映下垫面的综合情况，取值为 30～98，CN 值越大，地表径流越大 |
| ESCO | 土壤补偿蒸发因子 | 对蒸发量有较大影响，取值为 0.01～1。湿润区和干旱区 ESCO 普遍较高，土壤蒸发量与温度和植被覆盖度关系密切，温度越低、植被覆盖度越高时，土壤蒸发量越小，ESCO 值越大 |
| CH_N2 | 河道曼宁糙率系数 | 该值反映河道粗糙情况对水流的影响，随着 CH_N2 值增大，河道的环境越复杂，河道粗糙增加，径流量减小 |
| GWQMN | 浅层地下水产生基流的阈值深度 | 该参数越大，基流深度越小 |

| 参数 | 解释 | 说明 |
|------|------|------|
| ALPHA_BF | 基流阿尔法因子 | 控制地下水到基流的转换，取值范围：响应缓慢时为 0.1～0.3，响应快速时为 0.9～1.0。ALPHA_BF 的取值越小，洪峰峰量越小，历时越长 |
| GW_DELAY | 降水入渗补给地下水的滞后时间 | 表示降水入渗补给地下水的滞后时间，该值受到潜水埋深、气候条件、土壤前期含水量、土壤岩性、作物类别等因素的综合影响而表现出空间差异性 |
| SOL_AWC | 土壤有效含水量 | 与土壤质地、土壤结构有密切关系。土壤黏粒含量越多，土壤的持水能力越差，SOL_AWC 取值越小。对于高山草甸土，腐殖质层较厚，土壤团粒结构好，持水能力强；对于土层浅薄、腐殖质少的土壤，持水能力较弱，SOL_AWC 值较低 |

D. 结果对比与验证

本研究基于福建省 2015 年和 2010 年的土地利用数据，对研究区 2009～2015 年的径流量进行模拟，将 2005～2009 年作为模型的预热期。结合流域分布、地形以及水库位置共选取 9 个水文站点进行率定（专题表 1-8）。

专题表 1-8　水文站名称和位置

| 流域 | 站名 | 溪流 |
|------|------|------|
| 闽江 | 七里街（二） | 建溪 |
| | 沙县（石桥） | 沙溪 |
| | 竹岐（二） | 闽江 |
| 九龙江 | 漳平 | 九龙江 |
| | 浦南 | 九龙江 |
| | 郑店（塔尾） | 西溪 |
| 晋江 | 石砻 | 晋江 |
| 其他诸河 | 诏安 | 东溪 |
| | 洋中坂（二） | 霍童溪 |

模拟径流量和实测径流量的拟合程度评价指标为：决定系数 $R^2$，纳什效率系数 NSE 和水量平衡系数 $\Delta R$，具体计算公式如下：

$$R^2 = \frac{\left[\sum_{i=1}^{n}(Q_{m,i}-Q_{m,avg})(Q_{p,i}-Q_{p,avg})\right]^2}{\sum_{i=1}^{n}(Q_{m,i}-Q_{m,avg})^2 \sum_{i=1}^{n}(Q_{p,i}-Q_{p,avg})^2} \quad （专题 1-31）$$

$$\text{NSE} = 1 - \frac{\sum_{i=1}^{n}(Q_{m,i}-Q_{p,i})^2}{\sum_{i=1}^{n}(Q_{m,i}-Q_{m,avg})^2} \quad （专题 1-32）$$

$$\Delta R = \frac{\sum_{i=1}^{n}(Q_{p,i}-Q_{m,i})}{\sum_{i=1}^{n}Q_{m,i}} \quad （专题 1-33）$$

式中，$Q_{m,i}$ 为实测流量（m³/s）；$Q_{p,i}$ 为模拟流量（m³/s）；$Q_{m,avg}$ 为多年实测平均流量（m³/s）；$Q_{p,avg}$ 为多年模拟平均流量（m³/s）；$n$ 为实测时间序列长度。一般认为，当 $R^2>0.60$、NSE$>0.50$ 且 $\Delta R<20\%$ 时模型的拟合程度令人满意。各个水文站的率定结果见专题表1-9。

**专题表1-9　各个水文站的率定结果**

| 流域 | 序号 | 站名 | NSE系数 | $R^2$ | $\Delta R$ |
|---|---|---|---|---|---|
| 闽江 | 1 | 七里街（二） | 0.86 | 0.95 | 15.63 |
|  | 2 | 沙县（石桥） | 0.78 | 0.94 | 15.05 |
|  | 3 | 竹岐（二） | 0.82 | 0.96 | 18.83 |
| 九龙江 | 4 | 漳平 | 0.77 | 0.94 | 20.6 |
|  | 5 | 浦南 | 0.77 | 0.93 | 14.88 |
|  | 6 | 郑店（塔尾） | 0.86 | 0.93 | 0.41 |
| 晋江 | 7 | 石砻 | 0.57 | 0.78 | 6.11 |
| 其他诸河 | 8 | 洋中坂（二） | 0.71 | 0.88 | 9.32 |
|  | 9 | 诏安 | 0.61 | 0.81 | 20.17 |

2）价值量核算方法

本研究利用国家林业局发布的《森林生态系统服务功能评估规范》（LY/T 1721—2008）推荐的定价标准进行价值量评估。利用水库成本替代法进行计算，并采用消费价格指数（CPI）进行调整（专题表1-10）。

**专题表1-10　径流调节服务价值量核算标准**

| 生态服务 | 表征指标 | 参考数值 | 取值依据 | 调整单价 |
|---|---|---|---|---|
| 径流调节 | 径流调节量 | 6.11元/m³ | 《森林生态系统服务功能评估规范》（LY/T 1721—2008） | 7.19元/m³ |

3）所需数据及来源

径流调节服务所用数据包括气象数据、数字高程模型（DEM）数据、2010年和2015年土地利用图、土壤数据和水文站点径流数据（专题表1-11）。

**专题表1-11　径流调节服务核算所需数据及来源**

| 数据名称 | 空间分辨率 | 时间分辨率 | 数据来源 |
|---|---|---|---|
| 气象数据 | 站点 | 天 | 中国气象数据网 |
| 土地利用图 | 30m | 年 | 中国科学院地理资源环境科学数据中心 |
| DEM数据 | 30m | 年 | 地理空间数据云 |
| 土壤数据 | 1∶100万 | 年 | 中国科学院南京土壤研究所 |
| 径流数据 | 站点 | 月 | 《2015中国水利统计年鉴》 |

## （七）洪水调蓄

洪水调蓄是指生态系统通过截留、吸收、贮存降雨以拦蓄洪水从而降低洪水灾害损失的服务。本研究洪水调蓄功能基于水文、气象、空间地理等信息，对福建省日降雨强度为暴雨及以上的降雨场次进行核算。

1）实物量核算方法

本研究基于 SWAT 模型模拟日径流过程，对福建省洪水调蓄功能物理量进行核算。模型基本公式及原理见上节部分。洪水调蓄功能的核算以福建省实际生态系统削减的暴雨期洪水总量作为生态系统洪水调蓄服务的物理表征指标，基于评估年实际气象条件评估福建省县域洪水调蓄功能（专题图 1-6）。

$$W_F = \sum_i \left( W_{ck} - W_i \right) \times A_i \times 1000 \qquad （专题 1-34）$$

式中，$W_F$ 为福建省洪水调蓄量（m³）；$W_{ck}$ 为暴雨期裸地无植被径流量（mm）；$W_i$ 为福建省各县（区）的径流量（mm）；$A_i$ 为各县（区）的面积（km²）。

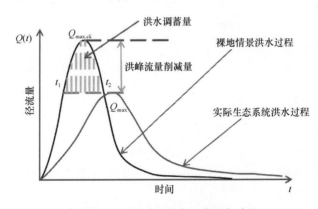

专题图 1-6　福建省洪水调蓄服务功能

2）价值量核算方法

本研究利用国家林业局发布的《森林生态系统服务功能评估规范》（LY/T 1721—2008）推荐的定价标准进行价值量评估。利用水库成本替代法进行计算，并采用 CPI 进行调整（专题表 1-12）。

专题表 1-12　洪水调蓄服务价值量核算标准

| 生态服务类型 | 表征指标 | 参考定价 | 取值依据 | 调整定价 |
| --- | --- | --- | --- | --- |
| 洪水调蓄 | 洪水调蓄量 | 6.11 元/m³ | 《森林生态系统服务功能评估规范》（LY/T 1721—2008） | 7.19 元/m³ |

## （八）土壤保持

土壤保持服务是指森林、草地等生态系统对土壤起到的覆盖保护作用及其对养分、水分调节过程，以防止地球表面的土壤被侵蚀，包括减少泥沙淤积和保持土壤养分两个方面。研究主要对 2010 年和 2015 年福建省实际侵蚀量和极端退化裸地状态下土壤侵蚀量的差值进行了计算，评估福建省自然生态系统 2010 年和 2015 年的土壤保持能力。

1）实物量核算方法

福建省土壤保持能力采用通用土壤流失方程（USLE）（Wischmeier，1978）计算，土壤侵蚀量计算公式如下：

$$USLE = R \times K \times LS \times C \qquad \text{（专题 1-35）}$$

式中，$R$ 为降雨侵蚀力因子；$K$ 为土壤可蚀性因子；$LS$ 为地形因子；$C$ 为植被覆盖因子。

福建省自然生态系统的土壤保持量可以用潜在土壤侵蚀量与实际土壤侵蚀量之差来表征。潜在土壤侵蚀量为极端退化裸地状态下的土壤侵蚀量，对应的 $C$ 因子为 1。因此，土壤侵蚀量计算公式为

$$USLE = R \times K \times LS \times (1 - C) \qquad \text{（专题 1-36）}$$

A. 降雨侵蚀力因子 $R$

降雨是引起土壤侵蚀的主要驱动力，降雨侵蚀力表征了降雨引起土壤发生侵蚀的潜在能力。本研究采用周伏建等（1995）根据福建省实测数据建立的 $R$ 值计算式：

$$R = \left( \sum_{i=1}^{12} 0.1792 P_i - 1.5527 \right) \times 17.02 \qquad \text{（专题 1-37）}$$

式中，$R$ 表示年均侵蚀力值 $[\mathrm{MJ \cdot mm}/(\mathrm{km}^2 \cdot \mathrm{h})]$；$P_i$ 表示月降水量（mm）。

B. 土壤可蚀性因子 $K$

土壤可蚀因子 $K$ 是指土壤潜在的可侵蚀度量，反映的是土壤的抗侵蚀能力（Renard et al.，1997），其大小受土壤理化性质的影响。William 等（1984）用 EPIC 模型提出了基于土壤有机质和土壤颗粒分析的 $K$ 值计算方法，计算公式如下：

$$
\begin{aligned}
K = {} & 0.1317 \times \{0.2 + 0.3 \times \exp[-0.0256 \times S_d \times (1 - S_l/100)]\} \\
& \times [S_l/(C_l + S_l)]^{0.3} \times \{1.0 - 0.25C/[C + \exp(3.72 - 2.95C)]\} \\
& \times \{1.0 - 0.7 \times (1 - S_d/100)/\{(1 - S_d/100) + \exp[-5.51 + 22.9 \times (1 - S_d/100)]\}\}
\end{aligned} \qquad \text{（专题 1-38）}
$$

式中，$K$ 为土壤可蚀性因子，为英制单位，乘以 0.1317 后转换成国际制单位 $\mathrm{t \cdot hm}^2 \cdot \mathrm{h}/(\mathrm{hm}^2 \cdot \mathrm{MJ \cdot mm})$；$S_d$ 为砂粒含量百分比；$S_l$ 为粉粒含量百分比；$C_l$ 为黏粒含量百分比；$C$ 为有机碳含量百分比。

C. 地形因子 $LS$

地形因子 $LS$ 是指在其他条件相同的情况下，特定坡面（特定坡度和坡长）的土壤流失量与标准径流小区土壤流失量的比值。其值为坡长因子 $L$ 与坡度因子 $S$ 的乘积。地形因子的计算采用 ArcGIS 的水文分析模块和地形分析模块进行，通过汇流计算可以得到坡长 $l$，利用坡度分析工具可以得到坡度 $\theta$，之后在栅格计算器 Raster calculator 中采用以下公式可以计算得到地形因子 $LS$。其计算公式为

$$LS = L \times S \qquad \text{（专题 1-39）}$$

$$L = \left( \frac{l}{22.13} \right)^m \qquad \text{（专题 1-40）}$$

$$m = \begin{cases} 0.2 & t \leqslant 1\% \\ 0.3 & 1\% < t \leqslant 3\% \\ 0.4 & 3\% < t \leqslant 5\% \\ 0.5 & t > 5\% \end{cases} \qquad \text{（专题 1-41）}$$

$$S = \begin{cases} 10.8\sin\theta + 0.03 & \theta < 5^{\circ} \\ 16.8\sin\theta - 0.5 & 5^{\circ} \leqslant \theta < 10^{\circ} \\ 21.9\sin\theta - 0.03 & \theta \geqslant 10^{\circ} \end{cases} \quad （专题 1-42）$$

式中，$l$ 为坡长（m）；$\theta$ 和 $t$ 分别是坡度（°）和百分比坡度（%）；$m$ 为地表面沿流向的水流长度（m）。

D. 植被覆盖因子 $C$

植被覆盖因子 $C$ 是 USLE 方程中最重要的参数，无纲量，在特定情况下它可以决定土壤侵蚀强度的大小，其大小取决于植被类型、植被长势和植被覆盖度。植被覆盖因子采用如下公式计算（冯强和赵文武，2014）：

$$C = \begin{cases} 1 & f_v \leqslant 0.1\% \\ 0.650\,8 - 0.343\,61\lg f_v & 0.1\% < f_v \leqslant 78.3\% \\ 0 & f_v > 78.3\% \end{cases} \quad （专题 1-43）$$

$$f_v = （\text{NDVI} - \text{NDVI}_{\min}）/（\text{NDVI}_{\max} - \text{NDVI}_{\min}） \quad （专题 1-44）$$

式中，$C$ 为植被覆盖因子，无量纲；$f_v$ 为年均植被覆盖度（%）；$\text{NDVI}_{\min}$、$\text{NDVI}_{\max}$ 为整个植被生长季节归一化植被指数 NDVI 的最小值和最大值。

2）价值量核算方法

生态系统保持土壤的价值量按照费用支出法计算，包括减少泥沙淤积价值和减少养分流失价值两部分。

按照中国主要流域的泥沙运动规律，全国土壤侵蚀流失的泥沙有 24% 淤积于水库、江河、湖泊。对此，本研究中生态系统因保持土壤而减少泥沙淤积的体积按照 24% 的比例估算：

$$Q_{ds} = Q_{sr} \times 24\% / \rho \quad （专题 1-45）$$

式中，$Q_{ds}$ 为生态系统减少泥沙淤积量（m³/a）；$Q_{sr}$ 为土壤保持量（t/a）；$\rho$ 为土壤容重（t/m³），取值为 1.30t/m³。

减少泥沙淤积价值的计算公式为

$$V_{ds} = Q_{ds} \times c_{ds} \quad （专题 1-46）$$

式中，$V_{ds}$ 为生态系统减少泥沙淤积价值（元/a）；$Q_{ds}$ 为生态系统减少泥沙淤积量（m³/a）；$c_{ds}$ 为挖取单位体积土方费用（元/m³），本研究依据《森林生态系统服务功能评估规范》（LY/T 1721—2008），取值为 15.12 元/m³。

生态系统防止土壤流失的同时，减少了土壤中的养分流失，减少土壤养分流失量的计算公式为

$$Q_{dn} = Q_{sr} \times C_{sn} \quad （专题 1-47）$$

式中，$Q_{dn}$ 为生态系统减少土壤养分流失量（t/a）；$C_{sn}$ 为土壤养分含量（%），包括有机质、N、P 和 K，取值分别为 2.26%、0.1%、0.04% 和 1.5%，数据来源于中国 1：100 万土壤类型图。

减少土壤养分流失价值的计算公式为

$$V_{dn} = Q_{ds} \times p_n \quad （专题 1-48）$$

式中，$V_{dn}$为生态系统减少养分流失价值（元/a）；$p_n$为化肥市场价格（元/t）。本研究依据国家发展改革委价格监测中心的物质价格取值：有机肥为1089.27元/t、尿素为1992.25元/t、磷酸二铵为569.22元/t、氯化钾为2083.33元/t。

3）所需数据及来源

土壤保持服务所需数据包括DEM数据、评估年逐月降水数据、土壤类型图、土地利用数据和植被覆盖数据（专题表1-13）。

**专题表1-13 土壤保持服务所需数据及来源**

| 数据名称 | 空间分辨率 | 时间分辨率 | 数据来源 |
|---|---|---|---|
| DEM数据 | 30m | — | 地理空间数据云 |
| 逐月降水量 | 站点 | 月 | 中国气象数据网 |
| 土壤类型图 | 1：100万 | 年 | 中国科学院南京土壤研究所 |
| 植被覆盖数据 | 250m | 年 | NASA官网 |
| 土地利用图 | 30m | 年 | 中国科学院地理资源环境科学数据中心 |

## （九）物种保育

物种保育是指某一类生态系统为生物物种提供生存与繁衍的场所，从而对其起到保育作用的功能，充分体现物种种群稀缺程度、更新变化及生境质量等主要特征。依据物种保育的定义内涵，物种保育功能（存量）是指生态系统在当前生境条件下维持物种多样性的能力，可以从生境质量和濒危状况两个方面开展评估。本研究以福建省县级行政区域为评价单元，利用现有文献资料和补充调查数据，按照《区域生物多样性评价标准》（HJ 623—2011）规定的评价指标和方法，评价福建省县域物种保育价值。

1）实物量核算方法

A. Shannon-Wiener多样性指数

自20世纪50年代以来出现过多个生物多样性测算指数模型。在众多的多样性指数中，Shannon-Wiener多样性指数为标准多样性指数，其既能表示群落的物种丰富度，也可以表示群落内物种分布的均匀度（王兵等，2008）。Shannon-Wiener多样性指数的生态学意义可以理解为：种数一定的总体，各种间数量分布均匀时，多样性最高；物种个体数量分布均匀的总体，物种数越多，多样性越高。本研究采用Shannon-Wiener多样性指数对福建省县域森林物种多样性进行评估。

Shannon-Wiener多样性指数公式如下：

$$H' = -\sum_{i=1}^{s} p_i \lg p_i \qquad \text{（专题1-49）}$$

式中，$p_i$为种$i$的个体数占总种数的比例；$s$为物种数。

B. 生境质量指数的确定方法

生境质量是指环境为个体或种群的生存提供适宜的生产条件的能力。生境中每个栅格的生境质量由两个因素决定：①自身作为生境的适宜情况，即生境适宜度，取值为0～1，1表示该生境具有最高适宜度，相反非生境取值为0；②胁迫水平。

　　人类活动对生境产生的影响通过生境退化度体现，即威胁源对生境造成的退化程度。生境胁迫水平由 5 个因素决定：不同威胁源权重（$\omega_r$）、威胁源强度（$r_y$）、威胁源在生境的每个栅格中产生的影响（$i_{rxy}$）、生境抗干扰水平（$\beta_x$）及每种生境对不同威胁源的相对敏感程度（$S_{jr}$）。5 个影响因素的取值皆为 0～1。具体计算公式为

$$i_{rxy}=1-\left(\frac{d_{xy}}{d_{r\max}}\right) \qquad 线型$$

$$i_{rxy}=\exp\left(-\left(\frac{2.99}{d_{r\max}}\right)d_{xy}\right) \quad 指数型$$

（专题 1-50）

式中，$r$ 为生境的威胁源；$y$ 为威胁源 $r$ 中的栅格；$d_{xy}$ 为栅格 $x$（生境）与栅格 $y$（威胁源）的距离；$d_{r\max}$ 为威胁源 $r$ 的影响范围。

　　$D_{xj}$（地类 $j$ 中栅格 $x$ 的胁迫水平）的计算公式为

$$D_{xj}=\sum_{r=1}^{R}\sum_{y=1}^{Yr}\left(\frac{\omega_r}{\sum_{r=1}^{R}\omega_r}\right)r_y i_{rxy}\beta_x S_{jr} \qquad （专题 1-51）$$

式中，$Yr$ 为威胁源 $r$ 的栅格数。

　　生境质量的计算公式为

$$Q_{xj}=H_j\left[1-\left(\frac{D_{xj}^z}{D_{xj}^z+k^z}\right)\right] \qquad （专题 1-52）$$

式中，$H_j$ 为地类 $j$ 的生境适宜度；$k$ 为半饱和常数，通常取 $D_{xj}$ 最大值的一半；$z$ 为模型参数，取 2.5。

　　本研究将城镇用地、道路、裸地、旱地和矿区定义为生境的威胁源。模型中涉及的主要参数包括威胁源的影响范围及其权重、生境适宜度及生境对各威胁源的相对敏感程度，参数赋值主要结合文献及模型推荐值确定（吴健生等，2015；刘智方等，2017）（专题表 1-14，专题表 1-15）。

**专题表 1-14　威胁源的影响范围及其权重**

| 威胁源 | 最大影响距离（km） | 权重 | 距离递减类型 |
|---|---|---|---|
| 城镇 | 10 | 0.7 | 指数型 |
| 道路 | 2 | 0.4 | 线型 |
| 裸地 | 6 | 0.5 | 指数型 |
| 旱地 | 5 | 1 | 指数型 |
| 矿区 | 4 | 0.8 | 指数型 |

**专题表 1-15　生境适宜度及其对不同威胁源的相对敏感程度**

| 土地利用编号 | 名称 | HABITAT | L_arg | L_road | L_urbn | L_bare | L_mine |
|---|---|---|---|---|---|---|---|
| 1 | Lawn（草地） | 0.6 | 0.8 | 0.4 | 0.4 | 0.4 | 1 |
| 2 | Wetland（湿地） | 0.7 | 0 | 0.5 | 0.8 | 0.8 | 1 |
| 3 | Water（水域） | 1 | 0 | 0.5 | 0.8 | 0.8 | 1 |
| 4 | Paddyfield（水田） | 0 | 1 | 0.4 | 0.6 | 0.4 | 1 |
| 5 | DryFarmland（旱地） | 0.2 | 0 | 0.6 | 0.4 | 0.4 | 1 |

续表

| 土地利用编号 | 名称 | HABITAT | L_arg | L_road | L_urbn | L_bare | L_mine |
|---|---|---|---|---|---|---|---|
| 6 | Urban（城镇） | 0 | 0 | 1 | 0 | 1 | 0 |
| 7 | Transportation（交通用地） | 0 | 0 | 0 | 1 | 1 | 0.5 |
| 8 | Mining（矿区） | 0.3 | 0 | 1 | 0.6 | 1 | 0 |
| 9 | Bare（裸地） | 0.7 | 0.5 | 0 | 0.4 | 0 | 0 |
| 10 | Forest（林地） | 1 | 0.6 | 0.3 | 0.2 | 0.2 | 1 |
| 11 | Shrubland（灌木林地） | 0.8 | 0.5 | 0.4 | 0.2 | 0.5 | 1 |

注：L_arg、L_road、L_urbn、L_bare、L_mine 分别为旱地、道路、城镇用地、裸地和矿区对应的威胁源

2）价值量核算方法

A. 基于 Shannon-Wiener 多样性指数的森林物种保育定价

一般来讲，Shannon-Wiener 多样性指数越高，生态系统的物种越丰富，生态系统越稳定，其维持、繁衍和保护物种多样性的能力越强，物种保育价值也越高。本研究基于已有研究成果，对不同等级 Shannon-Wiener 多样性指数给定不同的单位面积价值，通过计算不同林分的 Shannon-Wiener 多样性指数，乘以单位面积价值量，即可得到森林物种保育价值（专题表 1-16）。

$$U_F = \sum_{i=1}^{n} S_i \times A_i \qquad \text{（专题 1-53）}$$

式中，$U_F$ 为林分物种保育价值；$S_i$ 为单位面积物种保育价值 [元/（hm²·a）]；$A_i$ 为林分面积（hm²）。

**专题表 1-16　Shannon-Wiener 多样性指数等级划分及其定价**（王兵等，2008）

| 等级 | Shannon-Wiener 多样性指数 | 定价 [元/（hm²·a）] |
|---|---|---|
| I | 指数≥6 | 50 000 |
| II | 5≤指数≤6 | 40 000 |
| III | 4≤指数≤5 | 30 000 |
| IV | 3≤指数≤4 | 20 000 |
| V | 2≤指数≤3 | 10 000 |
| VI | 1≤指数≤2 | 5 000 |
| VII | 指数≤1 | 3 000 |

B. 濒危物种和特优种的定价

由于传统的基于 Shannon-Wiener 多样性指数的森林物种保育定价方法没有考虑生物多样性保护等级信息，如濒危物种、特有种等信息，本研究引入濒危物种、特优种、重点保护物种指数，评估福建省濒危物种、特有种等价值。

$$V_e = \left( 0.1 \times \sum_{k=1}^{k} U_k + 0.1 \times \sum_{l=1}^{l} B_l + 0.1 \times \sum_{m=1}^{m} C_m \right) \times S_{物} \times \delta \qquad \text{（专题 1-54）}$$

式中，$U_k$ 为中国特有种等级指数；$B_l$ 为世界自然保护联盟（IUCN）濒危等级指数；$C_m$ 为国家保护等级指数；$S_{物}$ 为物种的单价（元/种）。$\delta$ 为生境质量调整系数，本研究以 2010 年为基准年，则 2010 年为 1，2015 年取值为 2015 年与 2010 年的比值。

则县域物种保育价值的计算公式为

$$V_{总} = \left( \sum_{i=1}^{n} S_{生i} \times A_i + \left( 0.1 \sum_{k=1}^{k} U_k + 0.1 \sum_{l=1}^{l} B_l + 0.1 \sum_{m=1}^{m} C_m \right) \times S_{物} \times \delta \right) \qquad （专题 1-55）$$

3）所需数据及来源

福建省物种保育价值核算所需数据包括评估年土地利用数据,用于确定评估年县域各林分面积及生境质量;包括福建省省级和国家级自然保护区的物种数据,主要来源于福建省林业厅和各市统计年鉴（专题表 1-17）。

专题表 1-17　福建省国家级自然保护区的物种数据　　　　　（单位：种）

| 类别 | 各类等级名称 | 梁野山 | 梅花山 | 武夷山 | 虎伯寮 | 漳江口 | 戴云山 | 天宝岩 | 闽江源 | 龙栖山 | 君子峰 |
|---|---|---|---|---|---|---|---|---|---|---|---|
| 植物 | 中国特有种 | 0 | 0 | 31 | 0 | 0 | 0 | 0 | 0 | 0 | 0 |
| | 国家Ⅰ级保护 | 3 | 60 | 4 | 3 | 0 | 0 | 1 | 3 | 0 | 3 |
| | 国家Ⅱ级保护 | 11 | 0 | 16 | 27 | 0 | 0 | 1 | 27 | 22 | 21 |
| | 福建省重点保护 | 23 | 23 | 0 | 0 | 0 | 0 | 0 | 0 | 0 | 0 |
| | IUCN 极危 | 0 | 0 | 0 | 0 | 0 | 0 | 0 | 0 | 0 | 0 |
| | IUCN 濒危 | 0 | 0 | 28 | 0 | 0 | 0 | 0 | 0 | 0 | 0 |
| 动物 | 中国特有种 | 0 | 0 | 49 | 0 | 0 | 33 | 0 | 0 | 0 | 0 |
| | 国家Ⅰ级保护 | 6 | 0 | 11 | 6 | 2 | 4 | 8 | 4 | 7 | 4 |
| | 国家Ⅱ级保护 | 63 | 0 | 48 | 31 | 19 | 35 | 42 | 38 | 14 | 34 |
| | 福建省重点保护 | 34 | 42 | 0 | 0 | 24 | 28 | 33 | 0 | 0 | 0 |
| | IUCN 极危 | 0 | 0 | 0 | 0 | 0 | 0 | 0 | 0 | 0 | 0 |
| | IUCN 濒危 | 10 | 0 | 0 | 0 | 0 | 3 | 0 | 0 | 0 | 0 |
| | IUCN 易危 | 0 | 0 | 0 | 0 | 0 | 5 | 0 | 0 | 0 | 0 |
| | IUCN 近危 | 0 | 0 | 0 | 0 | 0 | 0 | 0 | 0 | 0 | 0 |
| | 《濒危野生动植物物种国际贸易公约》（CITES）附录Ⅰ | 11 | 0 | 46 | 0 | 0 | 9 | 0 | 0 | 0 | 0 |
| | CITES 附录Ⅱ | 32 | 0 | 0 | 0 | 0 | 31 | 0 | 0 | 0 | 0 |
| | CITES 附录Ⅲ | 2 | 0 | 0 | 0 | 0 | 0 | 0 | 0 | 0 | 0 |

# （十）休憩服务

休憩服务价值是指休憩资源为人类提供休憩服务所体现的价值。这类价值主要通过直接价值和间接价值来体现,直接价值是游客在旅游休憩过程中的消费支出,包括交通费用、景点门票、食宿购物及娱乐项目费用等支出,这一部分价值是地区生产总值的一项重要来源;间接价值是游客实际支付的产品服务价值与游客愿意和能够支付的产品服务价值之差以及游客游览和旅行时间的机会成本。休憩服务价值的大小与休憩资源品质、交通便利程度等因素相关,主要通过人流量来衡量其价值量。

1）实物量核算方法

福建省休憩服务价值的实物量主要体现在旅游人口上,可以参考《福建统计年鉴》

得到 2010 年和 2015 年的旅游人口数，结合自然资源和生态资源文化服务功能比例，确定 2010 年和 2015 年福建省休憩服务价值的实物量。

2）价值量核算方法

通过相关资料及文献搜集、现场考察及问卷调查，采用旅行费用法计算福建省的休憩服务价值。旅行费用法（Clawson，1959；董天等，2017）是一种非市场化的方法，其目的是使用相关市场的消费行为来对休闲场所的景观价值进行评估。旅行费用法利用旅行费用、旅行频率、离景点的距离来估计景点的使用价值。本方法已经被广泛接受，并已用来评估非市场价值。常用的有两种：一种为个人旅行费用法，主要变量为一个景点的游客个人每年旅行次数；另一种为分区旅行费用法，依赖的变量为一个特定区域的人口数量的旅行次数。消费者支出由机会成本和实际消费两部分构成，直接消费包括交通成本、餐饮费和景点门票消费。消费者剩余指消费者实际支付的产品服务价值与消费者愿意和能够支付的产品服务价值之差。通过泊松回归或者负二项回归等模型，得到消费者剩余。

旅行费用法的计算公式如下：

$$休憩服务价值=消费者费用+消费者剩余$$
$$消费者费用=旅行费用+时间成本$$
$$旅行费用=交通费+景区门票费+购物费用+食宿费用$$
$$时间成本=旅行时间×客源地平均工资$$

A. 时间成本

根据调查问卷结果，时间成本采用工资率的 1/3 来计算；年工作时间按照 250 天、8h/d 来计算。游客平均停留天数为 3.5 天。

B. 消费者剩余

根据福建省旅游率与人均旅行费用模型及游憩价格，消费者需求函数如下：

$$F(x)=-28.25x+181\ 114.93 \qquad （专题 1-56）$$

式中，$F(x)$ 为消费者剩余；$x$ 为消费支出。

C. 县（区）价值量核算方法

对于县（区）来讲，核算数据难以获取，可以采用县域旅游资源禀赋进行分配。

3）所需数据及来源

主要数据包括游客人数统计、旅游收入统计、旅游资源统计、客源地信息等资料，本研究的数据主要来源于 2011 年和 2016 年《福建统计年鉴》、统计公报及政府年报等资料，以及厦门市旅游问卷调查资料。

# 三、福建省县域生态资源资产核算结果

## （一）生态资源资产核算结果

### 1. 农林牧渔产品

1）福建省农林牧渔产品时空服务动态变化

2010 年福建省农林牧渔产品总产量为 4628.02 万 t，高值区主要在南平市、三明市和漳州市, 低值区主要在厦门市和宁德市。2015 年福建省农林牧渔产品总产量为 5355.49 万 t, 高值区主要在南平市、三明市、福州市和漳州市, 低值区主要在厦门市和宁德市。相比 2010 年, 2015 年福建省各地区农林牧渔产品产量明显增多, 漳州市增加最多, 约为 151.7 万 t, 其次是福州市, 增量为 147.44 万 t。

2010 年福建省农林牧渔产品总产值为 2209.88 亿元, 其中福州市连江县最高, 为 112.19 亿元。2015 年福建省农林牧渔产品总产值为 3553.55 亿元, 2015 年农林牧渔产品产值明显高于 2010 年, 总产值增加了 1343.67 亿元。与 2010 年一致, 2015 年仍是福州市连江县最高, 为 208.04 亿元。

2) 市域农林牧渔产品服务功能

2010 年和 2015 年福建省各市农林牧渔产品产量中三明市最高, 分别为 861.23 万 t 和 992.77 万 t, 其次是漳州市, 分别是 810.84 万 t 和 962.54 万 t, 厦门市最低, 分别为 74.84 万 t 和 79.67 万 t (专题图 1-7)。

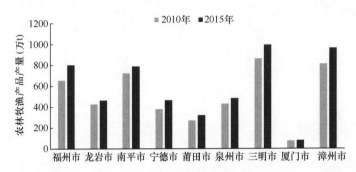

专题图 1-7    2010 年和 2015 年福建省各市农林牧渔产品产量

2010 年和 2015 年福建省各市农林牧渔产品产值中福州市最高, 分别为 460.65 亿元和 741.28 亿元, 其次是漳州市, 分别是 429.11 亿元和 647.51 亿元, 厦门市最低, 分别为 6.29 亿元和 8.01 亿元。相比 2010 年, 2015 年福州市农林牧渔产品产值增量最多, 为 280.63 亿元 (专题图 1-8)。

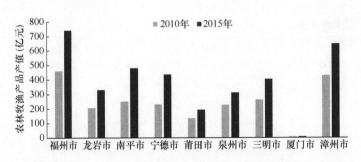

专题图 1-8    2010 年和 2015 年福建省各市农林牧渔产品产值

3) 县域农林牧渔产品服务功能

2010 年县域农林牧渔产品前十名产量为 96.30 万~174.74 万 t。2015 年农林牧渔产品前十名产量为 119.03 万~249.76 万 t, 分别是漳州市的平和县、漳浦县, 南平市的建瓯市, 三明市的尤溪县、永安市、大田县, 福州市的福清市、闽侯县、永泰县、连江县

（专题图 1-9，专题图 1-10）。

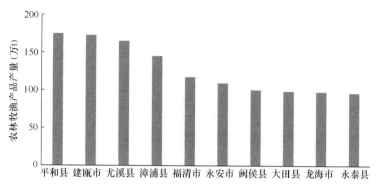

专题图 1-9    2010 年福建省县域农林牧渔产品产量前十名

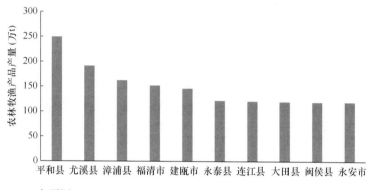

专题图 1-10    2015 年福建省县域农林牧渔产品产量前十名

　　2010 年县域农林牧渔产品前十名产值为 45.51 亿～112.19 亿元，分别是福州市的连江县、福清市、长乐市，漳州市的平和县、漳浦县、龙海市、南靖县、诏安县，南平市的建瓯市，三明市的尤溪县；2015 年农林牧渔产品前十名产值为 75.15 亿～208.04 亿元，分别是福州市的连江县、福清市、长乐市，漳州市的平和县、漳浦县、龙海市、南靖县，宁德市的霞浦县，南平市的建瓯市，三明市的尤溪县（专题图 1-11，专题图 1-12）。

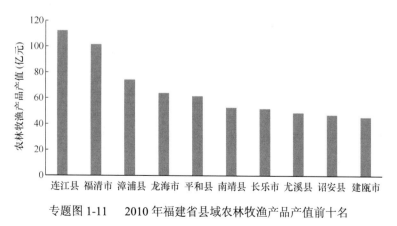

专题图 1-11    2010 年福建省县域农林牧渔产品产值前十名

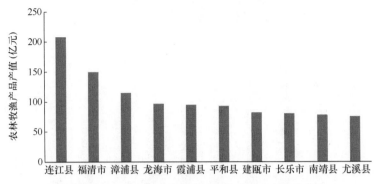

专题图 1-12    2015 年福建省农林牧渔产品产值前十名

2010 年福建省县域农林牧渔产品产量最高的为漳州市平和县（174.74 万 t），最低的为厦门市湖里区（0.63 万 t）；2015 年福建省县域农林牧渔产品产量最高的为漳州市平和县（249.76 万 t），最低的为厦门市湖里区（0.67 万 t）；2010～2015 年福建省各县域农林牧渔产品产量总体有所增加，有小部分县级行政区产量有所降低。

2010 年福建省县域农林牧渔产品产值最高的为福州市连江县（112.19 亿元），最低的为厦门市湖里区（0.05 亿元）；2015 年福建省县域农林牧渔产品产值最高的为福州市连江县（208.04 亿元），最低的厦门市湖里区（0.07 亿元）；2010～2015 年福建省各县域农林牧渔产品产值总体有所增加，有小部分县级行政区产值有所降低（专题表 1-18）。

专题表 1-18    福建省县域农林牧渔产品产量及产值

| 市 | 县域 | 农林牧渔产品产量（万 t） | | | 农林牧渔产品产值（亿元） | | |
|---|---|---|---|---|---|---|---|
| | | 2010 年 | 2015 年 | 变化量 | 2010 年 | 2015 年 | 变化量 |
| 福州市 | 仓山区 | 9.24 | 8.79 | −0.45 | 4.26 | 4.18 | −0.08 |
| | 马尾区 | 19.16 | 13.90 | −5.26 | 6.64 | 9.65 | 3.01 |
| | 晋安区 | 14.15 | 15.48 | 1.32 | 8.45 | 7.28 | −1.17 |
| | 福清市 | 117.47 | 152.09 | 34.62 | 101.51 | 149.73 | 48.22 |
| | 长乐市 | 65.57 | 80.77 | 15.20 | 51.89 | 80.28 | 28.39 |
| | 闽侯县 | 100.29 | 119.18 | 18.89 | 37.95 | 56.32 | 18.37 |
| | 连江县 | 93.95 | 120.76 | 26.81 | 112.19 | 208.04 | 95.85 |
| | 罗源县 | 27.19 | 32.70 | 5.51 | 30.88 | 57.94 | 27.06 |
| | 闽清县 | 62.17 | 78.51 | 16.34 | 25.91 | 42.45 | 16.54 |
| | 永泰县 | 96.30 | 122.08 | 25.78 | 36.86 | 60.82 | 23.96 |
| | 平潭县 | 48.26 | 56.96 | 8.70 | 44.11 | 64.59 | 20.48 |
| 龙岩市 | 新罗区 | 52.26 | 50.56 | −1.70 | 32.70 | 42.98 | 10.28 |
| | 永定区① | 52.63 | 70.42 | 17.79 | 23.29 | 47.86 | 24.57 |
| | 漳平市 | 58.97 | 51.78 | −7.19 | 30.57 | 40.33 | 9.76 |
| | 长汀县 | 58.37 | 69.74 | 11.37 | 29.33 | 47.06 | 17.73 |
| | 上杭县 | 67.39 | 75.25 | 7.86 | 32.86 | 52.01 | 19.15 |
| | 武平县 | 74.15 | 78.72 | 4.57 | 31.55 | 53.70 | 22.15 |
| | 连城县 | 63.54 | 66.08 | 2.54 | 26.70 | 45.82 | 19.12 |

①永定县在 2014 年之后改称永定区

续表

| 市 | 县域 | 农林牧渔产品产量（万 t） | | | 农林牧渔产品产值（亿元） | | |
|---|---|---|---|---|---|---|---|
| | | 2010 年 | 2015 年 | 变化量 | 2010 年 | 2015 年 | 变化量 |
| 南平市 | 延平区 | 80.50 | 91.83 | 11.33 | 32.46 | 60.96 | 28.50 |
| | 邵武市 | 76.40 | 87.22 | 10.82 | 30.04 | 49.81 | 19.77 |
| | 武夷山市 | 55.51 | 71.90 | 16.39 | 20.02 | 40.15 | 20.13 |
| | 建瓯市 | 172.47 | 145.88 | −26.59 | 45.51 | 81.95 | 36.44 |
| | 建阳区① | 93.19 | 116.19 | 23.00 | 31.05 | 55.49 | 24.44 |
| | 顺昌县 | 57.78 | 57.49 | −0.29 | 17.66 | 30.81 | 13.15 |
| | 浦城县 | 77.71 | 83.64 | 5.93 | 27.82 | 49.24 | 21.42 |
| | 光泽县 | 33.09 | 55.34 | 22.25 | 21.57 | 68.14 | 46.57 |
| | 松溪县 | 38.92 | 39.61 | 0.69 | 13.23 | 20.99 | 7.76 |
| | 政和县 | 35.02 | 38.63 | 3.61 | 12.00 | 22.36 | 10.36 |
| 宁德市 | 蕉城区 | 41.22 | 53.97 | 12.75 | 33.57 | 61.26 | 27.69 |
| | 福安市 | 73.62 | 87.18 | 13.56 | 39.01 | 71.93 | 32.92 |
| | 福鼎市 | 47.55 | 64.64 | 17.09 | 32.59 | 70.55 | 37.96 |
| | 霞浦县 | 64.84 | 77.52 | 12.68 | 44.51 | 95.10 | 50.59 |
| | 古田县 | 49.89 | 57.65 | 7.76 | 37.62 | 62.56 | 24.94 |
| | 屏南县 | 30.08 | 37.32 | 7.24 | 13.04 | 22.78 | 9.74 |
| | 寿宁县 | 36.87 | 38.24 | 1.37 | 15.50 | 25.30 | 9.80 |
| | 周宁县 | 19.46 | 27.13 | 7.67 | 7.68 | 14.49 | 6.81 |
| | 柘荣县 | 15.93 | 20.77 | 4.84 | 7.43 | 12.56 | 5.13 |
| 莆田市 | 城厢区 | 21.51 | 24.58 | 3.07 | 14.95 | 19.12 | 4.17 |
| | 涵江区 | 39.87 | 44.55 | 4.68 | 20.00 | 27.23 | 7.23 |
| | 荔城区 | 63.24 | 65.37 | 2.13 | 19.86 | 28.75 | 8.89 |
| | 秀屿区 | 62.76 | 71.08 | 8.32 | 34.13 | 49.92 | 15.79 |
| | 北岸区 | 16.39 | 19.80 | 3.41 | 9.85 | 14.29 | 4.44 |
| | 仙游县 | 63.09 | 92.28 | 29.19 | 33.90 | 50.81 | 16.91 |
| | 湄洲湾 | 3.82 | 3.87 | 0.05 | 2.54 | 3.64 | 1.10 |
| 泉州市 | 鲤城区 | 1.68 | 0.95 | −0.73 | 0.53 | 0.24 | −0.29 |
| | 丰泽区 | 3.20 | 3.61 | 0.41 | 3.95 | 3.47 | −0.48 |
| | 洛江区 | 14.57 | 14.38 | −0.19 | 5.85 | 7.27 | 1.42 |
| | 泉港区 | 20.35 | 23.63 | 3.28 | 15.24 | 19.78 | 4.54 |
| | 石狮市 | 42.97 | 49.50 | 6.53 | 29.07 | 39.89 | 10.82 |
| | 晋江市 | 56.13 | 66.12 | 9.99 | 28.48 | 37.44 | 8.96 |
| | 南安市 | 69.65 | 79.16 | 9.51 | 29.28 | 40.74 | 11.46 |
| | 惠安县 | 54.89 | 57.81 | 2.92 | 39.06 | 51.23 | 12.17 |
| | 安溪县 | 48.02 | 54.38 | 6.36 | 37.00 | 57.16 | 20.16 |
| | 永春县 | 69.13 | 80.52 | 11.39 | 23.85 | 36.99 | 13.14 |
| | 德化县 | 48.71 | 52.99 | 4.28 | 14.29 | 18.05 | 3.76 |

①建阳市在 2014 年之后改称建阳区

| 市 | 县域 | 农林牧渔产品产量（万 t） | | | 农林牧渔产品产值（亿元） | | |
|---|---|---|---|---|---|---|---|
| | | 2010 年 | 2015 年 | 变化量 | 2010 年 | 2015 年 | 变化量 |
| 三明市 | 梅列区 | 10.85 | 13.88 | 3.03 | 4.01 | 6.02 | 2.01 |
| | 三元区 | 43.25 | 48.98 | 5.73 | 11.81 | 19.01 | 7.20 |
| | 永安市 | 109.18 | 119.03 | 9.85 | 29.28 | 43.41 | 14.13 |
| 三明市 | 明溪县 | 46.09 | 50.67 | 4.58 | 16.09 | 23.33 | 7.24 |
| | 清流县 | 49.75 | 55.39 | 5.64 | 15.75 | 24.86 | 9.11 |
| | 宁化县 | 88.03 | 97.62 | 9.59 | 28.32 | 42.74 | 14.42 |
| | 大田县 | 98.64 | 119.69 | 21.05 | 29.93 | 47.32 | 17.39 |
| | 尤溪县 | 164.84 | 191.41 | 26.57 | 48.86 | 75.15 | 26.29 |
| | 沙县 | 90.86 | 109.81 | 18.95 | 28.37 | 44.28 | 15.91 |
| | 将乐县 | 54.15 | 64.36 | 10.21 | 18.40 | 28.02 | 9.62 |
| | 泰宁县 | 43.52 | 48.78 | 5.26 | 14.90 | 23.46 | 8.56 |
| | 建宁县 | 62.08 | 73.16 | 11.08 | 16.96 | 26.94 | 9.98 |
| 厦门市 | 思明区 | 4.38 | 4.66 | 0.28 | 0.37 | 0.47 | 0.10 |
| | 海沧区 | 4.51 | 4.80 | 0.29 | 0.38 | 0.48 | 0.10 |
| | 湖里区 | 0.63 | 0.67 | 0.04 | 0.05 | 0.07 | 0.02 |
| | 集美区 | 7.07 | 7.52 | 0.45 | 0.59 | 0.76 | 0.17 |
| | 同安区 | 31.59 | 33.63 | 2.04 | 2.66 | 3.38 | 0.72 |
| | 翔安区 | 26.67 | 28.40 | 1.73 | 2.24 | 2.85 | 0.61 |
| 漳州市 | 芗城区 | 21.24 | 20.66 | -0.58 | 11.24 | 14.23 | 2.99 |
| | 龙文区 | 7.72 | 5.56 | -2.16 | 9.17 | 9.53 | 0.36 |
| | 龙海市 | 97.66 | 102.61 | 4.95 | 63.90 | 96.88 | 32.98 |
| | 云霄县 | 83.78 | 91.39 | 7.61 | 35.05 | 47.54 | 12.49 |
| | 漳浦县 | 145.04 | 162.46 | 17.42 | 74.39 | 114.89 | 40.50 |
| | 诏安县 | 73.26 | 97.54 | 24.28 | 47.22 | 66.76 | 19.54 |
| | 长泰县 | 56.20 | 50.30 | -5.90 | 18.95 | 28.48 | 9.53 |
| | 东山县 | 39.88 | 48.23 | 8.35 | 34.70 | 55.81 | 21.11 |
| | 南靖县 | 81.43 | 104.55 | 23.12 | 52.77 | 78.09 | 25.32 |
| | 平和县 | 174.74 | 249.76 | 75.02 | 61.61 | 93.08 | 31.47 |
| | 华安县 | 29.89 | 29.47 | -0.42 | 20.12 | 42.22 | 22.10 |

### 2. 干净水源

#### 1）福建省水资源和水环境质量状况

2015 年，福建省平均降水量为 1992.9mm，折合水量为 2468.14 亿 m³，比上年偏多 16.9%，比多年平均值偏多 18.8%，属于丰水年。行政分区中，年降水量最大的是南平市，为 2228.8mm；最小的是平潭综合实验区，为 1015.5mm。与多年平均值相比，除平潭综合实验区偏少 11.1%外，其他各市偏多 6.4%～26.1%。全省水资源总量为 1325.93 亿 m³。其中：地表水资源量为 1324.67 亿 m³，地下水资源量为 332.33 亿 m³，地下水和地表水不重复量为 1.26 亿 m³。产水系数为 0.54，产水模数为 107.06 万 m³/km²。

2015 年，福建省主要江河总体水质状况同上年相比略有好转。通过对全省 630 个断面的水质监测，采用国家《地表水环境质量标准》（GB 3838—2002）进行评价，在 11 298.4km 评价河长中，水质符合和优于Ⅲ类水的河长为 9021.7km，占评价河长的 79.8%。污染（Ⅳ类、Ⅴ类和劣Ⅴ类）河长为 2276.7km，占 20.2%。水体的主要超标项目为氨氮、总磷、溶解氧和五日生化需氧量。

从各流域来看，2015 年福建省水环境质量总体保持良好水平。闽江水质为优，Ⅰ～Ⅲ类水质比例为 98.2%。九龙江水质良好，Ⅰ～Ⅲ类水质比例为 84.2%。萩芦溪、交溪、霍童溪、鳌江、晋江、漳江和东溪Ⅰ～Ⅲ类水质比例均为 100%。木兰溪、龙江和汀江分别为 83.3%、41.7% 和 92.6%。

全省主要湖泊水库中，福州东张水库、莆田东圳水库、三明泰宁金湖、三明安砂水库和宁德古田水库等 5 个湖泊水库水质均为Ⅲ类，福州山仔水库、泉州惠女水库和龙岩棉花滩水库水质均为Ⅳ类，福州西湖水质为Ⅴ类，泉州山美水库水质为劣Ⅴ类。厦门筼筜湖为海水湖，水质为劣Ⅳ类海水。以湖泊水库综合营养状态指数进行评价，10 个主要湖泊水库均为中营养状态。

全省 9 个设区市的 31 个集中式生活饮用水水源地水质达标率为 97.3%，15 个主要集中式生活饮用水水源地中：泉州晋江北渠的北峰、东湖桥，龙岩富溪的凤凰水厂和福州塘坂水库水质较好，年测次合格率均为 100%；闽江北港的鳌峰洲、闽江南港的城门浚边和九龙江西溪的洋老洲 3 个供水水源地水质交叉，主要超标项目为铁、锰、溶解氧和氨氮。

2）干净水源服务时空动态变化

基于 SWAT 模型核算的福建省 2010 年和 2015 年水资源量分别为 1641.49 亿 m³ 和 1397.64 亿 m³，与《2010 福建省水资源公报》和《2015 福建省水资源公报》统计的水资源量误差分别为 0.69% 和 5.41%，模拟结果具有较高精度，可应用。2010 年和 2015 年福建省干净水源价值分别为 2642.13 亿元和 2178.14 亿元。相比 2010 年，2015 年福建省干净水源价值整体降低，主要原因是 2015 年降水量（1992.9mm）相较于 2010 年（2084.3mm）有所下降，导致 2015 年水资源量减少。

3）市域干净水源服务功能

从福建省 9 个设区市干净水源价值来看（专题图 1-13），2015 年和 2010 年干净水源价值均是南平市最高，分别为 529.86 亿元和 679.17 亿元，其次是三明市，分别是 450.90 亿元和 543.12 亿元。两年均是厦门市最低，干净水源价值分别为 22.19 亿元和 20.98 亿元。

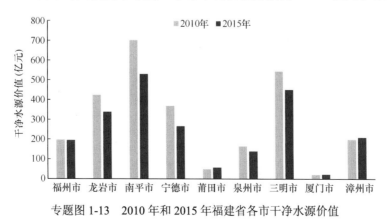

专题图 1-13　2010 年和 2015 年福建省各市干净水源价值

从单位面积干净水源价值来看，2015年和2010年均是宁德市最高，分别为205万元/km²和284.49万元/km²。其次是南平市，分别为258.46万元/km²和201.64万元/km²。

4）县域干净水源服务功能

从县域干净水源价值（专题图1-14，专题图1-15，专题表1-19）来看，2015年和2010年干净水源价值最高的均为南平市的建瓯市。干净水源价值排名前五名，均是建瓯市、邵武市、长汀县、武夷山市和建阳市，除长汀县外都位于南平市。一方面是由于这5个地区面积相对较大，水资源量大，另一方面是由于水质状况较好。

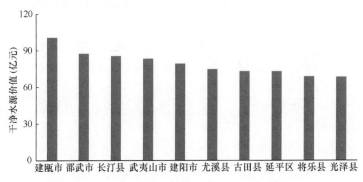

专题图1-14　2010年福建省县域干净水源价值前十名

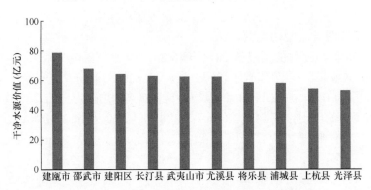

专题图1-15　2015年福建省县域干净水源价值前十名

**专题表1-19　福建省县域干净水源服务功能量及价值**

| 市 | 县域 | 干净水源功能量（亿m³） | | | 干净水源价值（亿元） | | |
|---|---|---|---|---|---|---|---|
| | | 2010年 | 2015年 | 变化量 | 2010年 | 2015年 | 变化量 |
| 福州市 | 仓山区 | 1.51 | 1.59 | 0.08 | 2.41 | 2.55 | 0.14 |
| | 长乐市 | 8.06 | 5.51 | -2.55 | 12.9 | 8.82 | -4.08 |
| | 福清市 | 14.25 | 13.76 | -0.49 | 22.8 | 38.03 | 15.23 |
| | 鼓楼区 | 0.42 | 0.4 | -0.02 | 0.67 | 0.64 | -0.03 |
| | 晋安区 | 6.66 | 6.41 | -0.25 | 10.66 | 10.26 | -0.40 |
| | 连江县 | 13.38 | 14.11 | 0.73 | 21.43 | 22.59 | 1.16 |
| | 罗源县 | 16.5 | 12.32 | -4.18 | 26.41 | 19.73 | -6.68 |
| | 马尾区 | 2.71 | 2.59 | -0.12 | 4.33 | 4.15 | -0.18 |
| | 闽侯县 | 23.2 | 20.27 | -2.93 | 37.12 | 32.45 | -4.67 |
| | 闽清县 | 14.76 | 12.84 | -1.92 | 23.61 | 20.56 | -3.05 |

续表

| 市 | 县域 | 干净水源功能量（亿 m³） | | | 干净水源价值（亿元） | | |
|---|---|---|---|---|---|---|---|
| | | 2010 年 | 2015 年 | 变化量 | 2010 年 | 2015 年 | 变化量 |
| 福州市 | 平潭县 | 2.47 | 2.24 | -0.23 | 3.96 | 3.30 | -0.66 |
| | 台江区 | 0.21 | 0.2 | -0.01 | 0.33 | 0.31 | -0.02 |
| | 永泰县 | 18.61 | 19.5 | 0.89 | 29.78 | 31.22 | 1.44 |
| 龙岩市 | 长汀县 | 53.53 | 39.22 | -14.31 | 85.61 | 62.80 | -22.81 |
| | 连城县 | 38.45 | 27.98 | -10.47 | 61.54 | 44.76 | -16.78 |
| | 上杭县 | 38.26 | 33.8 | -4.46 | 61.22 | 54.12 | -7.10 |
| | 武平县 | 35.87 | 31.54 | -4.33 | 57.35 | 50.43 | -6.92 |
| | 新罗区 | 31.74 | 24.56 | -7.18 | 50.84 | 39.32 | -11.52 |
| | 永定区 | 29.92 | 26.59 | -3.33 | 47.85 | 42.48 | -5.37 |
| | 漳平市 | 36.91 | 27.81 | -9.1 | 59.13 | 44.52 | -14.61 |
| 南平市 | 光泽县 | 35.18 | 33.08 | -2.1 | 68.31 | 52.93 | -15.38 |
| | 建阳区 | 49.45 | 40.19 | -9.26 | 79.18 | 64.32 | -14.86 |
| | 建瓯市 | 62.84 | 49.13 | -13.71 | 100.59 | 78.63 | -21.96 |
| | 浦城县 | 36.83 | 36.16 | -0.67 | 58.95 | 57.86 | -1.09 |
| | 邵武市 | 54.62 | 42.44 | -12.18 | 87.45 | 67.92 | -19.53 |
| | 顺昌县 | 31.19 | 24.23 | -6.96 | 49.98 | 38.95 | -11.03 |
| | 松溪县 | 18.98 | 14.23 | -4.75 | 30.39 | 22.77 | -7.62 |
| | 武夷山市 | 51.99 | 38.97 | -13.02 | 83.23 | 62.37 | -20.86 |
| | 延平区 | 45.57 | 31.68 | -13.89 | 72.9 | 50.72 | -22.18 |
| | 政和县 | 30.1 | 20.86 | -9.24 | 48.19 | 33.39 | -14.80 |
| 宁德市 | 福安市 | 32 | 23.76 | -8.24 | 51.23 | 38.01 | -13.22 |
| | 福鼎市 | 23.06 | 19.07 | -3.99 | 36.85 | 30.49 | -6.36 |
| | 古田县 | 45.59 | 30.62 | -14.97 | 72.96 | 49.02 | -23.94 |
| | 蕉城区 | 24.2 | 15.84 | -8.36 | 39.18 | 25.49 | -13.69 |
| | 屏南县 | 26.58 | 17.58 | -9 | 42.53 | 28.30 | -14.23 |
| | 寿宁县 | 27.16 | 19.64 | -7.52 | 43.47 | 31.41 | -12.06 |
| | 霞浦县 | 23.19 | 19.21 | -3.98 | 37.11 | 30.73 | -6.38 |
| | 周宁县 | 20.15 | 13.48 | -6.67 | 32.23 | 21.56 | -10.67 |
| | 柘荣县 | 8.44 | 7.02 | -1.42 | 13.49 | 11.22 | -2.27 |
| 莆田市 | 城厢区 | 3.21 | 4.62 | 1.41 | 5.14 | 7.31 | 2.17 |
| | 涵江区 | 5.33 | 6.87 | 1.54 | 8.52 | 10.86 | 2.34 |
| | 荔城区 | 1.8 | 2.58 | 0.78 | 2.88 | 4.08 | 1.20 |
| | 仙游县 | 14.93 | 18.56 | 3.63 | 23.89 | 29.34 | 5.45 |
| | 秀屿区 | 4.75 | 3.46 | -1.29 | 7.6 | 5.54 | -2.06 |
| 泉州市 | 安溪县 | 27.46 | 18.89 | -8.57 | 43.97 | 30.25 | -13.72 |
| | 德化县 | 22.74 | 13.99 | -8.75 | 36.36 | 22.40 | -13.96 |
| | 丰泽区 | 0.66 | 0.55 | -0.11 | 1.06 | 0.88 | -0.18 |
| | 惠安县 | 6.58 | 4.81 | -1.77 | 10.52 | 7.70 | -2.82 |
| | 金门县 | 0 | 0.89 | 0.89 | 3.14 | 1.42 | -1.72 |

续表

| 市 | 县域 | 干净水源功能量（亿 m³） | | | 干净水源价值（亿元） | | |
|---|---|---|---|---|---|---|---|
| | | 2010 年 | 2015 年 | 变化量 | 2010 年 | 2015 年 | 变化量 |
| 泉州市 | 晋江市 | 4.08 | 3.39 | −0.69 | 6.53 | 5.42 | −1.11 |
| | 鲤城区 | 0.32 | 0.26 | −0.06 | 0.51 | 0.42 | −0.09 |
| | 洛江区 | 2.55 | 2.09 | −0.46 | 4.08 | 3.35 | −0.73 |
| | 南安市 | 15.29 | 10.17 | −5.12 | 24.48 | 16.27 | −8.21 |
| | 泉港区 | 2.68 | 47.28 | 44.6 | 4.29 | 3.27 | −1.02 |
| | 石狮市 | 1.39 | 0.96 | −0.43 | 2.23 | 1.53 | −0.70 |
| | 永春县 | 16.63 | 10.26 | −6.37 | 26.57 | 16.41 | −10.16 |
| 三明市 | 大田县 | 21.43 | 20.77 | −0.66 | 34.3 | 33.24 | −1.06 |
| | 建宁县 | 32.85 | 27.35 | −5.5 | 52.54 | 43.78 | −8.76 |
| | 将乐县 | 42.93 | 36.45 | −6.48 | 68.65 | 58.34 | −10.31 |
| | 梅列区 | 4.12 | 3.35 | −0.77 | 6.59 | 5.36 | −1.23 |
| | 明溪县 | 26.34 | 21.56 | −4.78 | 42.15 | 34.51 | −7.64 |
| | 宁化县 | 39.11 | 32.19 | −6.92 | 62.62 | 51.54 | −11.08 |
| | 清流县 | 22.72 | 18.37 | −4.35 | 36.35 | 29.42 | −6.93 |
| | 三元区 | 9.31 | 7.51 | −1.8 | 14.9 | 12.03 | −2.87 |
| | 沙县 | 30.19 | 22.68 | −7.51 | 48.3 | 36.31 | −11.99 |
| | 泰宁县 | 29.26 | 24.53 | −4.73 | 46.79 | 39.26 | −7.53 |
| | 永安市 | 34.46 | 27.97 | −6.49 | 55.14 | 44.78 | −10.36 |
| | 尤溪县 | 46.73 | 38.94 | −7.79 | 74.79 | 62.33 | −12.46 |
| 厦门市 | 海沧区 | 1.47 | 1.23 | −0.24 | 2.34 | 1.97 | −0.37 |
| | 湖里区 | 0.23 | 0.4 | 0.17 | 0.51 | 0.64 | 0.13 |
| | 集美区 | 2.04 | 2.24 | 0.2 | 3.27 | 3.58 | 0.31 |
| | 思明区 | 0.23 | 0.45 | 0.22 | 0.6 | 0.72 | 0.12 |
| | 同安区 | 7.08 | 7.3 | 0.22 | 11.32 | 11.66 | 0.34 |
| | 翔安区 | 1.84 | 2.27 | 0.43 | 2.94 | 3.45 | 0.51 |
| 漳州市 | 长泰县 | 10.76 | 11.34 | 0.58 | 17.25 | 18.16 | 0.91 |
| | 东山县 | 1.49 | 1.3 | −0.19 | 2.39 | 2.07 | −0.32 |
| | 华安县 | 14.58 | 15.3 | 0.72 | 23.36 | 24.49 | 1.13 |
| | 龙海市 | 12.18 | 14.24 | 2.06 | 20.4 | 22.18 | 1.78 |
| | 龙文区 | 1.3 | 1.39 | 0.09 | 2.08 | 2.22 | 0.14 |
| | 南靖县 | 18.23 | 19.61 | 1.38 | 29.17 | 31.37 | 2.20 |
| | 平和县 | 23.21 | 24.59 | 1.38 | 37.14 | 39.34 | 2.20 |
| | 云霄县 | 8.17 | 7.38 | −0.79 | 13.07 | 11.81 | −1.26 |
| | 漳浦县 | 21.74 | 25.13 | 3.39 | 33.12 | 39.15 | 6.03 |
| | 诏安县 | 10.09 | 9.11 | −0.98 | 16.17 | 14.58 | −1.59 |
| | 芗城区 | 2.46 | 2.63 | 0.17 | 3.94 | 4.21 | 0.27 |

## 3. 清新空气

### 1）各市空气质量状况

2015 年福州市、泉州市、莆田市、漳州市、宁德市、南平市、三明市、龙岩市和厦门市月平均 PM$_{2.5}$ 浓度分别为 28.67μg/m³、26.92μg/m³、30.33μg/m³、33.58μg/m³、28.58μg/m³、26.58μg/m³、29.25μg/m³、26.25μg/m³ 和 29.67μg/m³，其中，龙岩市 PM$_{2.5}$ 浓度最低，漳州市 PM$_{2.5}$ 浓度最高，其中莆田市和漳州市 PM$_{2.5}$ 浓度满足国家二级标准，

其他市 $PM_{2.5}$ 在 20～30μg/m³ 之间（专题表 1-20）。

专题表 1-20　2015 年福建省各市空气质量状况

| 设区市 | $PM_{2.5}$（μg/m³） |
| --- | --- |
| 福州市 | 28.67 |
| 泉州市 | 26.92 |
| 莆田市 | 30.33 |
| 漳州市 | 33.58 |
| 宁德市 | 28.58 |
| 南平市 | 26.58 |
| 三明市 | 29.25 |
| 龙岩市 | 26.25 |
| 厦门市 | 29.67 |

数据来源：《2015 福建省环境状况公报》

2）市域大气环境质量服务功能

2015 年福建省清新空气服务价值为 624.84 亿元，各市大气环境质量价值差别较大，主要是由于各市常住人口和死亡率不同。

从福建省各市统计结果得出，2015 年福建省大气环境质量价值量最高的为泉州市（164.20 亿），其次是福州市，为 90.35 亿元，厦门市最低，为 43.71 亿元（专题图 1-16）。

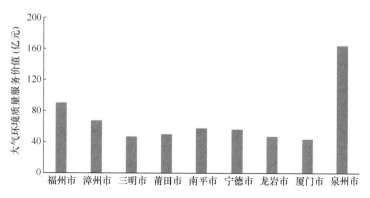

专题图 1-16　2015 福建省各市大气环境质量服务价值

3）县域大气环境质量服务功能

从县域核算结果可以看出，2015 年大气环境质量服务价值量排名第一位的为泉州市的晋江市（40.12 亿元），其次是泉州市的南安市，为 29.84 亿元（专题图 1-17）。

4）福建省空气负离子服务时空动态变化

福建省空气负离子服务功能量 2010 年为 $1.63 \times 10^{27}$ 个，2015 年为 $1.31 \times 10^{27}$ 个，相比 2010 年，2015 年福建省空气负离子释放量有所降低。2010 年福建省空气负离子服务功能量高值区在南平市、龙岩市和三明市，2015 年高值区也在南平市、龙岩市和三明市。

福建省空气负离子服务价值量 2010 年为 88.44 亿元，2015 年为 71.02 亿元，相比 2010 年，2015 年福建省空气负离子价值量有所降低。

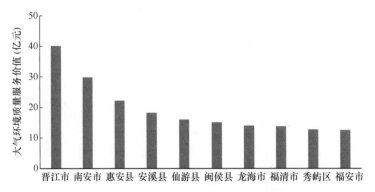

专题图 1-17　2015 年福建省县域大气环境质量服务价值前十名

5）市域空气负离子服务功能

2010 年和 2015 年福建省空气负离子功能量均为南平市最高，分别为 $3.61×10^{26}$ 个和 $2.92×10^{26}$ 个；两年均为厦门市最低，分别为 $9.88×10^{24}$ 个和 $7.89×10^{24}$ 个。相比 2010 年，2015 年福建省各市空气负离子服务功能量有所降低（专题图 1-18）。

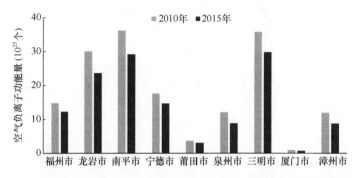

专题图 1-18　2010 年和 2015 年福建省各市空气负离子功能量

2010 年和 2015 年福建省空气负离子价值均为南平市最高，分别为 19.58 亿元和 16.18 亿元，两年均为厦门市最低，分别为 0.53 亿元和 0.42 亿元，相比 2010 年，2015 年空气负离子服务价值有所降低（专题图 1-19）。

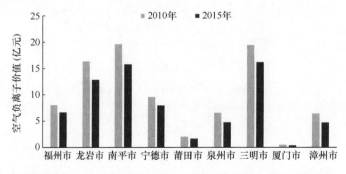

专题图 1-19　2010 年和 2015 年福建省各市空气负离子价值

6）县域空气负离子服务功能

2010 年县域排名前十名空气负离子功能量为 $4.27×10^{25}$～$5.83×10^{25}$ 个，对应的价值为 2.32 亿~3.16 亿元。这些地区依次是南平市的建瓯市、建阳市、浦城县，三明市的尤溪县、永安市，龙岩市的漳平市、上杭县、武平县、长汀县、新罗区；2015 年县域排名前十名空气负离子功能量为 343.61×10$^{23}$~501.66×10$^{23}$ 个，对应的价值为 1.87 亿~2.72 亿元。这些地区依次是南平市的建瓯市、建阳区、武夷山市，龙岩市的漳平市、武平县、上杭县、新罗区，三明市的尤溪县、宁化县，泉州市的德化县（专题图 1-20，专题图 1-21，专题表 1-21）。

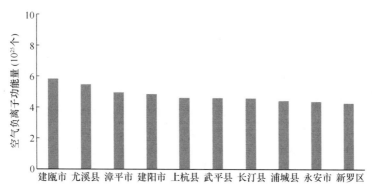

专题图 1-20　2010 年福建省县域空气负离子功能量前十名

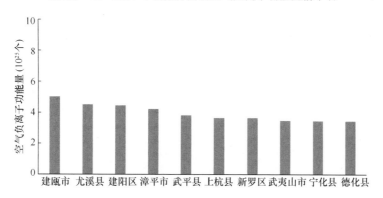

专题图 1-21　2015 年福建省县域空气负离子功能量前十名

**专题表 1-21　福建省县域空气负离子服务功能量及价值**

| 市 | 县域 | 空气负离子功能量（10$^{23}$ 个） | | | 空气负离子价值（10$^6$ 元） | | |
|---|---|---|---|---|---|---|---|
| | | 2010 年 | 2015 年 | 变化量 | 2010 年 | 2015 年 | 变化量 |
| 福州市 | 仓山区 | 2.66 | 1.29 | -1.37 | 1.38 | 0.63 | -0.75 |
| | 福清市 | 134.36 | 110.62 | -23.74 | 72.53 | 59.60 | -12.93 |
| | 晋安区 | 79.96 | 71.88 | -8.08 | 43.31 | 38.91 | -4.40 |
| | 连江县 | 134.14 | 95.17 | -38.97 | 72.64 | 51.42 | -21.22 |
| | 罗源县 | 149.02 | 111.67 | -37.35 | 80.83 | 60.50 | -20.33 |
| | 马尾区 | 20.44 | 15.12 | -5.32 | 11.02 | 8.12 | -2.90 |
| | 闽侯县 | 261.81 | 218.52 | -43.29 | 141.73 | 118.16 | -23.57 |
| | 闽清县 | 243.49 | 217.02 | -26.47 | 132.26 | 117.84 | -14.42 |
| | 平潭县 | 17.27 | 2.23 | -15.04 | 9.24 | 1.05 | -8.19 |
| | 永泰县 | 382.06 | 340.42 | -41.64 | 207.54 | 184.86 | -22.68 |

续表

| 市 | 县域 | 空气负离子功能量（$10^{23}$ 个） | | | 空气负离子价值（$10^6$ 元） | | |
|---|---|---|---|---|---|---|---|
| | | 2010 年 | 2015 年 | 变化量 | 2010 年 | 2015 年 | 变化量 |
| 福州市 | 长乐市 | 54.38 | 43.87 | −10.51 | 29.30 | 23.57 | −5.73 |
| | 鼓楼区 | 1.24 | 0.62 | −0.62 | 0.66 | 0.32 | −0.34 |
| | 台江区 | 0.05 | 0.05 | 0.00 | 0.02 | 0.02 | 0.00 |
| 龙岩市 | 连城县 | 400.28 | 305.14 | −95.14 | 217.19 | 165.39 | −51.80 |
| | 上杭县 | 461.84 | 364.58 | −97.26 | 250.69 | 197.73 | −52.96 |
| | 武平县 | 460.37 | 380.58 | −79.79 | 249.97 | 206.53 | −43.44 |
| | 新罗区 | 427.14 | 364.41 | −62.73 | 231.81 | 197.66 | −34.15 |
| | 永定区 | 307.22 | 246.20 | −61.02 | 166.48 | 133.26 | −33.22 |
| | 漳平市 | 495.49 | 422.14 | −73.35 | 269.05 | 229.10 | −39.95 |
| | 长汀县 | 457.75 | 284.69 | −173.06 | 248.21 | 153.98 | −94.23 |
| 南平市 | 光泽县 | 385.64 | 320.25 | −65.39 | 209.45 | 173.84 | −35.61 |
| | 建瓯市 | 582.91 | 501.66 | −81.25 | 315.90 | 271.65 | −44.25 |
| | 建阳区 | 485.43 | 445.06 | −40.37 | 263.17 | 241.18 | −21.99 |
| | 浦城县 | 442.59 | 270.67 | −171.92 | 239.56 | 145.94 | −93.62 |
| | 邵武市 | 405.10 | 306.75 | −98.35 | 219.57 | 166.02 | −53.55 |
| | 顺昌县 | 259.06 | 212.67 | −46.39 | 140.32 | 115.06 | −25.26 |
| | 松溪县 | 143.49 | 120.83 | −22.66 | 77.79 | 65.45 | −12.34 |
| | 武夷山市 | 417.15 | 347.05 | −70.10 | 226.26 | 188.09 | −38.17 |
| | 延平区 | 388.51 | 329.42 | −59.09 | 210.70 | 178.52 | −32.18 |
| | 政和县 | 102.24 | 63.23 | −39.01 | 54.85 | 33.60 | −21.25 |
| 宁德市 | 福安市 | 209.64 | 158.60 | −51.04 | 113.59 | 85.80 | −27.79 |
| | 福鼎市 | 229.24 | 183.18 | −46.06 | 124.45 | 99.37 | −25.08 |
| | 古田县 | 346.62 | 327.01 | −19.61 | 188.09 | 177.41 | −10.68 |
| | 蕉城区 | 191.54 | 168.76 | −22.78 | 103.89 | 91.49 | −12.40 |
| | 屏南县 | 212.14 | 179.72 | −32.42 | 115.12 | 97.47 | −17.65 |
| | 寿宁县 | 196.43 | 166.47 | −29.96 | 106.55 | 90.24 | −16.31 |
| | 霞浦县 | 182.80 | 137.03 | −45.77 | 99.05 | 74.13 | −24.92 |
| | 柘荣县 | 64.54 | 50.94 | −13.60 | 34.94 | 27.54 | −7.40 |
| | 周宁县 | 130.03 | 97.15 | −32.88 | 70.47 | 52.57 | −17.90 |
| 莆田市 | 城厢区 | 39.35 | 33.25 | −6.10 | 21.20 | 17.88 | −3.32 |
| | 涵江区 | 90.57 | 78.75 | −11.83 | 49.06 | 42.62 | −6.44 |
| | 荔城区 | 10.47 | 8.56 | −1.91 | 5.58 | 4.54 | −1.04 |
| | 仙游县 | 223.43 | 188.02 | −35.41 | 120.95 | 101.67 | −19.28 |
| | 秀屿区 | 12.04 | 2.37 | −9.67 | 6.32 | 1.05 | −5.27 |
| 泉州市 | 安溪县 | 347.69 | 244.98 | −102.71 | 188.16 | 132.24 | −55.92 |
| | 德化县 | 395.28 | 343.61 | −51.67 | 214.72 | 186.59 | −28.13 |
| | 丰泽区 | 5.66 | 5.00 | −0.66 | 3.04 | 2.68 | −0.36 |
| | 惠安县 | 27.09 | 13.58 | −13.51 | 14.41 | 7.05 | −7.36 |
| | 晋江市 | 9.13 | 3.23 | −5.90 | 4.61 | 1.40 | −3.21 |

续表

| 市 | 县域 | 空气负离子功能量（$10^{23}$个） | | | 空气负离子价值（$10^6$元） | | |
|---|---|---|---|---|---|---|---|
| | | 2010年 | 2015年 | 变化量 | 2010年 | 2015年 | 变化量 |
| 泉州市 | 鲤城区 | 1.12 | 0.52 | -0.60 | 0.58 | 0.25 | -0.33 |
| | 洛江区 | 34.84 | 28.68 | -6.16 | 18.80 | 15.45 | -3.35 |
| | 南安市 | 160.77 | 94.28 | -66.49 | 86.64 | 50.44 | -36.20 |
| | 泉港区 | 16.68 | 11.58 | -5.10 | 8.95 | 6.17 | -2.78 |
| | 石狮市 | 3.35 | 0.29 | -3.06 | 1.74 | 0.07 | -1.67 |
| | 永春县 | 195.75 | 129.05 | -66.70 | 106.11 | 69.79 | -36.32 |
| | 金门县 | 14.22 | 12.30 | -1.92 | 7.69 | 6.64 | -1.05 |
| 三明市 | 大田县 | 333.19 | 261.36 | -71.82 | 180.83 | 141.72 | -39.11 |
| | 建宁县 | 269.99 | 242.66 | -27.33 | 146.61 | 131.73 | -14.88 |
| | 将乐县 | 356.12 | 327.98 | -28.14 | 193.34 | 178.02 | -15.32 |
| | 梅列区 | 56.13 | 47.70 | -8.43 | 30.47 | 25.88 | -4.59 |
| | 明溪县 | 285.46 | 241.33 | -44.13 | 155.00 | 130.97 | -24.03 |
| | 宁化县 | 398.71 | 344.27 | -54.45 | 216.51 | 186.86 | -29.65 |
| | 清流县 | 266.60 | 218.58 | -48.02 | 144.67 | 118.52 | -26.15 |
| | 三元区 | 127.89 | 98.78 | -29.11 | 69.43 | 53.58 | -15.85 |
| | 沙县 | 261.95 | 213.52 | -48.43 | 142.13 | 115.75 | -26.38 |
| | 泰宁县 | 233.76 | 194.18 | -39.58 | 126.89 | 105.34 | -21.55 |
| | 永安市 | 437.77 | 341.61 | -96.16 | 237.42 | 185.06 | -52.36 |
| | 尤溪县 | 546.72 | 450.39 | -96.33 | 296.73 | 244.28 | -52.45 |
| 厦门市 | 海沧区 | 9.88 | 8.73 | -1.15 | 5.31 | 4.69 | -0.63 |
| | 湖里区 | 0.87 | 0.66 | -0.21 | 0.44 | 0.32 | -0.12 |
| | 集美区 | 17.01 | 14.69 | -2.32 | 9.16 | 7.90 | -1.26 |
| | 思明区 | 5.04 | 4.65 | -0.39 | 2.71 | 2.50 | -0.21 |
| | 同安区 | 51.61 | 40.27 | -11.34 | 27.82 | 21.65 | -6.17 |
| | 翔安区 | 14.39 | 9.92 | -4.47 | 7.67 | 5.24 | -2.43 |
| 漳州市 | 东山县 | 8.63 | 6.75 | -1.88 | 4.58 | 3.55 | -1.03 |
| | 华安县 | 158.65 | 132.40 | -26.25 | 85.79 | 71.50 | -14.29 |
| | 龙海市 | 75.87 | 39.53 | -36.34 | 40.60 | 20.82 | -19.78 |
| | 龙文区 | 3.39 | 1.75 | -1.64 | 1.77 | 0.88 | -0.89 |
| | 南靖县 | 256.49 | 215.16 | -41.33 | 138.86 | 116.35 | -22.51 |
| | 平和县 | 248.12 | 170.41 | -77.71 | 134.13 | 91.82 | -42.31 |
| | 芗城区 | 11.31 | 7.14 | -4.17 | 5.93 | 3.66 | -2.27 |
| | 云霄县 | 95.68 | 62.52 | -33.16 | 51.53 | 33.47 | -18.06 |
| | 漳浦县 | 129.38 | 95.60 | -33.78 | 68.76 | 50.38 | -18.38 |
| | 长泰县 | 92.07 | 70.65 | -21.42 | 49.76 | 38.09 | -11.67 |
| | 诏安县 | 112.64 | 75.96 | -36.68 | 60.62 | 40.64 | -19.98 |

#### 4. 温度调节

1）福建省温度调节服务时空动态变化

2015年福建省温度调节服务吸收能量1455.85亿MJ，均值为1.19MJ/（$m^2 \cdot a$），价值量为781.12亿元。2010年温度调节服务吸收能量1387.82亿MJ，均值为1.14MJ/（$m^2 \cdot a$），价值量为744.62亿元。与2010年相比，2015年福建省温度调节服务吸收的能量略有增加，约增加了 68.03 亿 MJ，均值约增加了 0.056MJ/（m²·a），价值量约增加了 36.50 亿元，增加率约为 4.90%。

2010 年和 2015 年福建省温度调节服务吸收能量的空间分布差异较大。总体来说，低值区主要分布在三明市和南平市两市与其他省交界区域，以及宁德市西部、福建省中部和沿海少部分地区，高值区主要分布在漳州市、泉州市、莆田市、福州市，以及南平市东南部和三明市东部。山区虽然植被覆盖度高，但是受海拔因素的影响，温度较低，温度调节服务时长相应减少，导致高海拔地区温度调节服务价值相对于中低海拔地区要小。与 2010 年相比，2015 年温度调节服务吸收能量高值区明显增加。

2）市域温度调节服务功能

从分市统计分析结果可以看出，南平市温度调节服务吸收能量最大，2010 年和 2015 年温度调节服务吸收能量分别为 307.98 亿 MJ 和 276.07 亿 MJ，价值量分别为 165.24 亿元和 148.13 亿元。其次是三明市，温度调节服务吸收能量分别为 263.08 亿 MJ 和 285.18 亿 MJ，价值量分别为 141.15 亿元和 153.00 亿元。厦门市温度调节服务吸收能量最小，分别为 10.58 亿 MJ 和 12.62 亿 MJ，价值量分别为 5.67 亿元和 6.78 亿元。相比 2010 年，2015 年龙岩市、莆田市、泉州市、三明市、厦门市和漳州市温度调节服务吸收能量均有所增加，其他市温度调节服务吸收能量则有所减少（专题图 1-22）。

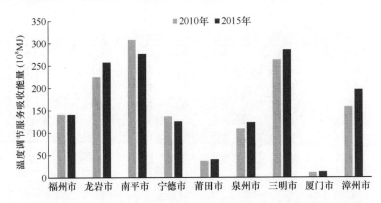

专题图 1-22　2010 年和 2015 年福建省各市温度调节服务吸收能量

3）县域温度调节服务功能

从县级行政区统计分析结果可以看出，2010 年和 2015 年温度调节服务吸收能量排名前十的县级行政区差异较大，但是 2010 年和 2015 年均为建瓯市最大，分别约为 58.78 亿 MJ 和 53.71 亿 MJ，价值量分别为 31.54 亿元和 28.53 亿元（专题图 1-23，专题图 1-24，专题表 1-22）。2010 年排名第二和第三的分别为尤溪县和建阳市，温度调节服务吸收能量分别约为 43.95 亿 MJ 和 42.44 亿 MJ，价值量分别为 23.58 亿元和 22.77 亿元。2015 年排名第二和第三的分别为尤溪县和武平县，分别约为 46.10 亿 MJ 和 42.06 亿 MJ，价值量分别为 24.73 亿元和 22.56 亿元。2010 年和 2015 年温度调节服务吸收能量排名前十的县级行政区均包括建瓯市、尤溪县、建阳区、漳平市、长汀县、上杭县、安溪县。

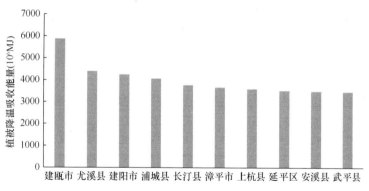

专题图 1-23　2010 年福建省温度调节服务前十名

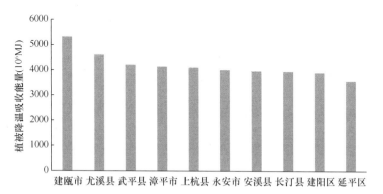

专题图 1-24　2015 年福建省温度调节服务前十名

**专题表 1-22　福建省县域温度调节服务功能量及价值**

| 市 | 县域 | 温度调节功能量（10⁶MJ） | | | 温度调节价值（亿元） | | |
|---|---|---|---|---|---|---|---|
| | | 2010 年 | 2015 年 | 变化量 | 2010 年 | 2015 年 | 变化量 |
| 福州市 | 仓山区 | 28.15 | 31.01 | 2.86 | 0.15 | 0.17 | 0.02 |
| | 长乐市 | 676.99 | 697.25 | 20.26 | 3.63 | 3.74 | 0.11 |
| | 福清市 | 1342.45 | 1344.31 | 1.86 | 7.20 | 7.21 | 0.01 |
| | 鼓楼区 | 12.73 | 16.26 | 3.53 | 0.07 | 0.09 | 0.02 |
| | 晋安区 | 789.66 | 787.06 | −2.60 | 4.24 | 4.22 | −0.01 |
| | 连江县 | 1498.34 | 1417.10 | −81.24 | 8.04 | 7.60 | −0.44 |
| | 罗源县 | 1468.77 | 1265.86 | −202.91 | 7.88 | 6.79 | −1.09 |
| | 马尾区 | 239.81 | 247.62 | 7.81 | 1.29 | 1.33 | 0.04 |
| | 闽侯县 | 2463.44 | 2472.99 | 9.55 | 13.22 | 13.27 | 0.05 |
| | 闽清县 | 1960.05 | 2070.45 | 110.40 | 10.52 | 11.11 | 0.59 |
| | 平潭县 | 267.34 | 227.67 | −39.67 | 1.43 | 1.22 | −0.21 |
| | 台江区 | 0.73 | 0.82 | 0.09 | 0.00 | 0.00 | 0.00 |
| | 永泰县 | 3350.13 | 3476.51 | 126.38 | 17.97 | 18.65 | 0.68 |
| 龙岩市 | 长汀县 | 3762.13 | 3944.69 | 182.56 | 20.19 | 21.16 | 0.97 |
| | 连城县 | 2565.17 | 2864.15 | 298.98 | 13.76 | 15.37 | 1.61 |
| | 上杭县 | 3588.68 | 4105.07 | 516.39 | 19.25 | 22.03 | 2.78 |
| | 武平县 | 3464.93 | 4205.56 | 740.63 | 18.59 | 22.56 | 3.97 |
| | 新罗区 | 2823.12 | 3317.04 | 493.92 | 15.15 | 17.80 | 2.65 |
| | 永定区 | 2596.16 | 3145.90 | 549.74 | 13.93 | 16.88 | 2.95 |
| | 漳平市 | 3667.57 | 4140.01 | 472.44 | 19.68 | 22.21 | 2.53 |

续表

| 市 | 县域 | 温度调节功能量（$10^6$MJ） | | | 温度调节价值（亿元） | | |
|---|---|---|---|---|---|---|---|
| | | 2010 年 | 2015 年 | 变化量 | 2010 年 | 2015 年 | 变化量 |
| 南平市 | 光泽县 | 2631.87 | 2107.56 | −524.31 | 14.12 | 11.31 | −2.81 |
| | 建阳区 | 4244.53 | 3902.58 | −341.95 | 22.77 | 20.94 | −1.83 |
| | 建瓯市 | 5878.06 | 5317.71 | −560.35 | 31.54 | 28.53 | −3.01 |
| | 浦城县 | 4055.15 | 2971.51 | −1083.64 | 21.76 | 15.94 | −5.82 |
| | 邵武市 | 3075.97 | 3115.58 | 39.61 | 16.50 | 16.72 | 0.22 |
| | 顺昌县 | 2390.22 | 2314.80 | −75.42 | 12.82 | 12.42 | −0.40 |
| | 松溪县 | 1272.32 | 1063.74 | −208.58 | 6.83 | 5.71 | −1.12 |
| | 武夷山市 | 2622.91 | 2287.93 | −334.98 | 14.07 | 12.28 | −1.79 |
| | 延平区 | 3515.34 | 3569.39 | 54.05 | 18.86 | 19.15 | 0.29 |
| | 政和县 | 1111.82 | 956.07 | −155.75 | 5.97 | 5.13 | −0.84 |
| 宁德市 | 福安市 | 2097.03 | 2067.00 | −30.03 | 11.25 | 11.09 | −0.16 |
| | 福鼎市 | 2205.12 | 2188.78 | −16.34 | 11.83 | 11.74 | −0.09 |
| | 古田县 | 2376.35 | 2144.34 | −232.01 | 12.75 | 11.51 | −1.24 |
| | 蕉城区 | 1679.38 | 1439.66 | −239.72 | 9.01 | 7.72 | −1.29 |
| | 屏南县 | 1006.48 | 751.29 | −255.19 | 5.40 | 4.03 | −1.37 |
| | 寿宁县 | 1181.54 | 1104.95 | −76.59 | 6.34 | 5.93 | −0.41 |
| | 霞浦县 | 1915.87 | 1760.93 | −154.94 | 10.28 | 9.45 | −0.83 |
| | 周宁县 | 732.69 | 625.93 | −106.76 | 3.93 | 3.36 | −0.57 |
| | 柘荣县 | 466.26 | 450.20 | −16.06 | 2.50 | 2.42 | −0.08 |
| 莆田市 | 城厢区 | 499.54 | 553.85 | 54.31 | 2.68 | 2.97 | 0.29 |
| | 涵江区 | 869.07 | 872.67 | 3.60 | 4.66 | 4.68 | 0.02 |
| | 荔城区 | 108.77 | 117.86 | 9.09 | 0.58 | 0.63 | 0.05 |
| | 仙游县 | 2104.35 | 2336.80 | 232.45 | 11.29 | 12.54 | 1.25 |
| | 秀屿区 | 127.73 | 125.80 | −1.93 | 0.69 | 0.67 | −0.02 |
| 泉州市 | 安溪县 | 3490.29 | 3964.41 | 474.12 | 18.73 | 21.27 | 2.54 |
| | 德化县 | 2191.40 | 2427.06 | 235.66 | 11.76 | 13.02 | 1.26 |
| | 丰泽区 | 60.52 | 73.60 | 13.08 | 0.32 | 0.39 | 0.07 |
| | 惠安县 | 348.56 | 399.06 | 50.50 | 1.87 | 2.14 | 0.27 |
| | 金门县 | 174.05 | 196.53 | 22.48 | 0.93 | 1.05 | 0.12 |
| | 晋江市 | 125.37 | 139.75 | 14.38 | 0.67 | 0.75 | 0.08 |
| | 鲤城区 | 16.81 | 20.21 | 3.40 | 0.09 | 0.11 | 0.02 |
| | 洛江区 | 398.71 | 487.10 | 88.39 | 2.14 | 2.61 | 0.47 |
| | 南安市 | 2121.20 | 2386.42 | 265.22 | 11.38 | 12.80 | 1.42 |
| | 泉港区 | 199.11 | 215.46 | 16.35 | 1.07 | 1.16 | 0.09 |
| | 石狮市 | 39.79 | 40.29 | 0.50 | 0.21 | 0.22 | 0.01 |
| | 永春县 | 1720.38 | 1909.67 | 189.29 | 9.23 | 10.25 | 1.02 |
| 三明市 | 大田县 | 2264.83 | 2491.67 | 226.84 | 12.15 | 13.37 | 1.22 |
| | 建宁县 | 1947.65 | 1853.25 | −94.40 | 10.45 | 9.94 | −0.51 |
| | 将乐县 | 2363.75 | 2588.62 | 224.87 | 12.68 | 13.89 | 1.21 |
| | 梅列区 | 431.53 | 548.34 | 116.81 | 2.32 | 2.94 | 0.62 |

续表

| 市 | 县域 | 温度调节功能量（10⁶MJ） | | | 温度调节价值（亿元） | | |
| --- | --- | --- | --- | --- | --- | --- | --- |
| | | 2010 年 | 2015 年 | 变化量 | 2010 年 | 2015 年 | 变化量 |
| 三明市 | 明溪县 | 1761.71 | 2006.97 | 245.26 | 9.45 | 10.77 | 1.32 |
| | 宁化县 | 2906.08 | 2748.46 | −157.62 | 15.59 | 14.75 | −0.84 |
| | 清流县 | 1997.31 | 2292.98 | 295.67 | 10.72 | 12.30 | 1.58 |
| | 三元区 | 1065.22 | 1256.79 | 191.57 | 5.72 | 6.74 | 1.02 |
| | 沙县 | 2197.09 | 2420.16 | 223.07 | 11.79 | 12.99 | 1.20 |
| | 泰宁县 | 1659.42 | 1687.03 | 27.61 | 8.90 | 9.05 | 0.15 |
| | 永安市 | 3318.20 | 4013.54 | 695.34 | 17.80 | 21.53 | 3.73 |
| | 尤溪县 | 4395.36 | 4609.69 | 214.33 | 23.58 | 24.73 | 1.15 |
| 厦门市 | 海沧区 | 94.82 | 126.35 | 31.53 | 0.51 | 0.68 | 0.17 |
| | 湖里区 | 6.38 | 9.15 | 2.77 | 0.03 | 0.05 | 0.02 |
| | 集美区 | 153.63 | 178.75 | 25.12 | 0.82 | 0.96 | 0.14 |
| | 思明区 | 50.07 | 67.15 | 17.08 | 0.27 | 0.36 | 0.09 |
| | 同安区 | 585.34 | 695.46 | 110.12 | 3.14 | 3.73 | 0.59 |
| | 翔安区 | 167.71 | 185.54 | 17.83 | 0.90 | 1.00 | 0.10 |
| 漳州市 | 长泰县 | 1153.12 | 1354.86 | 201.74 | 6.19 | 7.27 | 1.08 |
| | 东山县 | 145.11 | 190.57 | 45.46 | 0.78 | 1.02 | 0.24 |
| | 华安县 | 1758.86 | 2106.64 | 347.78 | 9.44 | 11.30 | 1.86 |
| | 龙海市 | 1415.44 | 1694.21 | 278.77 | 7.59 | 9.09 | 1.50 |
| | 龙文区 | 66.44 | 81.40 | 14.96 | 0.36 | 0.44 | 0.08 |
| | 南靖县 | 2524.52 | 3185.48 | 660.96 | 13.54 | 17.09 | 3.55 |
| | 平和县 | 2602.17 | 3147.26 | 545.09 | 13.96 | 16.89 | 2.93 |
| | 云霄县 | 1454.73 | 1873.70 | 418.97 | 7.81 | 10.05 | 2.24 |
| | 漳浦县 | 2769.32 | 3515.07 | 745.75 | 14.86 | 18.86 | 4.00 |
| | 诏安县 | 1629.38 | 2093.00 | 463.62 | 8.74 | 11.23 | 2.49 |
| | 芗城区 | 275.59 | 378.98 | 103.39 | 1.48 | 2.03 | 0.55 |

### 5. 生态系统固碳

#### 1）福建省生态系统固碳时空动态变化

2015 年福建省生态系统固碳量为 1.13 亿 t C/a，单位面积固碳量为 923.83g C/（m²·a），价值量为 1353.14 亿元。其中，总初级生产力为 2.26 亿 t C/a，单位面积固碳量为 1854.06g C/（m²·a）；生态系统呼吸为 0.99 亿 t C/a，单位面积固碳量为 811.92g C/（m²·a）。2010 年生态系统固碳量为 0.72 亿 t C/a，单位面积固碳量为 680.19g C/（m²·a），价值量为 862.99 亿元。其中，总初级生产力为 2.02 亿 t C/a，单位面积固碳量为 1653.08g C/（m²·a）；生态系统呼吸为 1.15 亿 t C/a，单位面积固碳量为 944.79g C/（m²·a）。相比 2010 年，2015 年生态系统固碳量有所增加，约增加了 0.41 亿 t，单位面积固碳量约增加了 243.64g C/（m²·a），价值量约增加了 490.15 亿元，增长率约为 56.80%。其中，总初级生产力约增加了 0.24 亿 t C/a，单位面积固碳量约增加了 200.98g C/（m²·a）；生态系统呼吸约减少了 0.16 亿 t C/a，单位面积固碳量约减少了 132.87g C/（m²·a）。

2010 年和 2015 年福建省绝大部分地区为碳汇区，只有沿海极少数地区表现为碳源。相比 2010 年，2015 年生态系统固碳的高值区增加较多，主要出现在南平市、三明市、福州市西部、漳州市、龙岩市各市与其他省交界区域，以及泉州市北部和莆田市东北部区域。2010 年和 2015 年生态系统固碳的低值区均出现在沿海地区，其生态系统类型主要为城镇和沿海滩涂。此外，生态系统单位面积固碳量为 $300 \sim 600g\ C/(m^2 \cdot a)$ 的县（区）明显减少而大于 $1000g\ C/(m^2 \cdot a)$ 的县（市、区）明显增加。

2）市域生态系统固碳服务功能

从分市统计分析结果可以看出，南平市生态系统固碳量最大，2010 年和 2015 年固碳量分别为 1363.90 万 t C/a 和 2447.79 万 t C/a，价值量分别为 163.68 亿元和 293.71 亿元。其次是三明市，生态系统固碳量分别为 1391.17 万 t C/a 和 2323.81 万 t C/a，价值量分别为 166.94 亿元和 278.85 亿元。厦门市生态系统固碳量最小，分别为 42.36 万 t C/a 和 60.49 万 t C/a，价值量分别为 5.08 亿元和 7.24 亿元。相比 2010 年，2015 年除福州市、莆田市、厦门市生态系统固碳量略有减少外，其他市生态系统固碳量均表现为增加。其中，南平市增加最多，约增加了 1083.89 万 t C/a，其次是三明市，约增加了 932.64 万 t C/a（专题图 1-25）。

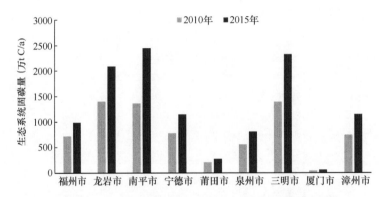

专题图 1-25　2010 年和 2015 年福建省各市生态系统固碳量

3）县域生态系统固碳服务功能

从县域统计分析结果可以看出，2010 年和 2015 年生态系统固碳量排名前十的县级行政区差异较大。2010 年，生态系统固碳量最大的县级行政区是尤溪县，为 246.50 万 t C/a，价值量为 29.58 亿元，其次是漳平市，固碳量为 239.10 万 t C/a，价值量为 28.69 亿元（专题图 1-26）。2015 年，建瓯市生态系统固碳量最大，为 417.37 万 t C/a，价值量为 50.08 亿元，其次是尤溪县，为 389.70 万 t C/a，价值量为 46.76 亿元（专题图 1-27）。相比 2010 年，2015 年两个县级行政区的生态系统固碳量均增加。2010 年和 2015 年生态系统固碳量排名前十的县级行政区均包括建瓯市、尤溪县、建阳区（2014 年之前称建阳市）、永安市、漳平市、武平县、长汀县、上杭县（专题表 1-23）。

6. 径流调节

1）福建省降水时空分布格局

受气候、地形等因素影响，福建省降水时空分布不均匀，据 2005～2016 年《福建省水资源公报》数据，2004 年以来福建省年均降水量为 1793.79mm，从年内分布来看，

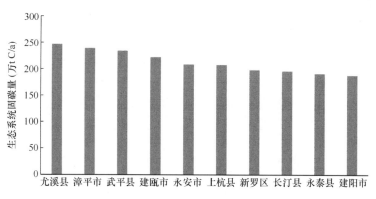

专题图1-26 2010年福建省县域生态系统固碳量前十名

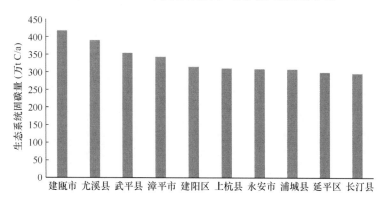

专题图1-27 2015年福建省县域生态系统固碳量前十名

**专题表1-23 福建省县域生态系统固碳功能量及价值**

| 市 | 县域 | 生态系统固碳量（万t C/a） | | | 生态系统固碳价值（亿元） | | |
|---|---|---|---|---|---|---|---|
| | | 2010年 | 2015年 | 变化量 | 2010年 | 2015年 | 变化量 |
| 福州市 | 仓山区 | -2.03 | -1.60 | 0.43 | -0.24 | -0.19 | 0.05 |
| | 长乐市 | 18.25 | 27.94 | 9.69 | 2.19 | 3.35 | 1.16 |
| | 福清市 | 56.98 | 77.14 | 20.16 | 6.84 | 9.26 | 2.42 |
| | 鼓楼区 | 0.16 | 0.26 | 0.10 | 0.02 | 0.03 | 0.01 |
| | 晋安区 | 43.02 | 60.69 | 17.67 | 5.16 | 7.28 | 2.12 |
| | 连江县 | 64.54 | 92.63 | 28.09 | 7.74 | 11.12 | 3.38 |
| | 罗源县 | 75.04 | 102.20 | 27.16 | 9.01 | 12.26 | 3.25 |
| | 马尾区 | 8.79 | 13.70 | 4.91 | 1.05 | 1.64 | 0.59 |
| | 闽侯县 | 138.04 | 187.35 | 49.31 | 16.57 | 22.48 | 5.91 |
| | 闽清县 | 117.45 | 164.72 | 47.27 | 14.09 | 19.77 | 5.68 |
| | 平潭县 | 6.40 | 8.03 | 1.63 | 0.77 | 0.96 | 0.19 |
| | 台江区 | -0.03 | -0.02 | 0.01 | 0.00 | 0.00 | 0.00 |
| | 永泰县 | 191.12 | 253.28 | 62.16 | 22.93 | 30.39 | 7.46 |
| 龙岩市 | 长汀县 | 195.73 | 296.23 | 100.50 | 23.49 | 35.55 | 12.06 |
| | 连城县 | 168.93 | 255.63 | 86.70 | 20.27 | 30.68 | 10.41 |
| | 上杭县 | 207.74 | 310.51 | 102.77 | 24.93 | 37.26 | 12.33 |
| | 武平县 | 234.30 | 354.12 | 119.82 | 28.12 | 42.49 | 14.37 |

续表

| 市 | 县域 | 生态系统固碳量（万 t C/a） | | | 生态系统固碳价值（亿元） | | |
|---|---|---|---|---|---|---|---|
| | | 2010 年 | 2015 年 | 变化量 | 2010 年 | 2015 年 | 变化量 |
| 龙岩市 | 新罗区 | 197.77 | 291.54 | 93.77 | 23.73 | 34.98 | 11.25 |
| | 永定区 | 156.65 | 234.94 | 78.29 | 18.80 | 28.19 | 9.39 |
| | 漳平市 | 239.10 | 343.35 | 104.25 | 28.69 | 41.20 | 12.51 |
| 南平市 | 光泽县 | 125.30 | 224.78 | 99.48 | 15.04 | 26.97 | 11.93 |
| | 建阳区 | 188.11 | 314.92 | 126.81 | 22.57 | 37.79 | 15.22 |
| | 建瓯市 | 222.16 | 417.37 | 195.21 | 26.66 | 50.08 | 23.42 |
| | 浦城县 | 171.82 | 307.86 | 136.04 | 20.62 | 36.94 | 16.32 |
| | 邵武市 | 132.60 | 264.42 | 131.82 | 15.91 | 31.73 | 15.82 |
| | 顺昌县 | 105.22 | 203.27 | 98.05 | 12.63 | 24.39 | 11.76 |
| | 松溪县 | 58.21 | 93.49 | 35.28 | 6.99 | 11.22 | 4.23 |
| | 武夷山市 | 139.42 | 227.94 | 88.52 | 16.73 | 27.35 | 10.62 |
| | 延平区 | 171.34 | 299.29 | 127.95 | 20.56 | 35.91 | 15.35 |
| | 政和县 | 49.72 | 94.45 | 44.73 | 5.97 | 11.33 | 5.36 |
| 宁德市 | 福安市 | 103.05 | 142.55 | 39.50 | 12.37 | 17.11 | 4.74 |
| | 福鼎市 | 113.38 | 154.78 | 41.40 | 13.61 | 18.57 | 4.96 |
| | 古田县 | 145.85 | 228.62 | 82.77 | 17.50 | 27.43 | 9.93 |
| | 蕉城区 | 95.17 | 125.27 | 30.10 | 11.42 | 15.03 | 3.61 |
| | 屏南县 | 65.84 | 121.86 | 56.02 | 7.90 | 14.62 | 6.72 |
| | 寿宁县 | 72.63 | 119.16 | 46.53 | 8.72 | 14.30 | 5.58 |
| | 霞浦县 | 96.95 | 129.46 | 32.51 | 11.63 | 15.54 | 3.91 |
| | 周宁县 | 50.97 | 79.13 | 28.16 | 6.12 | 9.50 | 3.38 |
| | 柘荣县 | 30.43 | 44.84 | 14.41 | 3.65 | 5.38 | 1.73 |
| 莆田市 | 城厢区 | 25.68 | 34.46 | 8.78 | 3.08 | 4.14 | 1.06 |
| | 涵江区 | 52.44 | 69.53 | 17.09 | 6.29 | 8.34 | 2.05 |
| | 荔城区 | 2.59 | 4.09 | 1.50 | 0.31 | 0.49 | 0.18 |
| | 仙游县 | 129.79 | 170.03 | 40.24 | 15.58 | 20.40 | 4.82 |
| | 秀屿区 | −4.48 | −5.19 | −0.71 | −0.54 | −0.62 | −0.08 |
| 泉州市 | 安溪县 | 158.56 | 241.74 | 83.18 | 19.03 | 29.01 | 9.98 |
| | 德化县 | 174.74 | 238.78 | 64.04 | 20.97 | 28.65 | 7.68 |
| | 丰泽区 | 1.44 | 2.42 | 0.98 | 0.17 | 0.29 | 0.12 |
| | 惠安县 | 5.56 | 11.00 | 5.44 | 0.67 | 1.32 | 0.65 |
| | 金门县 | 4.61 | 5.77 | 1.16 | 0.55 | 0.69 | 0.14 |
| | 晋江市 | −6.07 | −5.83 | 0.24 | −0.73 | −0.70 | 0.03 |
| | 鲤城区 | 0.24 | 0.59 | 0.35 | 0.03 | 0.07 | 0.04 |
| | 洛江区 | 20.18 | 29.05 | 8.87 | 2.42 | 3.49 | 1.07 |
| | 南安市 | 88.12 | 129.75 | 41.63 | 10.57 | 15.57 | 5.00 |
| | 泉港区 | 8.60 | 10.10 | 1.50 | 1.03 | 1.21 | 0.18 |
| | 石狮市 | −1.83 | −1.73 | 0.10 | −0.22 | −0.21 | 0.01 |
| | 永春县 | 101.62 | 143.05 | 41.43 | 12.19 | 17.17 | 4.98 |

续表

| 市 | 县域 | 生态系统固碳量（万 t C/a） | | | 生态系统固碳价值（亿元） | | |
|---|---|---|---|---|---|---|---|
| | | 2010 年 | 2015 年 | 变化量 | 2010 年 | 2015 年 | 变化量 |
| 三明市 | 大田县 | 139.80 | 207.53 | 67.73 | 16.78 | 24.90 | 8.12 |
| | 建宁县 | 101.39 | 165.23 | 63.84 | 12.17 | 19.83 | 7.66 |
| | 将乐县 | 103.15 | 223.68 | 120.53 | 12.38 | 26.84 | 14.46 |
| | 梅列区 | 21.03 | 37.95 | 16.92 | 2.52 | 4.55 | 2.03 |
| | 明溪县 | 98.45 | 183.70 | 85.25 | 11.81 | 22.04 | 10.23 |
| | 宁化县 | 148.44 | 230.66 | 82.22 | 17.81 | 27.68 | 9.87 |
| | 清流县 | 106.67 | 159.67 | 53.00 | 12.80 | 19.16 | 6.36 |
| | 三元区 | 46.16 | 86.72 | 40.56 | 5.54 | 10.41 | 4.87 |
| | 沙县 | 104.21 | 192.88 | 88.67 | 12.51 | 23.15 | 10.64 |
| | 泰宁县 | 66.87 | 137.07 | 70.20 | 8.02 | 16.45 | 8.43 |
| | 永安市 | 208.50 | 309.02 | 100.52 | 25.02 | 37.08 | 12.06 |
| | 尤溪县 | 246.50 | 389.70 | 143.20 | 29.58 | 46.76 | 17.18 |
| 厦门市 | 海沧区 | 2.76 | 4.61 | 1.85 | 0.33 | 0.55 | 0.22 |
| | 湖里区 | −0.31 | −0.23 | 0.08 | −0.04 | −0.03 | 0.01 |
| | 集美区 | 6.78 | 9.52 | 2.74 | 0.81 | 1.14 | 0.33 |
| | 思明区 | 0.97 | 1.62 | 0.65 | 0.12 | 0.19 | 0.07 |
| | 同安区 | 28.17 | 38.62 | 10.45 | 3.38 | 4.63 | 1.25 |
| | 翔安区 | 3.99 | 6.35 | 2.36 | 0.48 | 0.76 | 0.28 |
| 漳州市 | 长泰县 | 56.91 | 82.35 | 25.44 | 6.83 | 9.88 | 3.05 |
| | 东山县 | 2.04 | 3.72 | 1.68 | 0.24 | 0.45 | 0.21 |
| | 华安县 | 82.49 | 135.47 | 52.98 | 9.90 | 16.26 | 6.36 |
| | 龙海市 | 44.45 | 72.33 | 27.88 | 5.33 | 8.68 | 3.35 |
| | 龙文区 | 1.08 | 2.07 | 0.99 | 0.13 | 0.25 | 0.12 |
| | 南靖县 | 151.91 | 228.40 | 76.49 | 18.23 | 27.41 | 9.18 |
| | 平和县 | 141.02 | 216.63 | 75.61 | 16.92 | 26.00 | 9.08 |
| | 云霄县 | 66.10 | 103.61 | 37.51 | 7.93 | 12.43 | 4.50 |
| | 漳浦县 | 106.85 | 171.78 | 64.93 | 12.82 | 20.61 | 7.79 |
| | 诏安县 | 77.26 | 115.54 | 38.28 | 9.27 | 13.86 | 4.59 |
| | 芗城区 | 10.03 | 16.24 | 6.21 | 1.20 | 1.95 | 0.75 |

全省降水多集中在 3～6 月，占全年总降水量的 53%～68%。武夷山、戴云山、太姥山三大山脉一带为降水高值区。

2004 年以来福建省最大年降水量出现在 2016 年，为 2503.3mm，比多年平均增加 49.2%。最小年降水量出现在 2011 年，为 1356.7mm，比多年平均值减少 19.12%（专题图 1-28）。

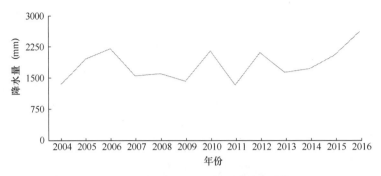

专题图 1-28  福建省 2004 年以来降水量情况

2010 年全省平均降水量为 2084.3mm，折合年降水总量为 2581.31 亿 m³，属于丰水年。从各地区来看，年降水量最大的是南平市，为 2433.8mm。最小的是厦门市，为 1626.5mm。与多年平均比较，各地区降水量均有不同程度的增加。

2015 年全省平均降水量为 1992.9mm，折合年降水总量为 2468.14 亿 m³，属于丰水年。从各地区来看，年降水量最大的是南平市，为 2228.8mm，最小的是平潭综合实验区，为 1015.5mm。与多年平均比较，除平潭综合实验区偏少 11.1%外，其他各地区偏多 6.4%～26.1%。相比 2010 年，2015 年全福建省降水减少了 91.4mm。

2）福建省径流调节服务时空动态变化

2010 年福建省平均降水量为 2084.3mm，折合年降水总量为 2581.31 亿 m³，属于丰水年，计算得到的平均径流调节深度为 303.72mm，折合调节量约为 395.02 亿 m³，约占降水总量的 15.30%。2015 年全省平均降水量为 1992.9mm，折合年降水总量为 2468.14 亿 m³，平均径流调节深度为 286.12mm，折合调节量为 377.85 亿 m³，约占降水总量的 15.31%。相比 2010 年，2015 年福建省降水减少了 91.4mm，平均径流调节深度减少了 17.60mm，径流调节量减少了 17.17 亿 m³。

3）市域径流调节服务功能

从各市径流调节总量来看，2010 年和 2015 年南平市径流调节量最大，计算得到的径流调节量分别为 166.29 亿 m³ 和 146.04 亿 m³，分别占各年径流调节总量的 42.10%和 38.65%，这与南平市 2010～2015 年的降水有很大关系，《2015 福建省水资源公报》记载，2010 年和 2015 年南平市降水量也是全省最大，分别为 2433.8mm 和 2228.8mm，分别超出平均降水量的 16.77%和 11.84%。2010 年和 2015 年福建省各市之间径流调节量按由大到小的排序分别为：南平市＞龙岩市＞漳州市＞宁德市＞福州市＞三明市＞泉州市＞莆田市＞厦门市；南平市＞龙岩市＞漳州市＞宁德市＞三明市＞福州市＞泉州市＞莆田市＞厦门市（专题图 1-29）。2010 年和 2015 年各市的径流调节量均有不同程度的变化，其中南平市变化最大，径流调节量减少了 20.25 亿 m³，占 2010 年福建省径流调节总量的 5.13%；其次为三明市，径流调节量增加了 11.11 亿 m³，占 2015 年福建省径流调节总量的 2.94%；泉州市径流调节量的变化最小，2010～2015 年泉州市径流调节量增加了 0.91 亿 m³，不足 2015 年福建省径流调节总量的 1%。

4）县域径流调节服务功能

2010 年和 2015 年福建省径流调节总量前十名的县级行政区见专题图 1-30 和专题图 1-31。从径流调节总量来看，2010 年南平市的建阳市和 2015 年南平市的浦城县的径流

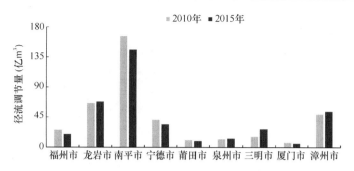

专题图 1-29　2010 年和 2015 年福建省各市径流调节量

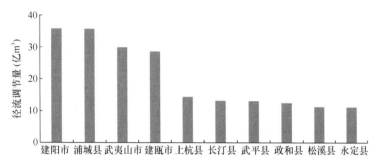

专题图 1-30　2010 年福建省县域径流调节量前十名

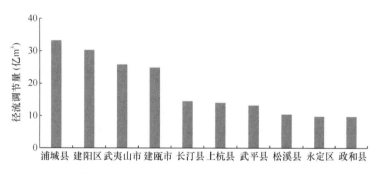

专题图 1-31　2015 年福建省县域径流调节量前十名

调节量分别最大。2010 年建阳市径流调节深度为 1057.35mm，折合调节量为 35.76 亿 m³，占 2010 年福建省径流调节总量的 9.05%，径流调节价值为 257.09 亿元；2015 年浦城县径流调节深度为 980.84mm，折合调节量为 33.15 亿 m³，占 2015 年福建省径流调节总量的 8.77%，径流调节价值为 238.32 亿元（专题表 1-24）。

专题表 1-24　福建省县域径流调节总量及价值

| 市 | 县域 | 径流调节总量（亿 m³） | | | 径流调节价值（亿元） | | |
|---|---|---|---|---|---|---|---|
| | | 2010 年 | 2015 年 | 变化量 | 2010 年 | 2015 年 | 变化量 |
| 福州市 | 仓山区 | 0.36 | 0.26 | −0.10 | 2.57 | 1.84 | −0.73 |
| | 长乐市 | 2.26 | 1.66 | −0.60 | 16.24 | 11.97 | −4.27 |
| | 福清市 | 4.41 | 3.25 | −1.16 | 31.74 | 23.34 | −8.40 |
| | 鼓楼区 | 0.09 | 0.06 | −0.03 | 0.61 | 0.45 | −0.16 |
| | 晋安区 | 1.97 | 1.42 | −0.55 | 14.14 | 10.20 | −3.94 |

| 市 | 县域 | 径流调节总量（亿 m³） | | | 径流调节价值（亿元） | | |
|---|---|---|---|---|---|---|---|
| | | 2010 年 | 2015 年 | 变化量 | 2010 年 | 2015 年 | 变化量 |
| 福州市 | 连江县 | 5.11 | 3.85 | −1.26 | 36.76 | 27.67 | −9.09 |
| | 罗源县 | 5.79 | 4.47 | −1.32 | 41.60 | 32.16 | −9.44 |
| | 马尾区 | 0.61 | 0.44 | −0.17 | 4.36 | 3.19 | −1.17 |
| | 闽侯县 | 3.73 | 2.85 | −0.88 | 26.84 | 20.47 | −6.37 |
| | 闽清县 | 0.53 | 0.44 | −0.09 | 3.78 | 3.14 | −0.64 |
| | 平潭县 | 1.01 | 0.97 | −0.04 | 7.26 | 6.96 | −0.30 |
| | 台江区 | 0.04 | 0.03 | −0.01 | 0.32 | 0.22 | −0.09 |
| | 永泰县 | 0.03 | 0.03 | 0.00 | 0.24 | 0.22 | −0.02 |
| 龙岩市 | 长汀县 | 13.19 | 14.37 | 1.18 | 94.81 | 103.31 | 8.50 |
| | 连城县 | 5.55 | 7.36 | 1.81 | 39.93 | 52.89 | 12.96 |
| | 上杭县 | 14.36 | 13.91 | −0.45 | 103.23 | 99.98 | −3.25 |
| | 武平县 | 13.08 | 13.14 | 0.06 | 94.06 | 94.45 | 0.39 |
| | 新罗区 | 1.86 | 1.94 | 0.08 | 13.35 | 13.93 | 0.58 |
| | 永定区 | 11.19 | 9.71 | −1.48 | 80.43 | 69.84 | −10.59 |
| | 漳平市 | 6.81 | 7.88 | 1.07 | 48.99 | 56.67 | 7.68 |
| 南平市 | 光泽县 | 3.47 | 3.22 | −0.25 | 24.96 | 23.13 | −1.83 |
| | 建阳区 | 35.76 | 30.18 | −5.58 | 257.09 | 217.02 | −40.07 |
| | 建瓯市 | 28.58 | 24.76 | −3.82 | 205.45 | 178.05 | −27.40 |
| | 浦城县 | 35.65 | 33.15 | −2.50 | 256.32 | 238.32 | −18.00 |
| | 邵武市 | 5.06 | 4.76 | −0.30 | 36.41 | 34.21 | −2.20 |
| | 顺昌县 | 1.99 | 1.99 | 0.00 | 14.28 | 14.33 | 0.05 |
| | 松溪县 | 11.25 | 10.37 | −0.88 | 80.90 | 74.58 | −6.32 |
| | 武夷山市 | 29.92 | 25.71 | −4.21 | 215.09 | 184.85 | −30.24 |
| | 延平区 | 2.14 | 2.21 | 0.07 | 15.41 | 15.88 | 0.47 |
| | 政和县 | 12.48 | 9.68 | −2.80 | 89.71 | 69.63 | −20.08 |
| 宁德市 | 福安市 | 7.81 | 6.69 | −1.12 | 56.13 | 48.09 | −8.04 |
| | 福鼎市 | 6.37 | 5.24 | −1.13 | 45.83 | 37.66 | −8.17 |
| | 古田县 | 5.98 | 4.59 | −1.39 | 42.99 | 33.00 | −9.99 |
| | 蕉城区 | 3.11 | 2.51 | −0.60 | 22.37 | 18.07 | −4.30 |
| | 屏南县 | 0.75 | 0.60 | −0.15 | 5.42 | 4.31 | −1.10 |
| | 寿宁县 | 6.89 | 6.12 | −0.77 | 49.50 | 43.96 | −5.54 |
| | 霞浦县 | 5.07 | 4.25 | −0.82 | 36.43 | 30.57 | −5.86 |
| | 周宁县 | 3.29 | 2.90 | −0.39 | 23.68 | 20.88 | −2.80 |
| | 柘荣县 | 1.90 | 1.61 | −0.29 | 13.66 | 11.60 | −2.06 |
| 莆田市 | 城厢区 | 1.71 | 1.37 | −0.34 | 12.31 | 9.84 | −2.47 |
| | 涵江区 | 2.85 | 2.13 | −0.72 | 20.52 | 15.34 | −5.18 |
| | 荔城区 | 0.87 | 0.70 | −0.17 | 6.29 | 5.00 | −1.29 |
| | 仙游县 | 3.69 | 3.74 | 0.05 | 26.56 | 26.92 | 0.36 |
| | 秀屿区 | 1.71 | 1.64 | −0.07 | 12.28 | 11.78 | −0.50 |

续表

| 市 | 县域 | 径流调节总量（亿 m³） | | | 径流调节价值（亿元） | | |
|---|---|---|---|---|---|---|---|
| | | 2010 年 | 2015 年 | 变化量 | 2010 年 | 2015 年 | 变化量 |
| 泉州市 | 安溪县 | 5.77 | 5.89 | 0.12 | 41.50 | 42.33 | 0.83 |
| | 德化县 | 0.00 | 0.14 | 0.14 | 0.00 | 1.01 | 1.01 |
| | 丰泽区 | 0.02 | 0.01 | −0.01 | 0.11 | 0.08 | −0.03 |
| | 惠安县 | 1.85 | 2.10 | 0.25 | 13.33 | 15.13 | 1.80 |
| | 金门县 | 0.48 | 0.46 | −0.02 | 3.46 | 3.32 | −0.14 |
| | 晋江市 | 1.09 | 1.44 | 0.35 | 7.84 | 10.37 | 2.53 |
| | 鲤城区 | 0.01 | 0.01 | 0.00 | 0.03 | 0.04 | 0.01 |
| | 洛江区 | 1.26 | 0.98 | −0.28 | 9.08 | 7.01 | −2.07 |
| | 南安市 | 0.45 | 0.56 | 0.11 | 3.21 | 4.02 | 0.81 |
| | 泉港区 | 0.65 | 0.81 | 0.16 | 4.68 | 5.82 | 1.14 |
| | 石狮市 | 0.50 | 0.48 | −0.02 | 3.58 | 3.44 | −0.14 |
| | 永春县 | 0.26 | 0.37 | 0.11 | 1.87 | 2.67 | 0.80 |
| 三明市 | 大田县 | 0.41 | 0.82 | 0.41 | 2.94 | 5.92 | 2.98 |
| | 建宁县 | 3.69 | 3.79 | 0.10 | 26.56 | 27.25 | 0.69 |
| | 将乐县 | 2.90 | 2.80 | −0.10 | 20.84 | 20.15 | −0.69 |
| | 梅列区 | 0.00 | 0.02 | 0.02 | 0.02 | 0.11 | 0.09 |
| | 明溪县 | 1.42 | 1.67 | 0.25 | 10.22 | 12.01 | 1.79 |
| | 宁化县 | 0.98 | 7.74 | 6.76 | 7.07 | 55.61 | 48.54 |
| | 清流县 | 0.01 | 3.29 | 3.28 | 0.04 | 23.64 | 23.60 |
| | 三元区 | 0.01 | 0.06 | 0.05 | 0.04 | 0.40 | 0.36 |
| | 沙县 | 1.65 | 1.65 | 0.00 | 11.89 | 11.88 | −0.01 |
| | 泰宁县 | 3.37 | 3.25 | −0.12 | 24.23 | 23.39 | −0.84 |
| | 永安市 | 0.19 | 0.76 | 0.57 | 1.37 | 5.48 | 4.11 |
| | 尤溪县 | 1.47 | 1.37 | −0.10 | 10.57 | 9.87 | −0.70 |
| 厦门市 | 海沧区 | 0.57 | 0.63 | 0.06 | 4.12 | 4.53 | 0.41 |
| | 湖里区 | 0.21 | 0.20 | −0.01 | 1.53 | 1.46 | −0.07 |
| | 集美区 | 0.94 | 0.93 | −0.01 | 6.78 | 6.72 | −0.07 |
| | 思明区 | 0.24 | 0.23 | −0.01 | 1.73 | 1.66 | −0.07 |
| | 同安区 | 3.19 | 2.32 | −0.87 | 22.94 | 16.71 | −6.23 |
| | 翔安区 | 1.86 | 1.35 | −0.51 | 13.36 | 9.73 | −3.63 |
| 漳州市 | 长泰县 | 4.62 | 3.74 | −0.88 | 33.19 | 26.86 | −6.33 |
| | 东山县 | 0.69 | 0.66 | −0.03 | 4.94 | 4.74 | −0.20 |
| | 华安县 | 8.61 | 7.49 | −1.12 | 61.92 | 53.86 | −8.06 |
| | 龙海市 | 3.99 | 4.86 | 0.87 | 28.66 | 34.91 | 6.25 |
| | 龙文区 | 0.38 | 0.47 | 0.09 | 2.73 | 3.41 | 0.68 |
| | 南靖县 | 9.24 | 8.94 | −0.30 | 66.41 | 64.30 | −2.11 |
| | 平和县 | 8.78 | 9.24 | 0.46 | 63.10 | 66.43 | 3.33 |
| | 云霄县 | 3.47 | 3.36 | −0.11 | 24.94 | 24.12 | −0.82 |
| | 漳浦县 | 8.44 | 8.55 | 0.11 | 60.70 | 61.45 | 0.75 |

续表

| 市 | 县域 | 径流调节总量（亿 m³） | | | 径流调节价值（亿元） | | |
|---|---|---|---|---|---|---|---|
| | | 2010 年 | 2015 年 | 变化量 | 2010 年 | 2015 年 | 变化量 |
| 漳州市 | 诏安县 | 0.05 | 5.06 | 5.01 | 0.34 | 36.40 | 36.06 |
| | 芗城区 | 1.04 | 1.20 | 0.16 | 7.51 | 8.62 | 1.11 |

相比 2010 年，2015 年各县级行政区径流调节量有增有减，其中建阳区径流调节减少量最大，减少了 5.58 亿 m³，价值量减少了 40.07 亿元；宁化县增加量最大，增加了 6.76 亿 m³，价值量增加了 48.54 亿元。

### 7. 洪水调蓄

#### 1）福建省暴雨时空分布格局

中国气象上规定，24h 降水量为 50mm 或以上的雨称为"暴雨"。按其降水强度大小又分为三个等级，即 24h 降水量为 50～99.9mm 称为"暴雨"；100～250mm 为"大暴雨"；250mm 以上称为"特大暴雨"。本研究设定日降水量大于 50mm 为洪水调蓄服务核算基准。

2010 年和 2015 年福建省降水均为丰水年，年内降水分布不均匀，日降水波动较大。参照 2015 年《福建省水资源公报》，选定七里街站、新桥（二）站、文川里站、郑店（塔尾）站、漳平站、濑溪站、屏南站作为福建省的日降水量代表站。可以看出各代表站降水量年内分配不均匀，日降水量为暴雨以上的主要集中在 5～10 月（专题图 1-32）。

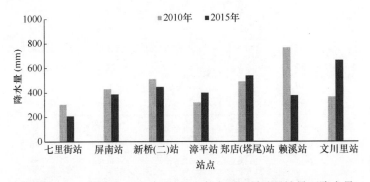

专题图 1-32　福建省 2010 年和 2015 年主要雨量站累计暴雨降水量

#### 2）福建省洪水调蓄服务时空动态变化

2010 年，福建省共发生暴雨 33 次，最大降水量为 252mm。洪水调蓄深度约为 168.61mm，折合洪水调蓄量为 235.38 亿 m³，单位面积调蓄量为 19.28 万 m³/km²。2015 年，福建省共发生暴雨 40 次，最大降水量约为 286mm。洪水调蓄深度为 153.83mm，折合洪水调蓄量为 207.44 亿 m³，单位面积调蓄量为 16.99 万 m³/km²。

#### 3）市域洪水调蓄服务功能

从各市洪水调蓄量（专题图 1-33）来看，2010 年和 2015 年南平市的洪水调蓄量最大，分别为 74.23 亿 m³ 和 52.65 亿 m³，占各年总调蓄量的 31.54%和 25.38%，其次为三明市；2010 年和 2015 年洪水调蓄量最小的城市为厦门市，分别为 1.78 亿 m³ 和 1.33 亿 m³。2010 年和 2015 年福建省各市之间洪水调蓄量按由大到小的排序分别为：南平市＞三明

市>漳州市>龙岩市>泉州市>福州市>宁德市>莆田市>厦门市；南平市>三明市>
漳州市>龙岩市>福州市>泉州市>宁德市>莆田市>厦门市。

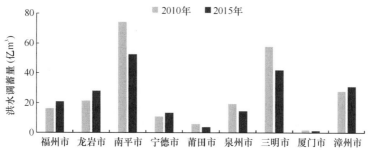

专题图 1-33    2010 年和 2015 年福建省各市洪水调蓄总量

4）县域洪水调蓄服务功能

从县域洪水调蓄总量来看，2010 年和 2015 年洪水调蓄量最大的县级行政区分别出现在南平市的浦城县和南平市的武夷山市。2010 年浦城县洪水调蓄深度为 401.04mm，折合调节量为 13.55 亿 $m^3$，占总调节量的 5.76%，洪水调蓄价值为 97.42 亿元；2015 年武夷山市洪水调蓄深度为 288.66mm，折合调节量为 8.10 亿 $m^3$，占总调节量的 3.90%，洪水调蓄价值为 58.24 亿元（专题图 1-34，专题图 1-35，专题表 1-25）。

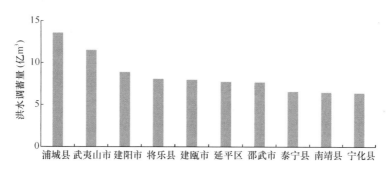

专题图 1-34    2010 年福建省县域洪水调蓄总量前十名

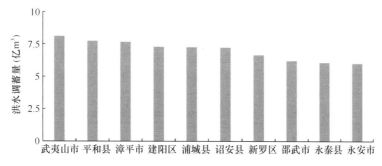

专题图 1-35    2015 年福建省县域洪水调蓄总量前十名

相比 2010 年，2015 年各县级行政区洪水调蓄量有增有减，漳平市增加量最高，调蓄量增加了 2.71 亿 $m^3$，价值量增加了 19.47 亿元；浦城县减少量最大，调蓄量减少了 6.29 亿 $m^3$，价值量减少了 45.26 亿元。

专题表 1-25　福建省县域洪水调蓄总量及价值

| 市 | 县域 | 洪水调蓄总量（亿 m³） | | | 洪水调蓄价值（亿元） | | |
|---|---|---|---|---|---|---|---|
| | | 2010 年 | 2015 年 | 变化量 | 2010 年 | 2015 年 | 变化量 |
| 福州市 | 仓山区 | 0.11 | 0.14 | 0.03 | 0.82 | 1.04 | 0.22 |
| | 长乐市 | 0.44 | 0.48 | 0.04 | 3.13 | 3.41 | 0.28 |
| | 福清市 | 1.51 | 2.11 | 0.60 | 10.84 | 15.19 | 4.35 |
| | 鼓楼区 | 0.02 | 0.02 | 0.00 | 0.15 | 0.17 | 0.02 |
| | 晋安区 | 0.47 | 0.54 | 0.07 | 3.37 | 3.90 | 0.53 |
| | 连江县 | 0.85 | 1.08 | 0.23 | 6.09 | 7.76 | 1.67 |
| | 罗源县 | 0.81 | 1.25 | 0.44 | 5.83 | 8.98 | 3.15 |
| | 马尾区 | 0.13 | 0.14 | 0.01 | 0.93 | 1.03 | 0.10 |
| | 闽侯县 | 3.15 | 4.77 | 1.62 | 22.68 | 34.32 | 11.64 |
| | 闽清县 | 2.62 | 3.65 | 1.03 | 18.81 | 26.25 | 7.44 |
| | 平潭县 | 0.64 | 0.56 | −0.08 | 4.62 | 4.00 | −0.62 |
| | 台江区 | 0.01 | 0.01 | 0.00 | 0.07 | 0.07 | 0.00 |
| | 永泰县 | 5.47 | 6.07 | 0.60 | 39.35 | 43.63 | 4.28 |
| 龙岩市 | 长汀县 | 2.81 | 2.54 | −0.28 | 20.21 | 18.23 | −1.98 |
| | 连城县 | 2.63 | 4.14 | 1.51 | 18.90 | 29.75 | 10.85 |
| | 上杭县 | 2.35 | 2.94 | 0.59 | 16.87 | 21.14 | 4.27 |
| | 武平县 | 1.67 | 2.35 | 0.68 | 11.98 | 16.90 | 4.92 |
| | 新罗区 | 5.01 | 6.64 | 1.63 | 36.01 | 47.73 | 11.72 |
| | 永定区 | 1.96 | 1.77 | −0.19 | 14.08 | 12.75 | −1.33 |
| | 漳平市 | 4.95 | 7.66 | 2.71 | 35.57 | 55.04 | 19.47 |
| 南平市 | 光泽县 | 5.73 | 4.78 | −0.95 | 41.19 | 34.35 | −6.84 |
| | 建阳区 | 8.89 | 7.28 | −1.61 | 63.94 | 52.31 | −11.63 |
| | 建瓯市 | 7.99 | 5.95 | −2.04 | 57.44 | 42.76 | −14.68 |
| | 浦城县 | 13.55 | 7.26 | −6.29 | 97.44 | 52.18 | −45.26 |
| | 邵武市 | 7.69 | 6.20 | −1.49 | 55.31 | 44.55 | −10.76 |
| | 顺昌县 | 4.39 | 3.03 | −1.36 | 31.57 | 21.80 | −9.77 |
| | 松溪县 | 4.06 | 2.18 | −1.88 | 29.17 | 15.68 | −13.49 |
| | 武夷山市 | 11.51 | 8.10 | −3.41 | 82.75 | 58.24 | −24.51 |
| | 延平区 | 7.74 | 5.38 | −2.36 | 55.64 | 38.65 | −16.99 |
| | 政和县 | 2.68 | 2.51 | −0.17 | 19.29 | 18.03 | −1.26 |
| 宁德市 | 福安市 | 0.64 | 1.64 | 1.00 | 4.61 | 11.76 | 7.15 |
| | 福鼎市 | 0.70 | 0.97 | 0.27 | 5.02 | 6.99 | 1.97 |
| | 古田县 | 3.78 | 3.22 | −0.56 | 27.15 | 23.12 | −4.03 |
| | 蕉城区 | 1.57 | 1.90 | 0.33 | 11.26 | 13.67 | 2.41 |
| | 屏南县 | 2.02 | 1.52 | −0.50 | 14.52 | 10.90 | −3.62 |
| | 寿宁县 | 0.52 | 1.63 | 1.11 | 3.72 | 11.70 | 7.98 |
| | 霞浦县 | 0.70 | 0.85 | 0.15 | 5.02 | 6.12 | 1.10 |
| | 周宁县 | 0.79 | 1.26 | 0.47 | 5.71 | 9.06 | 3.35 |
| | 柘荣县 | 0.24 | 0.38 | 0.14 | 1.70 | 2.76 | 1.06 |

续表

| 市 | 县域 | 洪水调蓄总量（亿 m³） | | | 洪水调蓄价值（亿元） | | |
|---|---|---|---|---|---|---|---|
| | | 2010 年 | 2015 年 | 变化量 | 2010 年 | 2015 年 | 变化量 |
| 莆田市 | 城厢区 | 0.43 | 0.27 | -0.16 | 3.08 | 1.91 | -1.17 |
| | 涵江区 | 0.79 | 0.54 | -0.25 | 5.69 | 3.88 | -1.81 |
| | 荔城区 | 0.20 | 0.13 | -0.07 | 1.44 | 0.90 | -0.54 |
| | 仙游县 | 3.30 | 1.82 | -1.48 | 23.75 | 13.11 | -10.64 |
| | 秀屿区 | 1.09 | 0.94 | -0.15 | 7.81 | 6.77 | -1.04 |
| 泉州市 | 安溪县 | 5.55 | 4.20 | -1.35 | 39.89 | 30.19 | -9.70 |
| | 德化县 | 4.19 | 2.52 | -1.67 | 30.13 | 18.10 | -12.03 |
| | 丰泽区 | 0.07 | 0.11 | 0.04 | 0.53 | 0.82 | 0.29 |
| | 惠安县 | 0.76 | 1.04 | 0.28 | 5.48 | 7.44 | 1.96 |
| | 金门县 | 0.31 | 0.27 | -0.04 | 2.20 | 1.91 | -0.29 |
| | 晋江市 | 0.58 | 0.92 | 0.34 | 4.17 | 6.64 | 2.47 |
| | 鲤城区 | 0.04 | 0.06 | 0.02 | 0.25 | 0.40 | 0.15 |
| | 洛江区 | 0.60 | 0.35 | -0.25 | 4.31 | 2.52 | -1.79 |
| | 南安市 | 4.49 | 2.85 | -1.64 | 32.28 | 20.50 | -11.78 |
| | 泉港区 | 0.29 | 0.44 | 0.15 | 2.06 | 3.13 | 1.07 |
| | 石狮市 | 0.32 | 0.28 | -0.04 | 2.28 | 1.97 | -0.31 |
| | 永春县 | 2.27 | 1.57 | -0.70 | 16.33 | 11.25 | -5.08 |
| 三明市 | 大田县 | 4.33 | 4.23 | -0.10 | 31.16 | 30.41 | -0.75 |
| | 建宁县 | 6.12 | 3.46 | -2.66 | 44.00 | 24.87 | -19.13 |
| | 将乐县 | 8.09 | 4.76 | -3.33 | 58.14 | 34.25 | -23.89 |
| | 梅列区 | 0.67 | 0.65 | -0.02 | 4.80 | 4.70 | -0.10 |
| | 明溪县 | 4.52 | 3.35 | -1.17 | 32.52 | 24.10 | -8.42 |
| | 宁化县 | 6.40 | 3.42 | -2.98 | 46.02 | 24.61 | -21.41 |
| | 清流县 | 4.79 | 3.21 | -1.58 | 34.46 | 23.05 | -11.41 |
| | 三元区 | 1.61 | 1.57 | -0.04 | 11.59 | 11.27 | -0.32 |
| | 沙县 | 4.80 | 3.49 | -1.31 | 34.49 | 25.10 | -9.39 |
| | 泰宁县 | 6.57 | 3.71 | -2.86 | 47.23 | 26.64 | -20.59 |
| | 永安市 | 5.02 | 6.01 | 0.99 | 36.07 | 43.19 | 7.12 |
| | 尤溪县 | 4.88 | 4.13 | -0.75 | 35.11 | 29.69 | -5.42 |
| 厦门市 | 海沧区 | 0.13 | 0.16 | 0.03 | 0.95 | 1.17 | 0.22 |
| | 湖里区 | 0.14 | 0.12 | -0.02 | 0.97 | 0.84 | -0.13 |
| | 集美区 | 0.21 | 0.22 | 0.01 | 1.52 | 1.61 | 0.09 |
| | 思明区 | 0.15 | 0.13 | -0.02 | 1.10 | 0.96 | -0.14 |
| | 同安区 | 0.75 | 0.46 | -0.29 | 5.41 | 3.28 | -2.13 |
| | 翔安区 | 0.39 | 0.24 | -0.15 | 2.81 | 1.71 | -1.10 |
| 漳州市 | 长泰县 | 0.99 | 0.68 | -0.31 | 7.08 | 4.89 | -2.19 |
| | 东山县 | 0.44 | 0.38 | -0.06 | 3.15 | 2.73 | -0.42 |
| | 华安县 | 3.09 | 2.34 | -0.75 | 22.23 | 16.83 | -5.40 |
| | 龙海市 | 1.99 | 2.21 | 0.22 | 14.31 | 15.88 | 1.57 |
| | 龙文区 | 0.21 | 0.23 | 0.02 | 1.49 | 1.63 | 0.14 |

| 市 | 县域 | 洪水调蓄总量（亿 m³） | | | 洪水调蓄价值（亿元） | | |
|---|---|---|---|---|---|---|---|
| | | 2010 年 | 2015 年 | 变化量 | 2010 年 | 2015 年 | 变化量 |
| 漳州市 | 南靖县 | 6.47 | 5.45 | -1.02 | 46.53 | 39.19 | -7.34 |
| | 平和县 | 5.49 | 7.73 | 2.24 | 39.50 | 55.60 | 16.10 |
| | 云霄县 | 0.99 | 1.38 | 0.39 | 7.11 | 9.89 | 2.78 |
| | 漳浦县 | 2.19 | 2.78 | 0.59 | 15.76 | 19.99 | 4.23 |
| | 诏安县 | 5.31 | 7.23 | 1.92 | 38.16 | 51.97 | 13.81 |
| | 芗城区 | 0.61 | 0.57 | -0.04 | 4.37 | 4.13 | -0.24 |

### 8. 土壤保持

#### 1）福建省土壤保持服务时空动态变化

2010 年和 2015 年福建省土壤保持总量分别为 3.64 亿 t 和 3.58 亿 t；单位面积土壤保持能力分别为 2984.99t/km² 和 2931.34t/km²。相比 2010 年，2015 年土壤保持总量减少了 0.06 亿 t，单位面积土壤保持能力减小了 53.65t/km²。

2010 年福建省生态系统因防止土壤侵蚀而产生的保持土壤养分的价值为 524.42 亿元。其中减少有机质流失价值为 167.11 亿元，减少氮肥流失价值为 61.48 亿元，减少磷肥流失价值为 4.39 亿元，减少钾肥流失价值为 291.44 亿元。防止泥沙淤积价值为 11.45 亿元。因此，2010 年福建省年保持土壤总价为 535.87 亿元。

2015 年福建省生态系统因防止土壤侵蚀而产生的保持土壤养分的价值为 515.55 亿元。其中减少有机质流失价值为 164.28 亿元，减少氮肥流失价值为 60.44 亿元；减少磷肥流失价值为 4.32 亿元；减少钾肥流失价值为 286.51 亿元。防止泥沙淤积价值为 11.25 亿元。2015 年福建省年保持土壤总价值为 526.80 亿元。

空间上，2015 年和 2010 年福建省单位面积土壤保持量呈现由西北向东南逐渐减少的规律，相比 2010 年，2015 年福建省单位面积土壤保持量变化不大。

#### 2）市域土壤保持服务功能

由于各市的生态系统类型、植被覆盖度和地形不同，其土壤保持功能也有差异。2010 年和 2015 年福建省各市土壤保持量大小排序相同，由大到小为南平市、三明市、龙岩市、宁德市、福州市、泉州市、漳州市、莆田市、厦门市。南平市土壤保持量最高，2010 年和 2015 年分别为 1.06 亿 t 和 1.01 亿 t（专题图 1-36）。

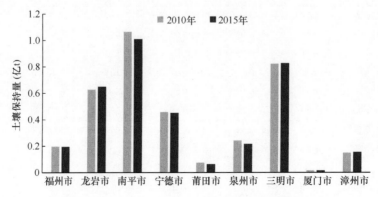

专题图 1-36 2010 年和 2015 年福建省各市土壤保持量

3）县域土壤保持服务功能

2010 年福建省各县级行政区土壤保持量差别较大,前十名分别为武夷山市、浦城县、建阳市、光泽县、漳平市、永安市、邵武市、连城县、建瓯市和尤溪县。武夷山市最大,土壤保持量约为 0.17 亿 t,其次为浦城县,约为 0.15 亿 t（专题图 1-37）。

2015 年福建省各县级行政区土壤保持量,同样是武夷山市最大,约为 0.15 亿 t,浦城县次之,约为 0.14 亿 t。相比 2010 年,排名前两名的武夷山市和浦城县 2015 年土壤保持量均略微减少（专题图 1-38,专题表 1-26）。

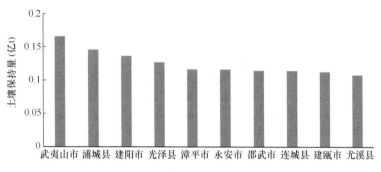

专题图 1-37　2010 年福建省县域土壤保持量前十名

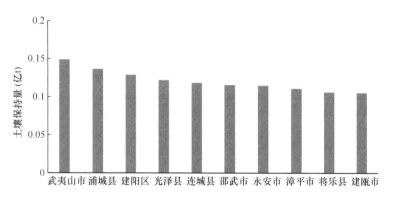

专题图 1-38　2015 年福建省县域土壤保持量前十名

**专题表 1-26　福建省县域土壤保持量及价值**

| 市 | 县域 | 土壤保持总量（万 t） | | | 土壤保持价值（亿元） | | |
|---|---|---|---|---|---|---|---|
| | | 2010 年 | 2015 年 | 变化量 | 2010 年 | 2015 年 | 变化量 |
| 福州市 | 仓山区 | 1.35 | 1.43 | 0.08 | 0.02 | 0.02 | 0.00 |
| | 长乐市 | 145.71 | 142.19 | −3.52 | 0.92 | 0.90 | −0.02 |
| | 福清市 | 114.89 | 119.70 | 4.81 | 4.90 | 5.11 | 0.21 |
| | 鼓楼区 | 181.33 | 185.56 | 4.23 | 0.09 | 0.09 | 0.00 |
| | 晋安区 | 268.85 | 264.60 | −4.25 | 2.20 | 2.16 | −0.04 |
| | 连江县 | 31.39 | 33.01 | 1.62 | 2.29 | 2.40 | 0.11 |
| | 罗源县 | 515.03 | 512.49 | −2.54 | 3.78 | 3.76 | −0.02 |
| | 马尾区 | 448.96 | 430.70 | −18.26 | 1.04 | 1.00 | −0.04 |
| | 闽侯县 | 11.50 | 10.66 | −0.84 | 1.15 | 1.07 | −0.08 |
| | 闽清县 | 617.49 | 566.89 | −50.60 | 6.21 | 5.70 | −0.51 |

续表

| 市 | 县域 | 土壤保持总量（万 t） | | | 土壤保持价值（亿元） | | |
|---|---|---|---|---|---|---|---|
| | | 2010 年 | 2015 年 | 变化量 | 2010 年 | 2015 年 | 变化量 |
| 福州市 | 平潭县 | 46.60 | 47.49 | 0.89 | 0.33 | 0.34 | 0.01 |
| | 台江区 | 0.66 | 0.71 | 0.05 | 0.00 | 0.01 | 0.00 |
| | 永泰县 | 0.06 | 0.07 | 0.01 | 0.12 | 0.13 | 0.01 |
| 龙岩市 | 长汀县 | 1032.87 | 1069.87 | 37.00 | 18.70 | 19.37 | 0.67 |
| | 连城县 | 759.77 | 832.63 | 72.86 | 10.33 | 11.32 | 0.99 |
| | 上杭县 | 628.10 | 696.74 | 68.64 | 10.24 | 11.36 | 1.12 |
| | 武平县 | 1141.95 | 1184.90 | 42.95 | 16.91 | 17.55 | 0.64 |
| | 新罗区 | 682.90 | 704.83 | 21.93 | 12.34 | 12.73 | 0.39 |
| | 永定区 | 1107.46 | 1055.19 | −52.27 | 12.55 | 11.96 | −0.59 |
| | 漳平市 | 908.07 | 966.27 | 58.20 | 13.01 | 13.84 | 0.83 |
| 南平市 | 光泽县 | 1267.88 | 1220.21 | −47.67 | 19.07 | 18.36 | −0.71 |
| | 建阳区 | 1397.58 | 1306.98 | −90.60 | 16.93 | 15.84 | −1.09 |
| | 建瓯市 | 1097.13 | 1037.42 | −59.71 | 20.47 | 19.36 | −1.11 |
| | 浦城县 | 1456.59 | 1364.94 | −91.65 | 21.90 | 20.52 | −1.38 |
| | 邵武市 | 1144.83 | 1156.35 | 11.52 | 17.22 | 17.39 | 0.17 |
| | 顺昌县 | 638.29 | 614.90 | −23.39 | 9.60 | 9.25 | −0.35 |
| | 松溪县 | 345.46 | 331.38 | −14.08 | 5.19 | 4.98 | −0.21 |
| | 武夷山市 | 1653.88 | 1488.31 | −165.57 | 24.87 | 22.38 | −2.49 |
| | 延平区 | 785.62 | 734.48 | −51.14 | 11.81 | 11.04 | −0.77 |
| | 政和县 | 858.93 | 839.49 | −19.44 | 12.91 | 12.62 | −0.29 |
| 宁德市 | 福安市 | 461.84 | 475.25 | 13.41 | 6.94 | 7.14 | 0.20 |
| | 福鼎市 | 258.61 | 267.50 | 8.89 | 3.88 | 4.01 | 0.13 |
| | 古田县 | 872.68 | 811.15 | −61.53 | 13.12 | 12.19 | −0.93 |
| | 蕉城区 | 557.26 | 533.30 | −23.96 | 8.37 | 8.01 | −0.36 |
| | 屏南县 | 792.52 | 717.62 | −74.90 | 11.91 | 10.78 | −1.13 |
| | 寿宁县 | 663.74 | 704.25 | 40.51 | 9.97 | 10.58 | 0.61 |
| | 霞浦县 | 246.22 | 257.93 | 11.71 | 3.70 | 3.87 | 0.17 |
| | 周宁县 | 227.38 | 238.29 | 10.91 | 6.58 | 6.89 | 0.31 |
| | 柘荣县 | 555.23 | 543.78 | −11.45 | 4.33 | 4.24 | −0.09 |
| 莆田市 | 城厢区 | 78.97 | 69.82 | −9.15 | 1.19 | 1.05 | −0.14 |
| | 涵江区 | 123.27 | 113.97 | −9.30 | 1.85 | 1.71 | −0.14 |
| | 荔城区 | 14.54 | 13.34 | −1.20 | 0.22 | 0.20 | −0.02 |
| | 仙游县 | 507.44 | 426.47 | −80.97 | 7.63 | 6.41 | −1.22 |
| | 秀屿区 | 13.98 | 14.13 | 0.15 | 0.21 | 0.21 | 0.00 |
| 泉州市 | 安溪县 | 964.79 | 895.09 | −69.70 | 14.51 | 13.46 | −1.05 |
| | 德化县 | 973.39 | 828.07 | −145.32 | 14.64 | 12.45 | −2.19 |
| | 丰泽区 | 4.93 | 5.14 | 0.21 | 0.07 | 0.08 | 0.01 |
| | 惠安县 | 24.54 | 25.55 | 1.01 | 0.37 | 0.38 | 0.02 |
| | 金门县 | 5.98 | 6.42 | 0.44 | 0.02 | 0.02 | 0.00 |

续表

| 市 | 县域 | 土壤保持总量（万t） | | | 土壤保持价值（亿元） | | |
|---|---|---|---|---|---|---|---|
| | | 2010 年 | 2015 年 | 变化量 | 2010 年 | 2015 年 | 变化量 |
| 泉州市 | 晋江市 | 0.97 | 0.99 | 0.02 | 0.19 | 0.19 | 0.00 |
| | 鲤城区 | 57.99 | 51.69 | −6.30 | 0.12 | 0.11 | −0.01 |
| | 洛江区 | 262.57 | 241.00 | −21.57 | 0.73 | 0.67 | −0.06 |
| | 南安市 | 19.55 | 18.52 | −1.03 | 2.04 | 1.94 | −0.10 |
| | 泉港区 | 1.31 | 1.57 | 0.26 | 0.04 | 0.04 | 0.00 |
| | 石狮市 | 461.61 | 394.27 | −67.34 | 0.75 | 0.64 | −0.11 |
| | 永春县 | 1.58 | 1.74 | 0.16 | 0.23 | 0.25 | 0.02 |
| 三明市 | 大田县 | 841.18 | 764.86 | −76.32 | 12.65 | 11.50 | −1.15 |
| | 建宁县 | 651.80 | 701.14 | 49.34 | 9.81 | 10.55 | 0.74 |
| | 将乐县 | 1075.86 | 1061.33 | −14.53 | 16.18 | 15.97 | −0.21 |
| | 梅列区 | 111.34 | 109.53 | −1.81 | 1.67 | 1.65 | −0.02 |
| 三明市 | 明溪县 | 600.14 | 616.82 | 16.68 | 9.03 | 9.28 | 0.25 |
| | 宁化县 | 687.80 | 781.99 | 94.19 | 10.35 | 11.76 | 1.41 |
| | 清流县 | 548.66 | 586.26 | 37.60 | 8.25 | 8.82 | 0.57 |
| | 三元区 | 261.92 | 257.70 | −4.22 | 3.94 | 3.88 | −0.06 |
| | 沙县 | 540.10 | 523.81 | −16.29 | 8.12 | 7.88 | −0.24 |
| | 泰宁县 | 654.58 | 663.02 | 8.44 | 9.85 | 9.97 | 0.12 |
| | 永安市 | 1160.90 | 1147.78 | −13.12 | 17.46 | 17.27 | −0.19 |
| | 尤溪县 | 1076.29 | 1037.60 | −38.69 | 16.18 | 15.60 | −0.58 |
| 厦门市 | 海沧区 | 10.17 | 10.56 | 0.39 | 0.15 | 0.16 | 0.01 |
| | 湖里区 | 0.87 | 0.94 | 0.07 | 0.01 | 0.01 | 0.00 |
| | 集美区 | 21.77 | 22.08 | 0.31 | 0.33 | 0.33 | 0.00 |
| | 思明区 | 3.71 | 3.85 | 0.14 | 0.06 | 0.06 | 0.00 |
| | 同安区 | 91.64 | 90.47 | −1.17 | 1.38 | 1.36 | −0.02 |
| | 翔安区 | 20.91 | 21.31 | 0.40 | 0.31 | 0.32 | 0.01 |
| 漳州市 | 长泰县 | 3.42 | 3.50 | 0.08 | 0.21 | 0.22 | 0.01 |
| | 东山县 | 377.75 | 380.00 | 2.25 | 0.97 | 0.97 | 0.00 |
| | 华安县 | 93.36 | 102.81 | 9.45 | 1.42 | 1.56 | 0.14 |
| | 龙海市 | 2.45 | 2.71 | 0.26 | 0.37 | 0.41 | 0.04 |
| | 龙文区 | 457.54 | 480.12 | 22.58 | 0.44 | 0.46 | 0.02 |
| | 南靖县 | 578.34 | 600.95 | 22.61 | 7.40 | 7.69 | 0.29 |
| | 平和县 | 9.22 | 10.03 | 0.81 | 1.28 | 1.39 | 0.11 |
| | 云霄县 | 117.42 | 121.77 | 4.35 | 1.77 | 1.83 | 0.06 |
| | 漳浦县 | 138.32 | 149.18 | 10.86 | 2.08 | 2.24 | 0.16 |
| | 诏安县 | 145.45 | 148.52 | 3.08 | 3.08 | 3.14 | 0.06 |
| | 芗城区 | 141.70 | 144.50 | 2.80 | 0.42 | 0.43 | 0.01 |

## 9. 物种保育

### 1）福建省物种保育服务时空动态变化

2015年福建省物种保育价值为2528.19亿元，2010年物种保育价值为2529.20亿元，两年物种保育价值基本不变。物种保育价值高值区主要位于南平市、三明市、龙岩市、漳州市和宁德市。

### 2）市域物种保育服务功能

从各市生境质量指数可以看出（专题图1-39），各市生境质量指数为0.39～0.78。2015年和2010年龙岩市生境质量指数最大，分别为0.780和0.781，其次是三明市，厦门市生境质量指数最低。

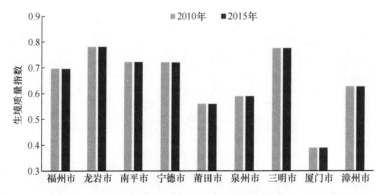

专题图1-39　2010年和2015年福建省各市生境质量指数

从各市物种保育价值来看（专题图1-40），南平市最高，2010年和2015年分别为560.24亿元和560.12亿元。其次是三明市，分别为541.42亿元和541.28亿元。

相比2010年，2015年福建省各市物种保育价值整体变化不大，其中龙岩市和泉州市物种保育价值有所增加，分别增加了0.39亿元和0.11亿元，厦门市基本不变，而其他市物种保育价值则有所减少，福州市减少最多，减少了0.32亿元。

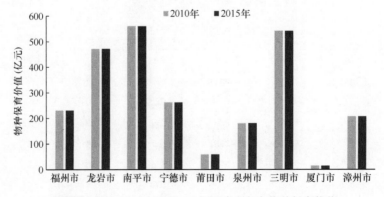

专题图1-40　2010年和2015年福建省各市物种保育价值

### 3）县域物种保育服务功能

从县域统计分析结果可以看出，2010年和2015年物种保育排名前十的县级行政区保持一致。武平县最高，2010年和2015年分别为94.43亿元和94.43亿元。其次是建瓯市，

2010 年和 2015 年分别为 93.72 亿元和 93.65 亿元（专题图 1-41，专题图 1-42，专题表 1-27）。

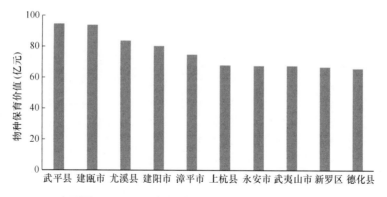

专题图 1-41 2010 年福建省县域物种保育价值前十名

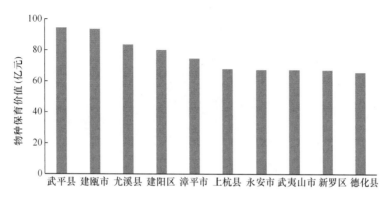

专题图 1-42 2015 年福建省县域物种保育价值前十名

**专题表 1-27 福建省县域生境质量指数和物种保育价值量**

| 市 | 县域 | 生境质量指数 | | | 物种保育价值（亿元） | | |
| --- | --- | --- | --- | --- | --- | --- | --- |
| | | 2010 年 | 2015 年 | 变化量 | 2010 年 | 2015 年 | 变化量 |
| 福州市 | 仓山区 | 0.29 | 0.29 | 0.00 | 0.34 | 0.34 | 0.00 |
| | 长乐市 | 0.54 | 0.54 | 0.00 | 9.92 | 9.88 | −0.04 |
| | 福清市 | 0.53 | 0.53 | 0.00 | 20.91 | 20.87 | −0.04 |
| | 鼓楼区 | 0.19 | 0.19 | 0.00 | 0.12 | 0.12 | 0.00 |
| | 晋安区 | 0.78 | 0.78 | 0.00 | 14.09 | 14.06 | −0.04 |
| | 连江县 | 0.67 | 0.67 | 0.00 | 19.45 | 19.44 | −0.01 |
| | 罗源县 | 0.72 | 0.72 | 0.00 | 21.06 | 21.02 | −0.04 |
| | 马尾区 | 0.63 | 0.63 | 0.00 | 3.39 | 3.39 | 0.00 |
| | 闽侯县 | 0.70 | 0.70 | 0.00 | 42.79 | 42.75 | −0.04 |
| | 闽清县 | 0.78 | 0.78 | 0.00 | 36.13 | 36.12 | 0.01 |
| | 平潭县 | 0.69 | 0.67 | −0.02 | 3.57 | 3.47 | −0.10 |
| | 台江区 | 0.14 | 0.14 | 0.00 | 0.02 | 0.02 | 0.00 |
| | 永泰县 | 0.83 | 0.83 | 0.00 | 59.31 | 59.30 | −0.01 |
| 龙岩市 | 长汀县 | 0.76 | 0.76 | 0.00 | 62.10 | 62.14 | 0.04 |
| | 连城县 | 0.78 | 0.78 | 0.00 | 58.31 | 58.32 | 0.01 |

续表

| 市 | 县域 | 生境质量指数 | | | 物种保育价值（亿元） | | |
|---|---|---|---|---|---|---|---|
| | | 2010 年 | 2015 年 | 变化量 | 2010 年 | 2015 年 | 变化量 |
| 龙岩市 | 上杭县 | 0.78 | 0.78 | 0.00 | 67.95 | 67.95 | 0.00 |
| | 武平县 | 0.81 | 0.81 | 0.00 | 94.43 | 94.43 | 0.00 |
| | 新罗区 | 0.78 | 0.79 | 0.01 | 66.82 | 67.18 | 0.36 |
| | 永定区 | 0.74 | 0.74 | 0.00 | 47.34 | 47.34 | 0.00 |
| | 漳平市 | 0.80 | 0.80 | 0.00 | 74.73 | 74.71 | −0.02 |
| 南平市 | 光泽县 | 0.77 | 0.77 | 0.00 | 56.38 | 56.40 | 0.02 |
| | 建阳区 | 0.73 | 0.73 | 0.00 | 80.19 | 80.22 | 0.03 |
| | 建瓯市 | 0.74 | 0.74 | 0.00 | 93.72 | 93.65 | −0.07 |
| | 浦城县 | 0.68 | 0.68 | 0.00 | 61.85 | 61.83 | −0.02 |
| | 邵武市 | 0.72 | 0.71 | −0.01 | 61.23 | 61.22 | −0.01 |
| | 顺昌县 | 0.71 | 0.71 | 0.00 | 41.84 | 41.84 | 0.01 |
| | 松溪县 | 0.69 | 0.69 | 0.00 | 22.92 | 22.90 | −0.02 |
| | 武夷山市 | 0.74 | 0.74 | 0.00 | 67.49 | 67.49 | 0.00 |
| | 延平区 | 0.77 | 0.77 | 0.00 | 60.32 | 60.27 | −0.05 |
| | 政和县 | 0.60 | 0.60 | 0.00 | 14.30 | 14.30 | 0.00 |
| 宁德市 | 福安市 | 0.68 | 0.68 | 0.00 | 29.95 | 29.92 | −0.03 |
| | 福鼎市 | 0.75 | 0.75 | 0.00 | 33.44 | 33.33 | −0.11 |
| | 古田县 | 0.73 | 0.73 | 0.00 | 55.09 | 55.03 | −0.06 |
| | 蕉城区 | 0.73 | 0.73 | 0.00 | 29.58 | 29.53 | −0.05 |
| | 屏南县 | 0.73 | 0.73 | 0.00 | 31.38 | 31.38 | 0.00 |
| | 寿宁县 | 0.74 | 0.74 | 0.00 | 28.95 | 28.94 | −0.01 |
| | 霞浦县 | 0.69 | 0.69 | 0.00 | 26.42 | 26.40 | −0.02 |
| | 周宁县 | 0.70 | 0.70 | 0.00 | 17.86 | 17.85 | −0.01 |
| | 柘荣县 | 0.72 | 0.72 | 0.00 | 9.74 | 9.74 | 0.00 |
| 莆田市 | 城厢区 | 0.56 | 0.56 | 0.00 | 6.70 | 6.70 | 0.00 |
| | 涵江区 | 0.62 | 0.62 | 0.00 | 14.53 | 14.53 | 0.00 |
| | 荔城区 | 0.25 | 0.25 | 0.00 | 1.46 | 1.46 | 0.00 |
| | 仙游县 | 0.66 | 0.66 | 0.00 | 35.57 | 35.55 | −0.02 |
| | 秀屿区 | 0.26 | 0.26 | 0.00 | 0.61 | 0.61 | 0.00 |
| 泉州市 | 安溪县 | 0.68 | 0.68 | 0.00 | 50.39 | 50.37 | −0.02 |
| | 德化县 | 0.84 | 0.84 | 0.00 | 65.77 | 65.78 | 0.01 |
| | 丰泽区 | 0.28 | 0.29 | 0.01 | 0.99 | 1.00 | 0.01 |
| | 惠安县 | 0.27 | 0.27 | 0.00 | 3.29 | 3.27 | −0.02 |
| | 金门县 | 0.52 | 0.52 | 0.00 | 2.45 | 2.45 | 0.00 |
| | 晋江市 | 0.11 | 0.11 | 0.00 | 1.19 | 1.19 | 0.00 |
| | 鲤城区 | 0.16 | 0.16 | 0.00 | 0.15 | 0.15 | 0.00 |
| | 洛江区 | 0.56 | 0.56 | 0.00 | 5.92 | 5.89 | −0.03 |
| | 南安市 | 0.49 | 0.49 | 0.00 | 21.37 | 21.37 | 0.00 |
| | 泉港区 | 0.37 | 0.39 | 0.02 | 2.39 | 2.53 | 0.14 |

续表

| 市 | 县域 | 生境质量指数 | | | 物种保育价值（亿元） | | |
|---|---|---|---|---|---|---|---|
| | | 2010 年 | 2015 年 | 变化量 | 2010 年 | 2015 年 | 变化量 |
| 泉州市 | 石狮市 | 0.14 | 0.14 | 0.00 | 0.42 | 0.42 | 0.00 |
| | 永春县 | 0.68 | 0.68 | 0.00 | 26.61 | 26.63 | 0.02 |
| 三明市 | 大田县 | 0.75 | 0.75 | 0.00 | 47.08 | 47.03 | −0.05 |
| | 建宁县 | 0.74 | 0.74 | 0.00 | 41.58 | 41.58 | 0.00 |
| | 将乐县 | 0.79 | 0.79 | 0.00 | 56.33 | 56.35 | 0.02 |
| | 梅列区 | 0.78 | 0.78 | 0.00 | 8.29 | 8.28 | −0.01 |
| | 明溪县 | 0.79 | 0.79 | 0.00 | 43.68 | 43.68 | 0.00 |
| | 宁化县 | 0.78 | 0.78 | 0.00 | 60.73 | 60.73 | 0.00 |
| | 清流县 | 0.77 | 0.77 | 0.00 | 40.17 | 40.15 | −0.02 |
| | 三元区 | 0.79 | 0.79 | 0.00 | 17.83 | 17.82 | −0.01 |
| | 沙县 | 0.75 | 0.75 | 0.00 | 39.08 | 39.08 | 0.00 |
| | 泰宁县 | 0.76 | 0.76 | 0.00 | 35.47 | 35.47 | 0.00 |
| | 永安市 | 0.78 | 0.78 | 0.00 | 67.53 | 67.50 | −0.03 |
| | 尤溪县 | 0.80 | 0.80 | 0.00 | 83.65 | 83.61 | −0.04 |
| 厦门市 | 海沧区 | 0.35 | 0.35 | 0.00 | 1.49 | 1.49 | 0.00 |
| | 湖里区 | 0.11 | 0.11 | 0.00 | 0.13 | 0.13 | 0.00 |
| | 集美区 | 0.38 | 0.38 | 0.00 | 2.61 | 2.61 | 0.00 |
| | 思明区 | 0.33 | 0.33 | 0.00 | 0.76 | 0.76 | 0.00 |
| | 同安区 | 0.49 | 0.49 | 0.00 | 7.81 | 7.81 | 0.00 |
| | 翔安区 | 0.28 | 0.28 | 0.00 | 1.82 | 1.82 | 0.00 |
| 漳州市 | 长泰县 | 0.61 | 0.61 | 0.00 | 13.99 | 13.99 | 0.00 |
| | 东山县 | 0.29 | 0.29 | 0.00 | 1.70 | 1.70 | 0.00 |
| | 华安县 | 0.74 | 0.74 | 0.00 | 27.31 | 27.28 | −0.03 |
| | 龙海市 | 0.47 | 0.47 | 0.00 | 12.01 | 12.07 | 0.06 |
| | 龙文区 | 0.31 | 0.31 | 0.00 | 0.58 | 0.58 | 0.00 |
| | 南靖县 | 0.72 | 0.72 | 0.00 | 43.06 | 43.06 | 0.00 |
| | 平和县 | 0.64 | 0.64 | 0.00 | 35.55 | 35.53 | −0.02 |
| | 云霄县 | 0.64 | 0.64 | 0.00 | 16.64 | 16.64 | 0.00 |
| | 漳浦县 | 0.61 | 0.61 | 0.00 | 33.73 | 33.62 | −0.11 |
| | 诏安县 | 0.63 | 0.63 | 0.00 | 19.42 | 19.42 | 0.00 |
| | 芗城区 | 0.46 | 0.46 | 0.00 | 3.41 | 3.41 | 0.00 |

### 10. 休憩服务

1）福建省旅游资源区域分析

截至 2017 年底，福建省拥有 1 处世界文化与自然遗产（武夷山）、1 个世界地质公园（泰宁）、13 个国家级风景名胜区、10 个国家级自然保护区、21 个国家森林公园、9 个国家地质公园、4 个国家历史文化名城、85 个全国重点文物保护单位、2 个国家旅游度假区、25 个 4A 级旅游景区、24 个全国工农业旅游示范点单位，7 个中国优秀旅游城市、

2 个省级优秀旅游县；这些旅游资源既包含了自然资源和生态资源，也包含了人文资源。由于本项目主要研究自然资源和生态资源带来的休憩服务价值，需要对福建省旅游资源按照专题表 1-28 进行分类。

**专题表 1-28　旅游资源构成**（余济云等，2011）

| 类别 | 主要构成因素 |
| --- | --- |
| 自然资源 | 森林、山、水、天气、珍稀动物、珍稀植物等 |
| 生态资源 | 空气、水、阳光、负氧离子等 |
| 人文资源 | 历史古迹、风俗民情、地域特色、艺术文化等 |

根据福建省旅游资源特点，将以人文资源为主的旅游资源排除，着重分析以自然资源、生态资源为主体的旅游地，福建省需要评估的旅游地见专题表 1-29。福建省自然和生态旅游资源共 312 处，包括 1 处世界文化与自然遗产、7 处中国优秀旅游城市、6 处5A 级景区等。

**专题表 1-29　福建省自然、生态旅游资源**

| 旅游资源类别 | 数量 |
| --- | --- |
| 世界文化与自然遗产 | 1 |
| 中国优秀旅游城市 | 7 |
| 5A 景区 | 6 |
| 4A | 66 |
| 3A | 72 |
| 2A | 18 |
| 福建省十佳旅游休闲集镇 | 10 |
| 福建省二十佳旅游特色村 | 20 |
| 一般旅游特色村 | 92 |
| 最美休闲乡村 | 20 |
| 总计 | 312 |

福建省旅游资源共 952 处，其中有 312 处为自然和生态旅游资源景点；这些自然、生态旅游资源分别属于不同的市、县。根据相关研究（卞显红和沙润，2008；许贤棠等，2015），得到福建省自然、生态旅游资源禀赋综合评价体系（专题表 1-30），计算得到福建省各市、县的旅游资源丰度。

**专题表 1-30　福建省自然、生态旅游资源禀赋综合评价体系表**

| 种类 | 权重 | 级别 | 分值 |
| --- | --- | --- | --- |
| 世界文化与自然遗产 | 0.3 | 世界级 | 150 |
| 中国优秀旅游城市 | 0.25 | 国家级 | 80 |
| A 级景区 | 0.2 | 5A | 80 |
| | | 4A | 60 |
| | | 3A | 40 |
| | | 2A | 20 |

续表

| 种类 | 权重 | 级别 | 分值 |
|---|---|---|---|
| | | 1A | 10 |
| 旅游强县 | 0.1 | 省级 | 30 |
| 旅游名镇 | 0.08 | 省级 | 30 |
| 旅游名村 | 0.07 | 省级 | 30 |

2）福建省游客客源地分析

通过《2016 福建统计年鉴》，并结合中国大陆游客和入境游客的旅游目的，得出 2010 年和 2015 年以休闲观光度假为目的中国大陆游客比例分别为 54.2%和 76.4%，入境游客比例分别为 95.09%和 97.20%。本研究将以休闲观光度假为目的的游客作为休憩服务的核算对象。

通过对福建省游客客源地进行分析，得到福建省游客可分为中国大陆游客和入境游客两大类，其中 2010 年、2015 年中国大陆游客分别为 12 844.82 万人和 29 025.18 万人，入境游客分别为 368.14 万人和 586.66 万人。

通过对 2010 年、2015 年福建省旅游经济运行简析及相关资料分析，得到福建省中国大陆游客中有 45%左右来源于华东地区，20%左右来源于华南地区。从专题图 1-43 中可以看出，2015 年来源于华东、华南和华中的游客较 2010 年有所增加，而 2015 年来源于华北、西南、东北和西北等地区的游客人数较 2010 年有小幅度的减少。

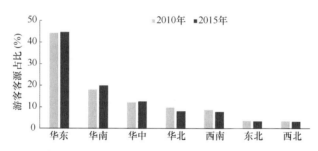

专题图 1-43　福建省中国大陆游客客源地分析

从专题图 1-44 中可知，入境游客主要来源于中国台湾、中国澳门、中国香港、美国、日本、新加坡、马来西亚等地。同时可以发现来源于中国台湾、中国澳门、中国香港、美国的游客人数 2015 年略少于 2010 年，来源于新加坡、马来西亚的游客人数 2015 年较 2010 年有所增加。

3）旅行费用核算结果

旅行费用是游客本次旅行的实际花费，包括交通、食宿、门票、旅游纪念品、娱乐活动等所有费用。根据福建省及各市有关旅游的统计资料，可知旅行费用是旅游的实际收入，包括入境游客创汇收入和中国大陆旅游收入两部分。根据 2010 年和 2016 年《福建统计年鉴》和各个市的年报得到福建省各市 2010 年、2015 年旅游人数和收入情况。

根据福建省以休闲观光度假为目的的中国大陆游客、入境游客比例，可以计算得出福建省各市的旅行实物量及费用；福建省 2010 年、2015 年以休闲观光度假为目的的旅游人数分别为 6246.26 万人次、19 842.93 万人次，对应旅行费用分别为 695.16 亿元、2321.93 亿元。

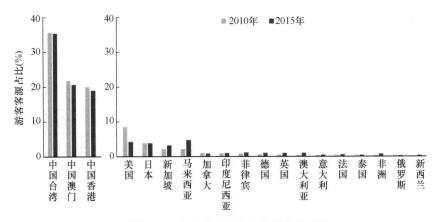

专题图 1-44　福建省入境游客客源地分析图

泉州市的游客人数和收入较其他市多，其次是福州市和漳州市（专题图 1-45，专题图 1-46）。

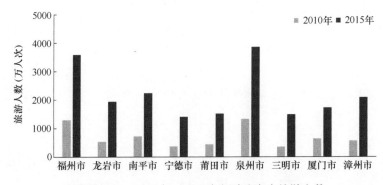

专题图 1-45　2010 年、2015 年福建省各市旅游人数

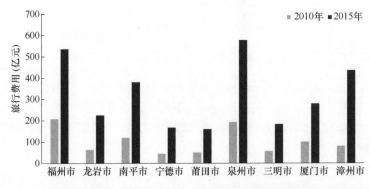

专题图 1-46　2010 年、2015 年福建省各市旅行费用

4）时间成本核算结果

时间成本是指时间的机会成本，包括旅行时间和游览时间。在本研究中采用问卷调查法统计游客停留天数，结合游客客源地的年平均工资来计算各客源地的时间成本。单位时间成本采用工资的 1/3 来计算，年工作时间按照 250 天、8h/d 来计算。通过对厦门市问卷调查进行整理可知，游客平均停留天数为 3.5 天。通过对客源地分析得到客源

地游客旅游时间成本（专题表 1-31）。计算得到 2010 年、2015 年福建省游客的总时间成本分别为 159.93 亿元、426.03 亿元；根据各个县的资源丰度值将时间成本分配到各县，专题表 1-32 为 2010 年和 2015 年福建省各市游客时间成本统计。

**专题表 1-31　不同客源地游客旅游时间成本**

| 客源地 | 时间成本（元/人次） | 客源地 | 时间成本（元/人次） |
|---|---|---|---|
| 华东 | 214.29 | 马来西亚 | 120.45 |
| 华南 | 212.18 | 加拿大 | 762.52 |
| 华中 | 164.16 | 印度尼西亚 | 97.18 |
| 华北 | 279.77 | 菲律宾 | 70 |
| 西南 | 263.19 | 德国 | 804.58 |
| 东北 | 197.13 | 英国 | 903.36 |
| 西北 | 259.16 | 澳大利亚 | 689.87 |
| 中国台湾 | 361.67 | 意大利 | 687 |
| 中国澳门 | 245 | 法国 | 789.28 |
| 中国香港 | 443.33 | 泰国 | 69.78 |
| 美国 | 1198.42 | 非洲 | 88.58 |
| 日本 | 1099.64 | 俄罗斯 | 83.17 |
| 新加坡 | 676.48 | 新西兰 | 505.69 |

**专题表 1-32　2010 年、2015 年福建省各市游客时间成本**　（单位：亿元）

| 地区 | 2010 年 | 2015 年 | 变化量 |
|---|---|---|---|
| 福州市 | 27.27 | 74.08 | 46.81 |
| 龙岩市 | 20.44 | 55.53 | 35.09 |
| 南平市 | 26.04 | 70.75 | 44.71 |
| 宁德市 | 14.05 | 38.15 | 24.10 |
| 莆田市 | 7.44 | 20.20 | 12.76 |
| 泉州市 | 23.72 | 64.43 | 40.71 |
| 三明市 | 19.41 | 52.73 | 33.32 |
| 厦门市 | 5.33 | 6.06 | 0.73 |
| 漳州市 | 16.23 | 44.10 | 27.87 |
| 福建省 | 159.93 | 426.03 | 266.10 |

5）消费者剩余价值核算结果

通过厦门市问卷调查法统计不同客源地游客人数、旅行消费支出，以空间距离（省级单元）对样本进行分区，结合人口数量，计算出游率。其中出游率最高的省份为福建省，达到 18.18‰，其次是浙江省和广东省，分别达到 4.91‰、3.86‰。

通过对休憩需求曲线 $F(x)$ 的积分，当追加费用为 10 850 元/人（问卷调查所得最大消费支出）时，得出 2015 年人均消费剩余价值为 96.84 元。由于无法获得 2010 年的问卷调查结果，因此 2010 年休憩资源消费者剩余价值采用 2015 年休憩需求曲线进行估算，结果见专题表 1-33。

6）福建省休憩服务时空动态变化

通过对福建省休憩服务价值量的核算，得出福建省 2010 年、2015 年休憩服务价值分别为 915.60 亿元、2940.11 亿元，总价值增加了 2024.51 亿元。

专题表 1-33　2010 年、2015 年福建省各市游客剩余价值　（单位：亿元）

| 地区 | 2010 年 | 2015 年 | 变化量 |
|---|---|---|---|
| 福州市 | 12.58 | 34.74 | 22.16 |
| 厦门市 | 5.19 | 18.75 | 13.56 |
| 莆田市 | 6.98 | 21.71 | 14.73 |
| 三明市 | 3.58 | 13.60 | 10.02 |
| 泉州市 | 4.24 | 14.68 | 10.44 |
| 漳州市 | 12.86 | 37.32 | 24.46 |
| 南平市 | 3.44 | 14.41 | 10.97 |
| 龙岩市 | 6.14 | 16.70 | 10.56 |
| 宁德市 | 5.49 | 20.24 | 14.75 |
| 福建省 | 60.50 | 192.15 | 131.65 |

2010 年福建省休憩服务价值普遍较低，其中武夷山市、厦门市对福建省休憩服务价值的贡献相对较大；2015 年福建省休憩服务价值普遍较高，高值区主要分布在厦门市、福州市等沿海地区，其次南平市、龙岩市的贡献也相对较大。

7）市域休憩服务功能

从专题图 1-47 可知，2015 年福建省各市休憩服务价值普遍比 2010 年高，泉州市、福州市、漳州市、南平市的旅游资源对福建省休憩服务价值的贡献较大，三明市、宁德市、莆田市的贡献较小；各市旅游资源对福建省休憩服务贡献均有所增加。

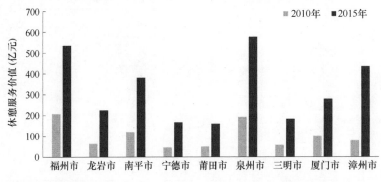

专题图 1-47　2010 年和 2015 年福建省各市休憩服务价值

8）县域休憩服务功能

从各县级行政区来看，武夷山市、永泰县、永春县对福建省休憩服务价值的贡献较大。2010~2015 年武夷山市、漳浦县和东山县的休憩服务价值增加较大，分别占据前三位（专题图 1-48，专题图 1-49，专题表 1-34）。

## （二）生态资源资产时空动态变化

### 1. 福建省生态资源资产时空分布

2015 年福建省生态资源资产总值为 18 765.03 亿元，约为当年 GDP 的 0.72 倍，单位面积生态资源资产价值为 0.15 亿元/km²。在评估年气象条件下，2010 年生态资源资产总值为 15 685.55 亿元，相比 2010 年，2015 年福建省生态资源资产增加了 3079.48 亿元。

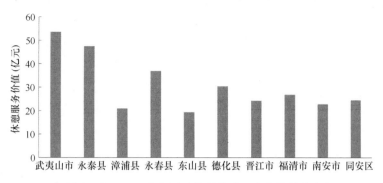

专题图 1-48 2010 年福建省县域休憩服务价值量前十名

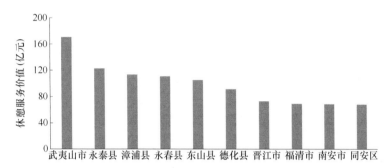

专题图 1-49 2015 年福建省县域休憩服务价值量前十名

专题表 1-34 福建省县域休憩服务功能量及价值

| 市 | 县域 | 休憩服务功能量（万人次） | | | 休憩服务价值（亿元） | | |
|---|---|---|---|---|---|---|---|
| | | 2010 年 | 2015 年 | 变化量 | 2010 年 | 2015 年 | 变化量 |
| 福州市 | 仓山区 | 33.50 | 92.50 | 58.99 | 5.35 | 13.80 | 8.46 |
| | 长乐市 | 93.81 | 258.99 | 165.18 | 14.97 | 38.65 | 23.69 |
| | 福清市 | 168.26 | 464.54 | 296.28 | 26.84 | 69.33 | 42.49 |
| | 鼓楼区 | 48.39 | 133.61 | 85.21 | 7.72 | 19.94 | 12.22 |
| | 晋安区 | 145.55 | 401.85 | 256.30 | 23.22 | 59.97 | 36.75 |
| | 连江县 | 108.70 | 300.10 | 191.40 | 17.34 | 44.79 | 27.45 |
| | 罗源县 | 102.74 | 283.66 | 180.92 | 16.39 | 42.33 | 25.94 |
| | 马尾区 | 29.78 | 82.22 | 52.44 | 4.75 | 12.27 | 7.52 |
| | 闽侯县 | 85.99 | 237.41 | 151.42 | 13.72 | 35.43 | 21.71 |
| | 闽清县 | 56.95 | 157.24 | 100.29 | 9.09 | 23.47 | 14.38 |
| | 平潭县 | 109.44 | 302.16 | 192.71 | 17.46 | 45.10 | 27.63 |
| | 台江区 | 18.61 | 51.39 | 32.77 | 2.97 | 7.67 | 4.70 |
| | 永泰县 | 297.80 | 822.20 | 524.39 | 47.51 | 122.71 | 75.20 |
| 龙岩市 | 长汀县 | 90.50 | 327.09 | 236.58 | 10.81 | 38.01 | 27.20 |
| | 连城县 | 139.65 | 504.69 | 365.04 | 16.67 | 58.64 | 41.97 |
| | 上杭县 | 95.42 | 344.85 | 249.43 | 11.39 | 40.07 | 28.68 |
| | 武平县 | 57.33 | 207.20 | 149.87 | 6.85 | 24.08 | 17.23 |
| | 新罗区 | 65.93 | 238.28 | 172.35 | 7.87 | 27.69 | 19.81 |
| | 永定区 | 45.25 | 163.54 | 118.29 | 5.40 | 19.00 | 13.60 |
| | 漳平市 | 41.77 | 150.96 | 109.19 | 4.99 | 17.54 | 12.55 |
| 南平市 | 光泽县 | 4.54 | 14.12 | 9.58 | 0.75 | 2.40 | 1.64 |
| | 建阳区 | 35.04 | 108.95 | 73.91 | 5.80 | 18.48 | 12.68 |

续表

| 市 | 县域 | 休憩服务功能量（万人次） | | | 休憩服务价值（亿元） | | |
|---|---|---|---|---|---|---|---|
| | | 2010 年 | 2015 年 | 变化量 | 2010 年 | 2015 年 | 变化量 |
| 南平市 | 建瓯市 | 30.93 | 96.17 | 65.24 | 5.12 | 16.31 | 11.19 |
| | 浦城县 | 13.63 | 42.37 | 28.74 | 2.26 | 7.19 | 4.93 |
| | 邵武市 | 121.55 | 377.96 | 256.41 | 20.13 | 64.11 | 43.98 |
| | 顺昌县 | 74.19 | 230.68 | 156.49 | 12.28 | 39.13 | 26.84 |
| | 松溪县 | 4.54 | 14.12 | 9.58 | 0.75 | 2.40 | 1.64 |
| | 武夷山市 | 323.35 | 1005.44 | 682.09 | 53.54 | 170.54 | 116.99 |
| | 延平区 | 69.64 | 216.56 | 146.91 | 11.53 | 36.73 | 25.20 |
| | 政和县 | 43.69 | 135.85 | 92.16 | 7.23 | 23.04 | 15.81 |
| 宁德市 | 福安市 | 61.82 | 235.10 | 173.28 | 7.54 | 27.92 | 20.38 |
| | 福鼎市 | 70.04 | 266.35 | 196.31 | 8.54 | 31.63 | 23.08 |
| | 古田县 | 4.31 | 16.40 | 12.09 | 0.53 | 1.95 | 1.42 |
| | 蕉城区 | 58.53 | 222.61 | 164.07 | 7.14 | 26.43 | 19.29 |
| | 屏南县 | 41.49 | 157.78 | 116.29 | 5.06 | 18.73 | 13.67 |
| | 寿宁县 | 29.37 | 111.69 | 82.32 | 3.58 | 13.26 | 9.68 |
| | 霞浦县 | 16.84 | 64.05 | 47.21 | 2.05 | 7.61 | 5.55 |
| | 周宁县 | 49.70 | 189.02 | 139.32 | 6.06 | 22.44 | 16.38 |
| | 柘荣县 | 37.17 | 141.37 | 104.20 | 4.53 | 16.79 | 12.25 |
| 莆田市 | 城厢区 | 101.55 | 351.82 | 250.27 | 11.56 | 37.07 | 25.52 |
| | 涵江区 | 28.95 | 100.29 | 71.34 | 3.29 | 10.57 | 7.27 |
| | 荔城区 | 56.06 | 194.22 | 138.16 | 6.38 | 20.47 | 14.09 |
| | 仙游县 | 177.37 | 614.50 | 437.12 | 20.18 | 64.75 | 44.57 |
| | 秀屿区 | 73.52 | 254.71 | 181.19 | 8.37 | 26.84 | 18.47 |
| 泉州市 | 安溪县 | 115.87 | 336.42 | 220.55 | 16.77 | 50.37 | 33.60 |
| | 德化县 | 210.32 | 610.63 | 400.31 | 30.44 | 91.43 | 60.99 |
| | 丰泽区 | 148.67 | 431.63 | 282.97 | 21.52 | 64.63 | 43.11 |
| | 惠安县 | 140.36 | 407.51 | 267.15 | 20.31 | 61.02 | 40.70 |
| | 金门县 | 8.75 | 25.39 | 16.65 | 1.27 | 3.80 | 2.54 |
| | 晋江市 | 167.91 | 487.49 | 319.59 | 24.30 | 72.99 | 48.69 |
| | 鲤城区 | 8.75 | 25.39 | 16.65 | 1.27 | 3.80 | 2.54 |
| | 洛江区 | 70.40 | 204.39 | 133.99 | 10.19 | 30.60 | 20.42 |
| | 南安市 | 157.85 | 458.29 | 300.44 | 22.84 | 68.62 | 45.78 |
| | 泉港区 | 34.98 | 101.56 | 66.58 | 5.06 | 15.21 | 10.14 |
| | 石狮市 | 8.75 | 25.39 | 16.65 | 1.27 | 3.80 | 2.54 |
| | 永春县 | 254.92 | 740.12 | 485.20 | 36.89 | 110.82 | 73.93 |
| 三明市 | 大田县 | 6.00 | 25.15 | 19.14 | 0.97 | 3.08 | 2.12 |
| | 建宁县 | 32.02 | 134.11 | 102.09 | 5.16 | 16.44 | 11.28 |
| | 将乐县 | 23.02 | 96.39 | 73.38 | 3.71 | 11.82 | 8.11 |
| | 梅列区 | 0.00 | 0.00 | 0.00 | 0.00 | 0.00 | 0.00 |
| | 明溪县 | 5.86 | 24.55 | 18.69 | 0.94 | 3.01 | 2.07 |
| | 宁化县 | 5.86 | 24.55 | 18.69 | 0.94 | 3.01 | 2.07 |

续表

| 市 | 县域 | 休憩服务功能量（万人次） | | | 休憩服务价值（亿元） | | |
|---|---|---|---|---|---|---|---|
| | | 2010 年 | 2015 年 | 变化量 | 2010 年 | 2015 年 | 变化量 |
| 三明市 | 清流县 | 20.02 | 83.82 | 63.80 | 3.22 | 10.28 | 7.05 |
| | 三元区 | 31.45 | 131.72 | 100.26 | 5.07 | 16.15 | 11.08 |
| | 沙县 | 57.33 | 240.08 | 182.75 | 9.23 | 29.43 | 20.20 |
| | 泰宁县 | 80.63 | 337.67 | 257.04 | 12.99 | 41.39 | 28.41 |
| | 永安市 | 63.62 | 266.43 | 202.81 | 10.25 | 32.66 | 22.42 |
| | 尤溪县 | 29.45 | 123.33 | 93.88 | 4.74 | 15.12 | 10.38 |
| 厦门市 | 海沧区 | 139.15 | 378.64 | 239.50 | 22.06 | 61.09 | 39.03 |
| | 湖里区 | 27.69 | 75.35 | 47.66 | 4.39 | 12.16 | 7.77 |
| | 集美区 | 83.07 | 226.06 | 142.98 | 13.17 | 36.47 | 23.30 |
| | 思明区 | 152.30 | 414.44 | 262.14 | 24.15 | 66.86 | 42.72 |
| | 同安区 | 155.07 | 421.97 | 266.90 | 24.59 | 68.08 | 43.50 |
| | 翔安区 | 76.50 | 208.16 | 131.66 | 12.13 | 33.58 | 21.46 |
| 漳州市 | 长泰县 | 49.61 | 183.02 | 133.41 | 7.03 | 38.11 | 31.08 |
| | 东山县 | 136.85 | 504.82 | 367.97 | 19.38 | 105.12 | 85.73 |
| | 华安县 | 16.90 | 62.35 | 45.45 | 2.39 | 12.98 | 10.59 |
| | 龙海市 | 27.26 | 100.56 | 73.30 | 3.86 | 20.94 | 17.08 |
| | 龙文区 | 38.16 | 140.79 | 102.62 | 5.41 | 29.32 | 23.91 |
| | 南靖县 | 11.99 | 44.25 | 32.25 | 1.70 | 9.21 | 7.51 |
| | 平和县 | 49.61 | 183.02 | 133.41 | 7.03 | 38.11 | 31.08 |
| | 云霄县 | 55.34 | 204.14 | 148.80 | 7.84 | 42.51 | 34.67 |
| | 漳浦县 | 147.75 | 545.04 | 397.29 | 20.93 | 113.49 | 92.57 |
| | 诏安县 | 32.99 | 121.68 | 88.69 | 4.67 | 25.34 | 20.66 |

　　专题表 1-35 为 2015 年福建省生态资源资产构成，可以看出，农林牧渔产品价值最高，为 3553.55 亿元，占生态系统服务总价值的 18.94%，其次是休憩服务，为 2940.13 亿元，占生态系统服务总价值的 15.67%，土壤保持服务价值最低，为 526.80 亿元，仅占生态系统服务总价值的 2.81%。

专题表 1-35　2015 年福建省生态资源资产构成

| 生态系统服务 | 价值（亿元） | 比例（%） |
|---|---|---|
| 农林牧渔产品 | 3 553.55 | 18.94 |
| 休憩服务 | 2 940.13 | 15.67 |
| 径流调节 | 2 716.741 | 14.48 |
| 物种保育 | 2 528.19 | 13.47 |
| 干净水源 | 2 178.08 | 11.61 |
| 洪水调蓄 | 1 491.51 | 7.95 |
| 生态系统固碳 | 1 353.07 | 7.21 |
| 温度调节 | 781.10 | 4.16 |
| 清新空气 | 695.86 | 3.71 |
| 土壤保持 | 526.80 | 2.81 |
| 生态系统服务总价值 | 18 765.03 | 100.00 |

## 2. 市域生态资源资产

从各市来看，南平市生态资源资产最高，为4046.00亿元，其中径流调节服务价值最高，为1050.00亿元；其次是三明市，为2695.95亿元，其中物种保育服务价值最高，为541.28亿元；厦门市最低，为433.67亿元（专题表1-36）。

专题表1-36　2015年福建省各市生态资源资产

| 地区 | 农林牧渔产品 | 干净水源 | 清新空气 | 温度调节 | 生态系统固碳 | 径流调节 | 洪水调蓄 | 土壤保持 | 物种保育 | 休憩服务 | 合计 |
|---|---|---|---|---|---|---|---|---|---|---|---|
| 福州市 | 741.28 | 194.61 | 97.00 | 75.40 | 118.35 | 141.83 | 149.72 | 22.68 | 230.78 | 535.46 | 2 307.11 |
| 龙岩市 | 329.76 | 338.43 | 60.26 | 138.01 | 250.35 | 491.07 | 201.54 | 98.13 | 472.07 | 225.03 | 2 604.65 |
| 南平市 | 479.90 | 529.86 | 73.66 | 148.13 | 293.71 | 1 050.00 | 378.55 | 151.74 | 560.12 | 380.33 | 4 046.00 |
| 宁德市 | 436.53 | 266.23 | 64.29 | 67.25 | 137.48 | 248.14 | 96.07 | 67.72 | 262.12 | 166.76 | 1 812.59 |
| 莆田市 | 193.76 | 57.13 | 51.86 | 21.49 | 32.75 | 68.89 | 26.57 | 9.59 | 58.85 | 159.70 | 680.59 |
| 泉州市 | 312.26 | 109.32 | 168.99 | 65.77 | 96.56 | 95.23 | 104.88 | 30.23 | 181.05 | 577.09 | 1 741.38 |
| 三明市 | 404.54 | 450.90 | 63.30 | 153.00 | 278.85 | 195.69 | 301.88 | 124.12 | 541.28 | 182.39 | 2 695.95 |
| 厦门市 | 8.01 | 22.02 | 44.14 | 6.78 | 7.24 | 40.81 | 9.57 | 2.24 | 14.62 | 278.24 | 433.67 |
| 漳州市 | 647.51 | 209.58 | 72.37 | 105.27 | 137.78 | 385.09 | 222.72 | 20.34 | 207.30 | 435.13 | 2 443.09 |
| 福建省 | 3 553.55 | 2 178.08 | 695.86 | 781.10 | 1 353.07 | 2 716.74 | 1 491.51 | 526.80 | 2 528.19 | 2 940.13 | 18 765.03 |

从专题图1-50可以看出，生态资源资产与GDP差异较大，在考虑各市生态资源资产后，GDP与GEP之和的排序相较于原来的GDP排序发生了较大变化。最明显的是南平市，GDP排名为最后一位，加上GEP后，排名提升至第三位。

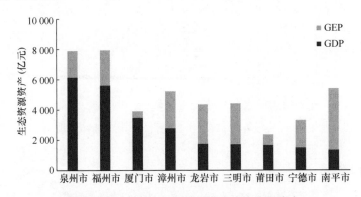

专题图1-50　2015年福建省各市生态资源资产

从各市单位面积生态资源资产来看，单位面积GEP与单位面积GDP差别较大，其中厦门市单位面积GEP最高，为0.28亿元/km²；其次是福州市和漳州市，单位面积GEP分别为0.199亿元/km²和0.194亿元/km²（专题图1-51）。

## 3. 县域生态资源资产

从县域生态资源资产分布来看，2015年南平市的武夷山市、建瓯市、建阳区、浦城县、龙岩市的漳浦县生态资源资产排名前五，其中武夷山市最高，为651.73亿元，约占福建省生态资源资产的3.47%，其次是建瓯市，为601.32亿元，约占福建省生态资源资产的3.20%（专题图1-52）。

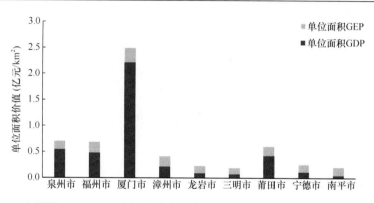

专题图 1-51　2015 年福建省各市单位面积 GDP 和单位面积 GEP

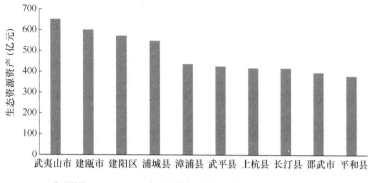

专题图 1-52　2015 年福建省县域生态资源资产前十名

　　从专题图 1-53 中可以看出，福建省县域 GEP 与 GDP 排名差别较大，在考虑县域 GEP 后，GDP 与 GEP 之和减小了仅考虑 GDP 时所带来的差异。鼓楼区、思明区、南安区和福清市 4 个地区的 GDP 差别较大，当考虑 GEP 后，明显缩小了 4 个地区的差别。

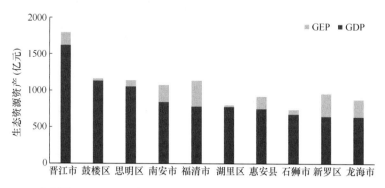

专题图 1-53　2015 年福建省县域 GDP 前十强的生态资源资产

# 福建省县域生态文明建设水平评估研究

## 一、生态文明建设水平指标体系与研究方法

### （一）评估指标体系

#### 1. 指标体系构建原则

继承性原则。借鉴国内外可持续发展评估、生态文明建设水平评估的相关研究成果，形成科学、客观的生态文明发展指标体系。充分采纳吸收"生态文明建设若干战略问题研究（二期）"研究建立的生态文明发展水平评估指标。

导向性原则。指标体系要体现生态文明建设、可持续发展的规律和特点，能够适时进行调整和完善，具有导向性和前瞻性。此外，指标体系更加突出生态环境质量，将生态质量、环境空气质量、水环境质量、主要污染物排放强度、受保护区域面积占比等反映生态环境质量的指标纳入指标体系。

系统性原则。指标体系具有层次性，分别从目标层、领域层、指标层进行分层分级构建，各指标要有一定的逻辑关系，从不同的侧面反映生态文明建设纳入五位一体的部署和要求，各指标之间既相互独立，又彼此联系，共同构成一个有机统一体。

可操作性原则。综合考虑科学性和数据的可获得性，指标在数量上要少而精，要具有广泛的实用性，指标便于量化，数据便于采集和计算。选取的指标以状态指标为主，便于时间纵向和区域横向之间的比较，指标体系能够描述和反映某一时间点生态文明发展的水平和状况，能够评价和监测某一时期内生态文明建设成效的趋势和速度，能够综合衡量生态文明发展各领域整体协调程度。

#### 2. 指标体系框架

结合我国生态文明建设的总体目标，从 3 个层次构建福建省县域生态文明建设水平评价指标体系（罗毅等，2014；何立环等，2014；严耕，2015；环境保护部，2015）。具体框架如下：一级指标包括绿色环境、绿色生产、绿色生活和绿色治理 4 个领域。二级指标从整体上反映各领域的综合发展状况，根据各领域的特征共划分为 7 个指数。三级指标评估各项指数的具体指标，共包括 15 项指标（专题表 2-1）。

**专题表 2-1　福建省县域生态文明建设水平评价指标体系**

| 一级指标 | 二级指标 | | 三级指标 | 单位 |
|---|---|---|---|---|
| 绿色环境 | 生态质量指数 | 1 | 生态用地质量 | |
| | 环境质量指数 | 2 | 环境空气质量 | % |
| | | 3 | 地表水环境质量 | % |

续表

| 一级指标 | 二级指标 | 三级指标 | | 单位 |
|---|---|---|---|---|
| 绿色生产 | 产业优化指数 | 4 | 人均 GDP | 元 |
| | | 5 | 第三产业增加值占 GDP 比例 | % |
| | 产业效率指数 | 6 | 单位建设用地 GDP | 万元/km$^2$ |
| | | 7 | 主要水污染物排放强度 | kg/万元 |
| | | 8 | 主要大气污染物排放强度 | kg/万元 |
| 绿色生活 | 城乡协调指数 | 9 | 城镇化率 | % |
| | | 10 | 城镇居民人均可支配收入 | 元 |
| | | 11 | 城乡居民收入比例 | % |
| | | 12 | 政府财政自给率 | % |
| 绿色治理 | 污染治理指数 | 13 | 城市生活污水处理率 | % |
| | | 14 | 城市生活垃圾无害化处理率 | % |
| | 建设绩效指数 | 15 | 生态保护红线区等受保护区域所占面积比例 | % |

指标解释与数据来源如下。

【生态用地质量】指区域内生物栖息地质量，利用单位面积上不同生态系统类型在生物物种数量上的差异表示。参考《生态环境状况评价技术规范》（HJ 192—2015）中的计算方法进行计算，公式如下：

$$生境质量指数=A_{bio}×（0.35×林地+0.21×草地+0.28×水域湿地+0.11×耕地+0.05×未利用地）/区域面积$$

式中，$A_{bio}$ 为生境质量指数的归一化系数，参考值为 511.26。

数据来源：遥感解译数据。

【环境空气质量】空气质量达到优良等级的天数占全年监测总天数的比例。

数据来源：环境监测数据。

【地表水环境质量】县域内所有布设的地表水质量监测断面，在全年水质监测中达到或优于Ⅲ类水质的频次占全年监测总频次的比例。

数据来源：环境监测数据。

【人均 GDP】县域生产总值与常住人口的比值。

数据来源：统计年鉴。

【第三产业增加值占 GDP 比例】指第三产业增加值占县域生产总值的比例。

数据来源：统计年鉴。

【单位建设用地 GDP】指县域单位建设用地所产生的地区生产总值。其中，建设用地包括城市建设用地、农村居民点和其他建设用地。

数据来源：统计年鉴，遥感解译数据。

【主要水污染物排放强度】指单位 GDP 所产生的废水中 COD 和氨氮排放浓度。计算公式如下：

$$水污染物排放强度=（COD 排放量+氨氮排放量）/GDP$$

数据来源：统计年鉴，《2015 福建省环境状况公报》。

【主要大气污染物排放强度】指单位 GDP 所产生的 SO$_2$、氮氧化物浓度，计算公式如下：

$$主要大气污染物排放强度=（SO_2排放量+氮氧化物排放量）/GDP$$

数据来源：统计年鉴，环境统计公报。

【城镇化率】指县域内城镇人口数量占常住人口数量的比例。

数据来源：统计年鉴。

【城镇居民人均可支配收入】指城镇居民可用于最终消费支出和储蓄的总和，即可用于自由支配的收入，包括工资性收入、经营性净收入、转移性净收入和财产性净收入。

数据来源：统计年鉴。

【城乡居民收入比例】指城镇居民人均可支配收入与农村居民人均可支配收入之比。计算公式如下：

$$城乡居民收入比例=城镇居民人均可支配收入/农村居民人均可支配收入。$$

数据来源：统计年鉴。

【政府财政自给率】政府每年的公共预算收入占公共预算支出的比例，公共预算收入包括增值税、营业税、企业所得税和个人所得税；公共预算支出包括一般公共服务支出、教育支出、科学技术支出、农林水事务支出。计算公式如下：

$$政府财政自给率=公共财政收入/公共财政支出$$

数据来源：统计年鉴。

【城市生活污水处理率】县域范围内城镇经过污水处理厂二级或二级以上处理且达到相应排放标准的污水量占城镇生活污水全年排放量的比例。

数据来源：统计年鉴，《2015福建省环境状况公报》，各省、市国民经济和社会发展统计公报、政府工作报告。

【城市生活垃圾无害化处理率】指城镇生活垃圾无害化处理量占生活垃圾清运量的比例。

数据来源：统计年鉴，《2015福建省环境状况公报》，各省、市国民经济和社会发展统计公报、政府工作报告。

【生态保护红线区等受保护区域所占面积比例】指县域内生态保护红线区、自然保护区等受到严格保护的区域面积占县域土地面积的比例。包括生态保护红线区，国家、省、市或县级自然保护区，国家级或省级风景名胜区，国家级或省级森林公园，国家湿地公园，国家地质公园，集中式饮用水水源地保护区等。

数据来源：统计年鉴，环保等相关部门关于各类受保护区域的名录。

## （二）评估指标权重

评价指标确权方法大体上可分为两类，即主观赋权法和客观赋权法。主观赋权法主要依据专家的经验知识或在此基础上采用一定的数学方法获得评价指标的权重，常见的方法有层次分析法（AHP）、德尔菲法（Delphi）、直接赋权法等；客观赋权法通常在评价指标数据的基础上，基于数学变换方法获得指标的权重，常见的方法有主成分分析法、信息熵等。

采用层次分析法，同时参考"生态文明建设若干战略问题研究（二期）"中指标体系权重系数，确定福建省县域生态文明建设水平评价指标的权重系数（专题表2-2）。

**专题表2-2　福建省县域生态文明建设水平评价指标权重系数**

| 领域 | 指数 | | 指标 |
|------|------|---|------|
| 绿色环境（$w_1$=0.30） | 生态质量指数（w11=0.50） | 1 | 生态用地质量（w111=1.0） |
| | 环境质量指数（w12=0.50） | 2 | 环境空气质量（w121=0.50） |
| | | 3 | 地表水环境质量（w122=0.50） |
| 绿色生产（$w_2$=0.25） | 产业优化指数（w21=0.60） | 4 | 人均GDP（w211=0.50） |
| | | 5 | 第三产业增加值占GDP比例（w212=0.50） |
| | 产业效率指数（w22=0.40） | 6 | 单位建设用地GDP（w221=0.30） |
| | | 7 | 主要水污染物排放强度（w222=0.35） |
| | | 8 | 主要大气污染物排放强度（w223=0.35） |
| 绿色生活（$w_3$=0.20） | 城乡协调指数（w31=1.0） | 9 | 城镇化率（w311=0.30） |
| | | 10 | 城镇居民人均可支配收入（w312=0.15） |
| | | 11 | 城乡居民收入比例（w313=0.25） |
| | | 12 | 政府财政自给率（w314=0.30） |
| 绿色治理（$w_4$=0.25） | 污染治理指数（w41=0.5） | 13 | 城市生活污水处理率（w411=0.50） |
| | | 14 | 城市生活垃圾无害化处理率（w412=0.50） |
| | 建设绩效指数（w42=0.5） | 15 | 生态保护红线区等受保护区域所占面积比例（w421=1.0） |

## （三）评估方法

### 1. 指标标准化

评价指标数据在量纲、数值大小及指标性质等方面存在差异，为了消除这些差异对评价结果造成的影响，在评价之前需要对各指标进行标准化处理，通过一定的数学变换将评价指标数据处理为处于同一值域范围内（如0～1或0～100）的无量纲数据。

本研究指标数据采用极大值标准化方法，在15个评价指标中，按照指标数据与生态文明建设水平的逻辑关系，将评价指标分为正指标和负指标两类，其中正指标是指指标数据越大越能表征生态文明发展水平高，有利于提升县域生态文明水平；而负指标则是指指标数据越小越能表征生态文明发展水平高，有利于提升县域生态文明水平。在15个评价指标中，主要水污染物排放强度、主要大气污染物排放强度、城乡居民收入比例3个为负指标，其余12个指标均为正指标。采用极大值标准化方法对每个评价指标数据进行标准化处理，标准化后的数据为0～100的无量纲值（专题表2-3）。

### 2. 评价模型

县域生态文明生态文明建设水平采用综合指数法进行评价，构建生态文明生态文明建设综合指数，各评价指标经标准化处理后为无量纲数值，与其对应的权重系数通过加权综合数学模型计算获得。计算公式为

$$ECI = \sum_{i=1}^{n} w_i \times x_i \qquad （专题2-1）$$

**专题表 2-3 评价指标标准化方法**

| 领域 | 指数 | | 指标 | 指标性质 | 数据标准化公式 |
|---|---|---|---|---|---|
| 绿色环境 | 生态质量指数 | 1 | 生态用地质量 | 正指标 | $X_i = \dfrac{x_i}{\max(x_i)} \times 100$ |
| | 环境质量指数 | 2 | 环境空气质量 | 正指标 | |
| | | 3 | 地表水环境质量 | 正指标 | |
| 绿色生产 | 产业优化指数 | 4 | 人均 GDP | 正指标 | |
| | | 5 | 第三产业增加值占 GDP 比例 | 正指标 | |
| | 产业效率指数 | 6 | 单位建设用地 GDP | 正指标 | $X_i = (1 - \dfrac{x_i}{\max(x_i)}) \times 100$ |
| | | 7 | 主要水污染物排放强度 | 负指标 | |
| | | 8 | 主要大气污染物排放强度 | 负指标 | |
| 绿色生活 | 城乡协调指数 | 9 | 城镇化率 | 正指标 | $X_i = \dfrac{x_i}{\max(x_i)} \times 100$ |
| | | 10 | 城镇居民人均可支配收入 | 正指标 | |
| | | 11 | 城乡居民收入比例 | 负指标 | $X_i = (1 - \dfrac{x_i}{\max(x_i)}) \times 100$ |
| | | 12 | 政府财政自给率 | 正指标 | |
| 绿色治理 | 污染治理指数 | 13 | 城市生活污水处理率 | 正指标 | $X_i = \dfrac{x_i}{\max(x_i)} \times 100$ |
| | | 14 | 城市生活垃圾无害化处理率 | 正指标 | |
| | 建设绩效指数 | 15 | 生态保护红线区等受保护区域所占面积比例 | 正指标 | |

式中，ECI 为县域生态文明建设综合指数值；$x_i$ 为标准化处理后的各评价指标数值；$w_i$ 为每个评价指标对应的权重系数。

# 二、评估县域的选取

基于《福建省主体功能区划》，重点针对重要生态功能区和农产品主产区中的县域（福建省人民政府，2012），结合中央财政实施的国家重点生态功能区转移支付政策，对福建省纳入转移支付的目前有 20 个县域（专题表 2-4），每年享受中央财政给予的国家重点生态功能区转移支付资金，目标在于加强生态保护与修复治理，提升生态服务功能。因此，选取 20 个国家重点生态功能区的县域作为典型县域，开展生态文明建设水平评估研究，评价年份为 2016 年，为"十三五"开局之年。

**专题表 2-4 生态文明建设水平评估县域名单**

| 序号 | 县域名称 | 所属地市 | 《福建省主体功能区划》的规划类型 |
|---|---|---|---|
| 1 | 永泰县 | 福州市 | 重点生态功能区 |
| 2 | 明溪县 | 三明市 | 农产品主产区 |
| 3 | 清流县 | 三明市 | 农产品主产区 |
| 4 | 宁化县 | 三明市 | 农产品主产区 |
| 5 | 将乐县 | 三明市 | 农产品主产区 |
| 6 | 泰宁县 | 三明市 | 重点生态功能区 |
| 7 | 建宁县 | 三明市 | 农产品主产区 |
| 8 | 永春县 | 泉州市 | 重点生态功能区 |

| 序号 | 县域名称 | 所属地市 | 《福建省主体功能区划》的规划类型 |
|---|---|---|---|
| 9 | 华安县 | 漳州市 | 重点生态功能区 |
| 10 | 浦城县 | 南平市 | 农产品主产区 |
| 11 | 光泽县 | 南平市 | 农产品主产区 |
| 12 | 武夷山市 | 南平市 | 重点生态功能区 |
| 13 | 长汀县 | 龙岩市 | 农产品主产区 |
| 14 | 上杭县 | 龙岩市 | 农产品主产区 |
| 15 | 武平县 | 龙岩市 | 农产品主产区 |
| 16 | 连城县 | 龙岩市 | 农产品主产区 |
| 17 | 屏南县 | 宁德市 | 重点生态功能区 |
| 18 | 寿宁县 | 宁德市 | 重点生态功能区 |
| 19 | 周宁县 | 宁德市 | 重点生态功能区 |
| 20 | 柘荣县 | 宁德市 | 重点生态功能区 |

20 个县域分布在福建省福州（1）、三明（6）、泉州（1）、漳州（1）、南平（3）、龙岩（4）和宁德（4）共 7 个地市（专题表 2-4）。20 个县域总面积为 40 461.7km$^2$，占福建省土地面积的 33.3%，林地面积为 32 583.9km$^2$，占全省林地面积的 26.8%，草地面积为 196.6km$^2$，占全省草地面积的 30.6%，水域湿地面积为 438.5km$^2$，占全省湿地面积的 18.3%，耕地面积为 6122.9km$^2$，占全省耕地面积的 30.2%。绿色生态空间（林草水域）总面积为 33 219km$^2$，占全省生态空间面积的 35.3%。

2016 年 20 个县域 GDP 总量为 2553.65 亿元，占全省 GDP 总量的 8.95%；常住人口 428.47 万元人，占福建省的 11.06%，其中城镇人口 207.06 万元，占福建省的 8.40%，城镇化率为 48.3%。主要污染物中，化学需氧量（COD）排放量 38 526.7t，占福建省的 9.84%；氨氮排放量 5034.3t，占 9.45%；二氧化硫排放量 17 967.7t，占 9.49%；氮氧化物排放量 12 492.9t，占 4.77%。

# 三、评 估 结 果

## （一）总体评价结果

20 个县域的 ECI 值为 68.97～92.48，其中最低值为宁德周宁县，最高值为南平武夷山市，三明泰宁县 ECI 值排第二，为 86.76，第三为龙岩上杭县，为 79.48。

20 个县域中，ECI 值在 90 以上的有 1 个，为武夷山市；80 以上的有 1 个，为三明泰宁县（86.76）。70 以上的有 17 个，其中 70～71 的有 2 个，为三明宁化县、宁德寿宁县；71～72 的有 3 个，为龙岩武平县、漳州华安县和三明建宁县；72～73 的有 5 个，分别为南平光泽县、龙岩长汀县、南平浦城县、泉州永春县、宁德柘荣县；75～76 的有 4 个，分别为龙岩连城县、三明明溪县、福州永泰县和宁德屏南县；76～77 的有 1 个，为三明清流县；78～79 的有 1 个，为三明将乐县；79～80 的有 1 个，为龙岩上杭县（专题表 2-5，专题图 2-1）。

专题表 2-5　2016 年福建省典型县域生态文明建设水平评估结果

| 序号 | 县域名称 | 所属地市 | ECI 值 | ECI 值排序 |
|---|---|---|---|---|
| 1 | 永泰县 | 福州市 | 75.42 | 7 |
| 2 | 明溪县 | 三明市 | 75.26 | 8 |
| 3 | 清流县 | 三明市 | 76.14 | 5 |
| 4 | 宁化县 | 三明市 | 70.06 | 19 |
| 5 | 将乐县 | 三明市 | 78.40 | 4 |
| 6 | 泰宁县 | 三明市 | 86.76 | 2 |
| 7 | 建宁县 | 三明市 | 71.28 | 15 |
| 8 | 永春县 | 泉州市 | 72.80 | 11 |
| 9 | 华安县 | 漳州市 | 71.26 | 16 |
| 10 | 浦城县 | 南平市 | 72.55 | 12 |
| 11 | 光泽县 | 南平市 | 72.09 | 14 |
| 12 | 武夷山市 | 南平市 | 92.48 | 1 |
| 13 | 长汀县 | 龙岩市 | 72.32 | 13 |
| 14 | 上杭县 | 龙岩市 | 79.48 | 3 |
| 15 | 武平县 | 龙岩市 | 71.23 | 17 |
| 16 | 连城县 | 龙岩市 | 75.19 | 9 |
| 17 | 屏南县 | 宁德市 | 75.65 | 6 |
| 18 | 寿宁县 | 宁德市 | 70.41 | 18 |
| 19 | 周宁县 | 宁德市 | 68.97 | 20 |
| 20 | 柘荣县 | 宁德市 | 72.85 | 10 |

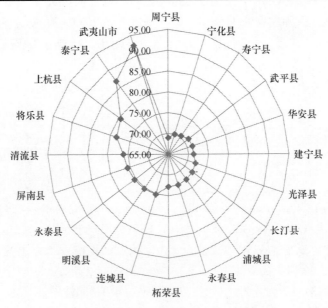

专题图 2-1　县域 ECI 值分布雷达图

　　由专题图 2-2 和专题表 2-6 可知 20 个县域的绿色环境数值总体较高，为 79.80～99.58，其中永春县最低，为 79.8，其次为寿宁县，为 88.80；明溪县最高，其次为将乐县，为 99.34，武夷山市位列第三，为 98.35。

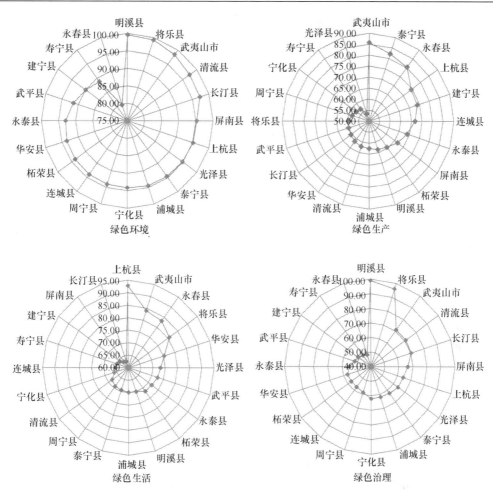

专题图 2-2　县域各分指数排序雷达图

**专题表 2-6　县域生态文明建设各分指数评价结果表**

| 地市 | 县名 | 县域代码 | 绿色环境 | 绿色生产 | 绿色生活 | 绿色治理 |
|---|---|---|---|---|---|---|
| 福州市 | 永泰县 | 350125 | 92.93 | 68.83 | 71.73 | 63.95 |
| 三明市 | 明溪县 | 350421 | 99.58 | 63.52 | 69.98 | 62.04 |
|  | 清流县 | 350423 | 97.44 | 62.06 | 68.17 | 71.02 |
|  | 宁化县 | 350424 | 94.14 | 57.39 | 65.93 | 57.13 |
|  | 将乐县 | 350428 | 99.34 | 59.55 | 80.71 | 70.25 |
|  | 泰宁县 | 350429 | 94.57 | 82.15 | 69.36 | 95.93 |
|  | 建宁县 | 350430 | 89.98 | 73.85 | 64.18 | 51.95 |
| 泉州市 | 永春县 | 350525 | 79.80 | 80.35 | 83.19 | 48.53 |
| 漳州市 | 华安县 | 350629 | 93.52 | 61.35 | 75.37 | 51.16 |
| 南平市 | 浦城县 | 350722 | 94.46 | 62.45 | 69.83 | 58.53 |
|  | 光泽县 | 350723 | 94.85 | 53.56 | 73.10 | 62.50 |
|  | 武夷山市 | 350782 | 98.35 | 85.73 | 83.98 | 99.00 |

续表

| 地市 | 县名 | 县域代码 | 绿色环境 | 绿色生产 | 绿色生活 | 绿色治理 |
|------|------|----------|----------|----------|----------|----------|
| 龙岩市 | 长汀县 | 350821 | 97.26 | 60.45 | 62.65 | 62.01 |
| | 上杭县 | 350823 | 95.17 | 74.52 | 92.78 | 54.99 |
| | 武平县 | 350824 | 91.46 | 59.99 | 72.50 | 57.19 |
| | 连城县 | 350825 | 93.93 | 71.63 | 65.18 | 64.25 |
| 宁德市 | 屏南县 | 350923 | 95.26 | 66.75 | 63.01 | 71.11 |
| | 寿宁县 | 350924 | 88.80 | 56.85 | 64.83 | 66.37 |
| | 周宁县 | 350925 | 94.04 | 58.25 | 69.13 | 49.49 |
| | 柘荣县 | 350926 | 93.74 | 64.52 | 71.57 | 57.13 |

绿色生产数值为53.56~85.73，其中光泽县最低，其次为寿宁县，为56.85，第三位为宁化县，为57.39。武夷山市最高，其次为泰宁县，为82.15，永春县排第三，为80.35。

绿色生活数值为62.65~92.78，其中长汀县最低，其次为屏南县，为63.01，建宁县排第三位，为64.18。最高为上杭县，其次为武夷山市，为83.98；第三位为永春县，为83.19。

绿色治理数值为48.53~99.00，其中永春县最低，其次为周宁县，为49.49，华安县排第三位，为51.16。最高为武夷山市，其次为泰宁县，为95.93，屏南县排第三位，为71.11。

## （二）县域评价结果

### 1. 福州永泰县

2016年，永泰县ECI值为75.42，在20个县域中排名第7位；4个一级指标中，绿色环境评价值为92.93，排名第16位，绿色生产评价值为68.83，排名第7位；绿色生活评价值为71.73，排名第8位；绿色治理评价值为63.95，排名第8位。

7个二级指标的评价值与其对应的平均值相比较，永泰县产业效率指数（62.20）明显高于20个县的平均水平（50.96）；生态质量指数（85.86）稍低于平均水平（91.16），环境质量指数、产业优化指数、城乡协调指数、污染治理指数、建设绩效指数基本处于平均水平（专题图2-3）。

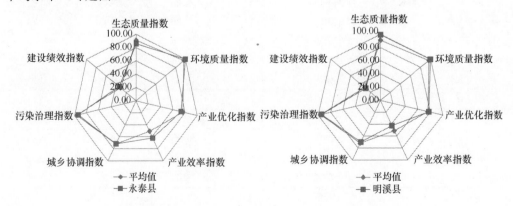

专题图2-3 永泰县、明溪县二级指标评价值雷达图

### 2. 三明明溪县

2016 年，明溪县 ECI 值为 75.26，在 20 个县域中排名第 8 位；4 个一级指标中，绿色环境评价值为 99.58，排名第 1 位，绿色生产评价值为 63.52，排名第 10 位；绿色生活评价值为 69.98，排名第 10 位；绿色治理评价值为 62.04，排名第 10 位。

7 个二级指标的评价值与其对应的平均值相比较，明溪县生态质量指数（99.43）、环境质量指数（99.72）均高于 20 个县的平均水平（91.16、96.71）；产业效率指数（42.27）明显低于平均水平（50.96），产业优化指数、城乡协调指数、污染治理指数、建设绩效指数基本处于平均水平（专题图 2-3）。

### 3. 三明清流县

2016 年，清流县 ECI 值为 76.14，在 20 个县域中排名第 5 位；4 个一级指标中，绿色环境评价值为 97.44，排名第 4 位，绿色生产评价值为 62.06，排名第 12 位；绿色生活评价值为 68.17，排名第 14 位；绿色治理评价值为 71.02，排名第 4 位。

7 个二级指标的评价值与其对应的平均值相比较，清流县建设绩效指数（42.68）显著高于 20 个县的平均水平（31.40）；产业效率指数（36.01）明显低于平均水平（50.96），生态质量指数、环境质量指数、产业优化指数、城乡协调指数、污染治理指数基本处于平均水平（专题图 2-4）。

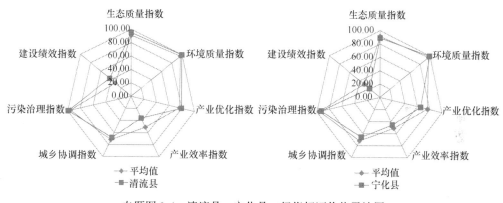

专题图 2-4 清流县、宁化县二级指标评价值雷达图

### 4. 三明宁化县

2016 年，宁化县 ECI 值为 70.06，在 20 个县域中排名第 19 位；4 个一级指标中，绿色环境评价值为 94.14，排名第 11 位，绿色生产评价值为 57.39，排名第 18 位；绿色生活评价值为 65.93，排名第 15 位；绿色治理评价值为 57.13，排名第 14 位。

7 个二级指标的评价值与其对应的平均值相比较，宁化县除环境质量指数（99.31）高于平均水平（96.71）外；其余 6 个指数均不同程度低于对应的平均值，其中产业优化指数（65.29）、建设绩效指数（21.02）明显低于各自的平均水平（76.34、31.40），产业效率指数、城乡协调指数、污染治理指数也都处于平均水平之下（专题图 2-4）。

### 5. 三明将乐县

2016 年，将乐县 ECI 值为 78.40，在 20 个县域中排名第 4 位；4 个一级指标中，绿色环境评价值为 99.34，排名第 2 位，绿色生产评价值为 59.55，排名第 16 位；绿色生活评价值为 80.71，排名第 4 位；绿色治理评价值为 70.25，排名第 5 位。

7 个二级指标的评价值与其对应的平均值相比较，将乐县除产业效率指数（26.91）明显低于平均水平（50.96）外；其余 6 个指数均不同程度高于对应的平均值，其中生态质量指数（100）、建设绩效指数（45.34）、城乡协调指数（80.71）明显高于各自的平均水平（91.16、31.40、71.86）（专题图 2-5）。

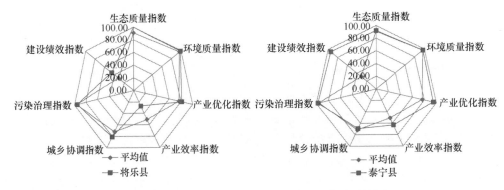

专题图 2-5　将乐县、泰宁县二级指标评价值雷达图

### 6. 三明泰宁县

2016 年，泰宁县 ECI 值为 86.76，在 20 个县域中排名第 2 位；4 个一级指标中，绿色环境评价值为 94.57，排名第 9 位，绿色生产评价值为 82.15，排名第 2 位；绿色生活评价值为 69.36，排名第 12 位；绿色治理评价值为 95.93，排名第 2 位。

7 个二级指标的评价值与其对应的平均值相比较，泰宁县除城乡协调指数（69.36）略低于平均水平（71.86）外；其余 6 个指数均不同程度高于对应的平均值，其中建设绩效指数（94.39）、产业优化指数（94.69）、产业效率指数（63.33）明显高于各自的平均水平（31.40、76.34、50.96）（专题图 2-5）。

### 7. 三明建宁县

2016 年，建宁县 ECI 值为 71.28，在 20 个县域中排名第 15 位；4 个一级指标中，绿色环境评价值为 89.98，排名第 18 位，绿色生产评价值为 73.85，排名第 5 位；绿色生活评价值为 64.18，排名第 18 位；绿色治理评价值为 51.95，排名第 17 位。

7 个二级指标的评价值与其对应的平均值相比较，建宁县环境质量指数（100）、产业优化指数（78.58）、产业效率指数（66.74）均高于各自的平均水平（96.71、76.34、50.96），其中产业效率指数显著高于平均水平。生态质量指数（79.96）、城乡协调指数（64.18）、污染治理指数（94.23）、建设绩效指数（9.67）均低于各自的平均水平（91.16、71.86、96.05、31.40）（专题图 2-6）。

### 8. 泉州永春县

2016 年，永春县 ECI 值为 72.80，在 20 个县域中排名第 11 位；4 个一级指标中，绿色环境评价值为 79.80，排名第 20 位，绿色生产评价值为 80.35，排名第 3 位；绿色

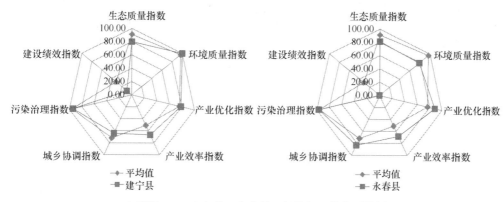

专题图 2-6　建宁县、永春县二级指标评价值雷达图

生活评价值为 83.19，排名第 3 位；绿色治理评价值为 48.53，排名第 20 位。

7 个二级指标的评价值与其对应的平均值相比较，永春县产业优化指数（88.42）、产业效率指数（68.25）、城乡协调指数（83.19）均高于各自的平均水平（76.34、50.96、71.86）。生态质量指数（81.10）、环境质量指数（78.50）、污染治理指数（96.65）、建设绩效指数（0.41）均低于各自的平均水平（91.16、96.71、96.05、31.40），其中建设绩效指数仅为 0.41，国土空间受到严格保护的面积比例非常低（专题图 2-6）。

### 9. 漳州华安县

2016 年，华安县 ECI 值为 71.26，在 20 个县域中排名第 16 位；4 个一级指标中，绿色环境评价值 93.52，排名第 15 位，绿色生产评价值为 61.35，排名第 13 位；绿色生活评价值为 75.37，排名第 5 位；绿色治理评价值为 51.16，排名第 18 位。

7 个二级指标的评价值与其对应的平均值相比较，华安县环境质量指数（99.31）、城乡协调指数（75.37）高于各自的平均水平（91.16、71.86）。生态质量等 5 个指数均低于各自的平均值，其中产业效率指数（41.10）、建设绩效指数（7.59）明显低于各自的平均值（50.96、31.41）（专题图 2-7）。

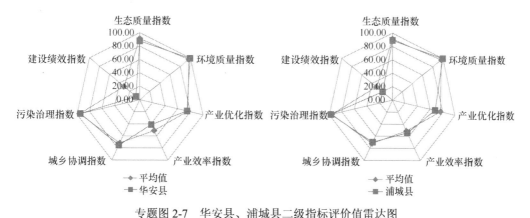

专题图 2-7　华安县、浦城县二级指标评价值雷达图

### 10. 南平浦城县

2016 年，浦城县 ECI 值为 72.55，在 20 个县域中排名第 12 位；4 个一级指标中，绿色环境评价值 94.46，排名第 10 位，绿色生产评价值为 62.45，排名第 11 位；绿色

生活评价值为 69.83，排名第 11 位；绿色治理评价值为 58.53，排名第 12 位。

7 个二级指标的评价值与其对应的平均值相比较，浦城县环境质量指数（99.72）、产业效率指数（54.27）、污染治理指数（97.42）高于各自的平均水平（96.71、50.96、96.05）。生态质量指数（89.20）、产业优化指数（67.90）、城乡协调指数（69.83）、建设绩效指数（19.64）等 4 个指数均低于各自的平均值（91.16、76.34、71.86、31.40），其中建设绩效指数明显低于平均值（专题图 2-7）。

### 11. 南平光泽县

2016 年，光泽县 ECI 值为 72.09，在 20 个县域中排名第 14 位；4 个一级指标中，绿色环境评价值为 94.85，排名第 8 位，绿色生产评价值为 53.56，排名第 20 位；绿色生活评价值为 73.10，排名第 6 位；绿色治理评价值为 62.50，排名第 9 位。

7 个二级指标的评价值与其对应的平均值相比较，光泽县环境质量指数（99.86）、城乡协调指数（73.10）、污染治理指数（97.95）高于各自的平均水平（96.71、71.86、96.05）。生态质量指数（89.85）、产业优化指数（65.52）、产业效率指数（35.62）、建设绩效指数（27.06）等 4 个指数均低于各自的平均值（91.16、76.34、50.96、31.40），其中产业优化指数和产业效率指数明显低于平均值（专题图 2-8）。

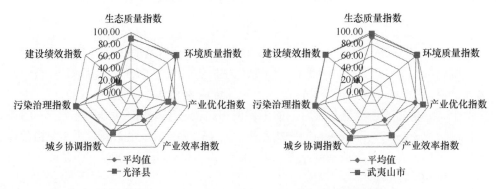

专题图 2-8 光泽县、武夷山市二级指标评价值雷达图

### 12. 南平武夷山市

2016 年，武夷山市 ECI 值为 92.48，在 20 个县域中排名第 1 位；4 个一级指标中，绿色环境评价值为 98.35，排名第 3 位，绿色生产评价值为 85.73，排名第 1 位；绿色生活评价值为 83.98，排名第 2 位；绿色治理评价值为 99，排名第 1 位。

武夷山市 ECI 值在 20 个县域中最高，排名第一位，7 个二级指标评价值均不同程度高于其对应的平均值，其中建设绩效指数（100）、产业优化指数（90.24）、产业效率指数（78.95）、城乡协调指数（83.98）显著高于各自的平均值，建设绩效指数在 20 个县域中最高，国土空间受到严格保护的面积比例最高（专题图 2-8）。

### 13. 龙岩长汀县

2016 年，长汀县 ECI 值为 72.32，在 20 个县域中排名第 13 位；4 个一级指标中，绿色环境评价值为 97.26，排名第 5 位，绿色生产评价值为 60.45，排名第 14 位；绿色生活评价值为 62.65，排名第 20 位；绿色治理评价值为 62.01，排名第 11 位。

7 个二级指标的评价值与其对应的平均值相比较，长汀县生态质量指数（94.93）、环境质量指数（99.58）、污染治理指数（96.95）均高于其对应的平均值（91.16、96.71、96.05）；产业优化指数（70.95）、产业效率指数（44.70）、城乡协调指数（62.65）和建设绩效指数（27.06）均低于对应的平均值（76.34、50.96、71.86、31.40）（专题图2-9）。

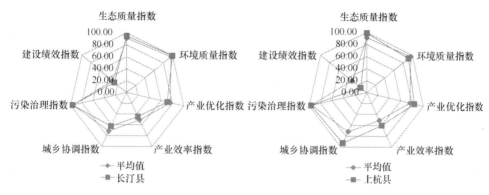

专题图 2-9　长汀县、上杭县二级指标评价值雷达图

### 14. 龙岩上杭县

2016 年，上杭县 ECI 值为 79.48，在 20 个县域中排名第 3 位；4 个一级指标中，绿色环境评价值为 95.17，排名第 7 位，绿色生产评价值为 74.52，排名第 4 位；绿色生活评价值为 92.78，排名第 1 位；绿色治理评价值为 54.99，排名第 16 位。

7 个二级指标的评价值与其对应的平均值相比较，上杭县生态质量指数（98.81）、产业优化指数（84.00）、产业效率指数（60.30）、城乡协调指数（92.78）、污染治理指数（96.84）均高于其对应的平均值（91.16、76.34、50.96、71.86、96.05），其中城乡协调指数、产业优化指数、产业效率指数的优势更明显。环境质量指数（91.53）和建设绩效指数（13.13）均低于对应的平均值（96.71、31.40）（专题图2-9）。

### 15. 龙岩武平县

2016 年，武平县 ECI 值为 71.23，在 20 个县域中排名第 17 位；4 个一级指标中，绿色环境评价值为 91.46，排名第 17 位，绿色生产评价值为 59.99，排名第 15 位；绿色生活评价值为 72.50，排名第 7 位；绿色治理评价值为 57.19，排名第 13 位。

7 个二级指标的评价值与其对应的平均值相比较，武平县生态质量指数（97.34）、产业优化指数（80.24）、城乡协调指数（72.50）、污染治理指数（96.75）均高于其对应的平均值（91.16、76.34、71.86、96.05）。环境质量指数（85.58）、产业效率指数（29.61）和建设绩效指数（17.63）均低于对应的平均值（96.71、50.96、31.40），其中产业效率指数和建设绩效指数明显低于平均值（专题图2-10）。

### 16. 龙岩连城县

2016 年，连城县 ECI 值为 75.19，在 20 个县域中排名第 9 位；4 个一级指标中，绿色环境评价值为 93.93，排名第 13 位，绿色生产评价值为 71.63，排名第 6 位；绿色生活评价值为 65.18，排名第 16 位；绿色治理评价值为 64.25，排名第 7 位。

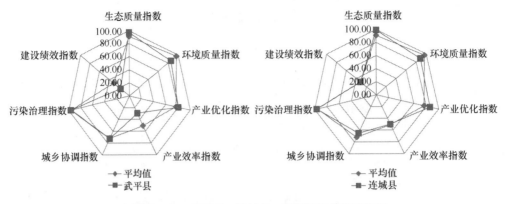

专题图 2-10　武平县、连城县二级指标评价值雷达图

　　7 个二级指标的评价值与其对应的平均值相比较，连城县生态质量指数（99.38）、产业优化指数（85.97）、污染治理指数（96.87）、建设绩效指数（31.63）均高于其对应的平均值（91.16、76.34、96.05、31.40）。环境质量指数（88.48）、产业效率指数（50.12）、城乡协调指数（65.18）均低于对应的平均值（96.71、50.96、71.86）（专题图 2-10）。

### 17. 宁德屏南县

　　2016 年，屏南县 ECI 值为 75.65，在 20 个县域中排名第 6 位；4 个一级指标中，绿色环境评价值为 95.26，排名第 6 位，绿色生产评价值为 66.75，排名第 8 位；绿色生活评价值为 63.01，排名第 19 位；绿色治理评价值为 71.11，排名第 3 位。

　　7 个二级指标的评价值与其对应的平均值相比较，屏南县环境质量指数（99.59）、产业效率指数（56.68）、污染治理指数（98.27）、建设绩效指数（43.94）均高于其对应的平均值（96.71、50.96、96.05、31.40）。生态质量指数（90.94）、产业优化指数（73.46）、城乡协调指数（63.01）均低于对应的平均值（91.16、76.34、71.86）（专题图 2-11）。

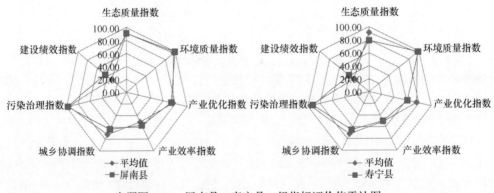

专题图 2-11　屏南县、寿宁县二级指标评价值雷达图

### 18. 宁德寿宁县

　　2016 年，寿宁县 ECI 值为 70.41，在 20 个县域中排名第 18 位；4 个一级指标中，绿色环境评价值为 88.80，排名第 19 位，绿色生产评价值为 56.85，排名第 19 位；绿色生活评价值为 64.83，排名第 17 位；绿色治理评价值为 66.37，排名第 6 位。

7 个二级指标的评价值与其对应的平均值相比较，寿宁县环境质量指数（98.48）、建设绩效指数（40.82）均高于其对应的平均值（96.71、31.40）。生态质量指数（79.13）、产业优化指数（61.38）、产业效率指数（50.04）、城乡协调指数（64.83）和污染治理指数（91.91）均低于对应的平均值（91.16、76.34、50.96、71.86、96.05），其中生态质量指数、产业优化指数、城乡协调指数显著低于平均水平（专题图 2-11）。

### 19. 宁德周宁县

2016 年，周宁县 ECI 值为 68.97，在 20 个县域中排最后一位；4 个一级指标中，绿色环境评价值为 94.04，排名第 12 位，绿色生产评价值为 58.25，排名第 17 位；绿色生活评价值为 69.13，排名第 13 位；绿色治理评价值为 49.49，排名第 19 位。

7 个二级指标中，只有环境质量指数（99.72）高于其对应的平均值（96.71）。其余 6 个指标均低于其对应的平均值，其中建设绩效指数（4.93）和产业优化指数（63.49）显著低于其对应的平均值（31.40、76.34）（专题图 2-12）。

### 20. 宁德柘荣县

2016 年，柘荣县 ECI 值为 72.85，在 20 个县域中排名第 10 位；4 个一级指标中，绿色环境评价值为 93.74，排名第 14 位，绿色生产评价值为 64.52，排名第 9 位；绿色生活评价值为 71.57，排名第 9 位；绿色治理评价值为 57.13，排名第 15 位(专题表 2-7)。

专题表 2-7　福建省典型县域生态文明建设二级指标评价值

| 地市 | 县域 | 代码 | 绿色环境 | | 绿色生产 | | 绿色生活 | 绿色治理 | |
|------|------|------|--------|--------|--------|--------|--------|--------|--------|
| | | | 生态质量指数 | 环境质量指数 | 产业优化指数 | 产业效率指数 | 城乡协调指数 | 污染治理指数 | 建设绩效指数 |
| 福州市 | 永泰县 | 350125 | 85.86 | 100.00 | 73.26 | 62.20 | 71.73 | 93.79 | 34.10 |
| 三明市 | 明溪县 | 350421 | 99.43 | 99.72 | 77.69 | 42.27 | 69.98 | 94.68 | 29.41 |
| | 清流县 | 350423 | 95.17 | 99.72 | 79.44 | 36.01 | 68.17 | 99.35 | 42.68 |
| | 宁化县 | 350424 | 88.98 | 99.31 | 65.29 | 45.55 | 65.93 | 93.25 | 21.02 |
| | 将乐县 | 350428 | 100.00 | 98.69 | 81.31 | 26.91 | 80.71 | 95.16 | 45.34 |
| | 泰宁县 | 350429 | 92.12 | 97.01 | 94.69 | 63.33 | 69.36 | 97.47 | 94.39 |
| | 建宁县 | 350430 | 79.96 | 100.00 | 78.58 | 66.74 | 64.18 | 94.23 | 9.67 |
| 泉州市 | 永春县 | 350525 | 81.10 | 78.50 | 88.42 | 68.25 | 83.19 | 96.65 | 0.41 |
| 漳州市 | 华安县 | 350629 | 87.72 | 99.31 | 74.85 | 41.10 | 75.37 | 94.73 | 7.59 |
| 南平市 | 浦城县 | 350722 | 89.20 | 99.72 | 67.90 | 54.27 | 69.83 | 97.42 | 19.64 |
| | 光泽县 | 350723 | 89.85 | 99.86 | 65.52 | 35.62 | 73.10 | 97.95 | 27.06 |
| | 武夷山市 | 350782 | 97.12 | 99.59 | 90.24 | 78.95 | 83.98 | 98.00 | 100.00 |
| 龙岩市 | 长汀县 | 350821 | 94.93 | 99.58 | 70.95 | 44.70 | 62.65 | 96.95 | 27.06 |
| | 上杭县 | 350823 | 98.81 | 91.53 | 84.00 | 60.30 | 92.78 | 96.84 | 13.13 |
| | 武平县 | 350824 | 97.34 | 85.58 | 80.24 | 29.61 | 72.50 | 96.75 | 17.63 |
| | 连城县 | 350825 | 99.38 | 88.48 | 85.97 | 50.12 | 65.18 | 96.87 | 31.63 |
| 宁德市 | 屏南县 | 350923 | 90.94 | 99.59 | 73.46 | 56.68 | 63.01 | 98.27 | 43.94 |
| | 寿宁县 | 350924 | 79.13 | 98.48 | 61.38 | 50.04 | 64.83 | 91.91 | 40.82 |
| | 周宁县 | 350925 | 88.35 | 99.72 | 63.49 | 50.38 | 69.13 | 94.05 | 4.93 |
| | 柘荣县 | 350926 | 87.76 | 99.73 | 70.03 | 56.25 | 71.57 | 96.63 | 17.63 |

　　7 个二级指标的评价值与其对应的平均值相比较，柘荣县环境质量指数（99.73）、产业效率指数（56.25）、污染治理指数（96.63）均高于其对应的平均值（96.71、50.96、96.05）。生态质量指数（87.76）、产业优化指数（70.03）、城乡协调指数（71.57）、建设绩效指数（17.63）均低于对应的平均值（91.16、76.34、71.86、31.40）（专题图 2-12）。

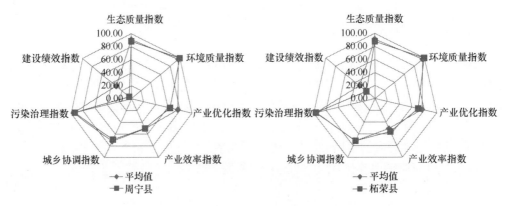

专题图 2-12　周宁县、柘荣县二级指标评价值雷达图

# 东部典型地区农林产业绿色发展优化与战略研究

党的十九大提出实施乡村振兴战略，要坚持农业农村优先发展，按照产业兴旺、生态宜居、乡风文明、治理有效、生活富裕的总要求，建立健全城乡融合发展体制机制和政策体系，加快推进农业农村现代化。习近平总书记强调，绿水青山就是金山银山，要坚持节约资源和保护环境的基本国策，形成绿色发展方式和生活方式。2017 年中央"一号文件"提出，必须顺应新形势新要求，坚持问题导向，调整工作重心，深入推进农业供给侧结构性改革，推行绿色生产方式，增强农业可持续发展能力。2017 年 7 月 19 日召开的中央全面深化改革领导小组第三十七次会议中，审议通过了《关于创新体制机制推进农业绿色发展的意见》。会议指出，推进农业绿色发展是农业发展观的一场深刻革命，也是农业供给侧结构性改革的主攻方向。要正确处理农业绿色发展和生态环境保护、粮食安全、农民增收的关系，创新有利于增加绿色优质农产品供给、降低资源环境利用强度、促进农民就业增收的体制机制，形成同环境资源承载能力相匹配、生产生活生态相协调的农业发展格局，实现农业可持续发展。

东部地区经济发展较快，农业农村经济基础较好，但耕地资源稀缺、水资源环境污染等问题仍然存在，如何在保持经济发展的同时实现资源环境可持续利用、促进农业农村绿色发展是值得深入探讨的问题。为此，本专题在分析东部典型地区（福建、浙江）农业生态资源的基础上，探讨东部典型地区农林产业发展现状与模式，剖析当前农业绿色发展面临的机遇和挑战，提出东部典型地区农林产业绿色发展的路径选择，最后提出需要推进的重大工程措施，为东部典型地区生态文明建设与农业绿色发展提供参考。

2016 年，福建省成为第一批国家生态文明试验区，中共福建省委九届十五次全会强调，坚持绿色、实现低碳生态，加快特色现代农业发展，寻求转变农业发展方式新突破。推进福建高效生态农业发展，是转变农业发展方式、推进农业产业转型升级的必然选择，是保护资源生态环境、实现农业绿色发展的客观要求。2017 年底，浙江省成为第一批国家农业可持续发展试验示范区暨农业绿色发展试点先行区，也是目前全国唯一以整省推进方式实施的省份。自先行先试以来，浙江省先后印发了《浙江省农业绿色发展试点先行区三年行动计划（2018—2020 年）》等，提出了一系列农业绿色发展的措施，并取得了显著成效。十多年前，"绿水青山就是金山银山"的科学论断在这里萌芽。十多年来，浙江全省上下始终坚持该发展理念，坚定高效生态的现代农业发展方向不动摇，致力打通"绿水青山就是金山银山"的农业绿色发展通道，形成了率先实现农业绿色可持续发展的现实基础。

# 一、东部典型地区农林生态资源状况

## （一）福建省农林生态资源状况

### 1. 总体情况

福建省全省山地和丘陵面积有 1000 万 $hm^2$ 左右，约占土地总面积的 80%，海拔一般较低，1000m 以上的仅占 3%，500～1000m 的占 33%，500m 以下的占 64%，便于开发利用。山地和丘陵的林业基础较好，现有林面积 6744.5 万亩，加上疏林地、灌木林地和未成林的造林地等共 8410 万亩，人均 3.3 亩，活立木蓄积量为 4.3 亿 $m^3$，人均 17.1$m^3$，都高于全国平均水平。林区松香、香菇、笋干等林副产品也十分丰富；现有的茶、果等多年生作物，绝大部分也分布于山地和丘陵。

全省现有省级以上生态公益林 286.2 万 $hm^2$（4293 万亩），占全省林地面积的 30.9%；林业自然保护区 89 处（其中：国家级 15 处、省级 21 处，市县级 53 处）、保护小区3300 多处，保护面积 1260 万亩，占陆域面积的 6.8%；森林公园 177 个（其中：国家级森林公园 30 个、省级 127 个）；创建国家森林城市 4 个、省级森林城市（县城）34 个。全省生态环境质量评比连续多年居全国前列，是全国生态环境、空气质量均为优的省份。

近年来，福建省的水资源总量在逐年下降，从 2010 年的 1652.7 亿 $m^3$ 降到 2015 年的 1325.9$m^3$，人均水资源量从 2010 年的 4491.7$m^3$/人降到 2015 年的 3468.7$m^3$/人。森林、草地资源基本保持不变，2015 年森林面积达 801.3 万 $hm^2$，森林覆盖率为 66.0%，草地面积达 204.8 万 $hm^2$。耕地面积逐年下降，从 2010 年的 133.83 万 $hm^2$ 降到 2015 年的 133.63 万 $hm^2$。果园、茶园面积逐年增加，果园面积从 2010 年的 53.62 万 $hm^2$ 增加到 2015 年的 54.57 万 $hm^2$，茶园面积从 2010 年的 20.12 万 $hm^2$ 增加到 2015 年的 25.01 万 $hm^2$（专题表 3-1）。

**专题表 3-1  2010～2015 年福建省农业资源数量变化**

| 项目 | 2010 年 | 2011 年 | 2012 年 | 2013 年 | 2014 年 | 2015 年 |
|---|---|---|---|---|---|---|
| 水资源总量（亿 $m^3$） | 1652.7 | 774.9 | 1511.4 | 1151.9 | 1219.6 | 1325.9 |
| 地表水资源量（亿 $m^3$） | 1651.5 | 773.5 | 1510.1 | 1150.7 | 1218.4 | 1324.7 |
| 人均水资源量（$m^3$/人） | 4491.7 | 2090.5 | 4047.8 | 3062.8 | 3218.0 | 3468.7 |
| 森林面积（万 $hm^2$） | 801.3 | 801.3 | 801.3 | 801.3 | 801.3 | 801.3 |
| 人工林面积（万 $hm^2$） | 377.7 | 377.7 | 377.7 | 377.7 | 377.7 | 377.7 |
| 森林覆盖率（%） | 66.0 | 66.0 | 66.0 | 66.0 | 66.0 | 66.0 |
| 草地面积（万 $hm^2$） | 204.8 | 204.8 | 204.8 | 204.8 | 204.8 | 204.8 |
| 耕地面积（万 $hm^2$） | 133.83 | 133.79 | 133.84 | 133.87 | 133.64 | 133.63 |
| 果园面积（万 $hm^2$） | 53.62 | 53.12 | 53.49 | 53.92 | 53.92 | 54.57 |
| 茶园面积（万 $hm^2$） | 20.12 | 21.13 | 22.15 | 23.23 | 24.29 | 25.01 |

数据来源：福建省历年统计年鉴

### 2. 水资源和水环境质量状况

全省水环境质量总体保持良好水平。主要河流水质总体保持优，集中式生活饮用水水源地和主要湖泊水库水质有所改善，近岸海域海水水质较好。2015 年，全省水资源总量为 1325.9 亿 $m^3$，平均降水量为 1992.9mm，折合水量为 2468.1 亿 $m^3$，比上年偏多 16.9%。通过对全省 630 个断面的水质监测，采用国家《地表水环境质量标准》（GB 3838—2002）进行评价，在 11 298.4km 评价河长中，水质符合和优于Ⅲ类水的河长为 9021.7km，占评价河长的 79.8%。污染（Ⅳ类、Ⅴ类和劣Ⅴ类）河长为 2276.7km，占 20.2%。

### 3. 空气质量状况

全省城市环境空气质量以优良为主。2015 年，全省月平均 $PM_{2.5}$ 浓度为 28.87$\mu g/m^3$，其中，龙岩市 $PM_{2.5}$ 浓度最低，漳州市 $PM_{2.5}$ 浓度最高，莆田市和漳州市 $PM_{2.5}$ 浓度满足国家二级标准，各市空气质量状况见专题表 3-2。

**专题表 3-2　2015 年福建省各市空气质量状况**

| 设区市 | $PM_{2.5}$（$\mu g/m^3$） | 设区市 | $PM_{2.5}$（$\mu g/m^3$） |
|---|---|---|---|
| 福州市 | 28.67 | 南平市 | 26.58 |
| 泉州市 | 26.92 | 三明市 | 29.25 |
| 莆田市 | 30.33 | 龙岩市 | 26.25 |
| 漳州市 | 33.58 | 厦门市 | 29.67 |
| 宁德市 | 28.58 | | |

数据来源：《2015 福建省环境状况公报》

### 4. 耕地质量状况

2015 年，全省耕地质量等别面积为 133.81 万 $hm^2$。基本农田保护面积为 107.30 万 $hm^2$，保护率为 80.2%。全省完成水土流失综合治理面积 238.3 万亩，超出年度下达任务 200 万亩的 19.2%。国家自然等主要分布在 5～8 等地，占 85.7%；国家利用等主要分布在 6～10 等地，占 85.57%；国家经济等主要分布在 6～10 等地，占 82.4%。国家自然等与国家利用等、国家经济等之间差别较大，国家利用等、国家经济等之间相差较小。总体上，耕地质量处在高等、中等地水平（专题图 3-1）。

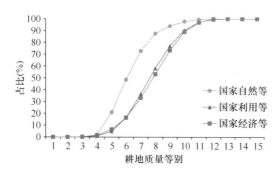

专题图 3-1　2015 年福建省耕地质量等别面积累计曲线
数据来源：《2015 福建省国土资源年报》

### （二）浙江省农林生态资源状况

#### 1. 总体情况

浙江是我国农、林、牧、渔各业全面发展的综合性农区，历史上孕育了以河姆渡文化、良渚文化为代表的农业文化。一直以来，历届省委、省政府都高度重视农业发展，积极推进农业农村改革，深入实施统筹城乡发展方略，农业农村经济呈现了持续快速发展态势。浙江农业自然资源丰富，2017 年全省耕地面积为 198.15 万 $hm^2$，林地面积为 660.95 万 $hm^2$，森林覆盖率达 59.71%（专题表 3-3）。2017 年，实现农业增加值 2056 亿元，比上年增长 2.9%，增速为 6 年来最快。

**专题表 3-3　浙江省农业资源数量变化**

| 项目 | 2013 年 | 2014 年 | 2015 年 | 2016 年 | 2017 年 |
| --- | --- | --- | --- | --- | --- |
| 水资源总量（亿 $m^3$） | 930.90 | 1130.69 | 1405.11 | 1323.75 | 895.35 |
| 地表水资源量（亿 $m^3$） | 916.86 | 1116.79 | 1388.42 | 1307.20 | 881.95 |
| 人均水资源量（$m^3$/人） | 1693.1 | 2052.8 | 2536.77 | 2368.07 | 1582.7 |
| 农用地面积（万 $hm^2$） | 864.21 | 862.43 | 861.20 | 860.51 | 859.52 |
| 林地面积（万 $hm^2$） | 660.31 | 659.77 | 660.49 | 660.00 | 660.95 |
| 森林面积（万 $hm^2$） | 604.78 | 604.99 | 605.68 | 605.91 | 607.82 |
| 森林覆盖率（%） | 60.89 | 59.43 | 60.96 | 59.52 | 59.71 |
| 耕地面积（万 $hm^2$） | 197.85 | 197.66 | 197.78 | 198.02 | 198.15 |

浙江拥有多宜性的气候环境、多样性的生物种类，粮油、畜禽、渔业、蔬菜、茶叶、果品、食用菌、花卉等产业稳步发展，茶叶、蚕桑、蜂、食用菌等特色产业在全国占有较大份额。2017 年，全省农副产品出口额为 99.20 亿美元，居全国第四。茶叶、蜂王浆、蚕丝等产品出口量居全国第一。2017 年单季稻百亩示范方亩产突破千公斤，早稻单产多年位居全国第一。

全省现有农民专业合作社 48 783 家、工商登记的家庭农场 35 075 个、农业龙头企业 6070 个。2017 年全省第一产业固定资产投资达 264.9 亿元；土地流转面积为 1050 万亩，占承包耕地面积的 55.4%。建成单个产值 10 亿元以上的示范性农业全产业链 55 个，农产品电商销售额突破 500 亿元，建成休闲农业园区 4598 个，产值 352.7 亿元。

2017 年我省农村常住居民人均可支配收入为 24 956 元，比上年增长 9.1%，连续 33 年位居全国第一位。全省界定村股份经济合作社股东 3470 万个，量化资产 1282 亿元，集体经济总收入近三年（2015 年、2016 年、2017 年）年均增长 7.6%。通过实施消除集体经济薄弱村三年行动计划，全省农村集体经济收入 423.5 亿元，同比增加 10.4%，其中 5053 个村年收入达到 10 万元以上。

#### 2. 水资源和水环境质量状况

《2017 浙江省环境状况公报》数据显示：全省水资源总量为 895.35 亿 $m^3$，人均水资源量为 1582.7$m^3$ 人（专题表 3-3）。水资源和大气环境质量持续改善，生态系统格局总体稳定，人民日益增长的优美生态环境需要得到积极回应。

全省水环境持续向好，实现"三上升"：水质达到或优于地表水环境质量Ⅲ类标准的省控断面占 82.4%，比上年增加 5 个百分点；全省 145 个跨行政区域河流交接断面中，达到或优于Ⅲ类水质的断面占 90.3%，比上年增加 3.4 个百分点；全省县级以上城市集中式饮用水水源地 92 个，达标率为 93.4%，比上年增加 2.3 个百分点。

2017 年初，浙江将"全面消除劣Ⅴ类水质断面"列入十方面的民生实事。这一目标已如期实现。通过实施劣Ⅴ类水剿灭行动，浙江省列入整治计划的 58 个县控以上劣Ⅴ类水质断面和 16 455 个劣Ⅴ类小微水体完成销号，劣Ⅴ类断面全面消除，劣Ⅴ类小微水体基本消除，提前 3 年完成国家《水污染防治行动计划》下达的消劣任务。

以剿灭劣Ⅴ类水行动为牵引，水岸共治、截污纳管、陆海统筹等全领域治水齐头并进。我省已完成 77 276 个入河排污口整治、303 个入海排污口整治、636 家涉水企业整治和 40 个工业集聚区"污水零直排"治理；所有城镇污水处理厂达到一级 A 排放标准；建立跨市上下游水环境共保协调机制；列入《水污染防治行动计划》考核的 103 个断面均达到年度水质考核要求，5 条入海河流水质消除劣Ⅴ类。

### 3. 空气质量状况

2017 年是国家实施《大气污染防治行动计划》的收官之年，浙江大气环境实现了"双下降"：11 个设区市 $PM_{2.5}$ 年均浓度平均为 $39\mu g/m^3$，比上年下降 4.9%；69 个县级以上城市 $PM_{2.5}$ 年均浓度平均为 $35\mu g/m^3$，比上年下降 5.4%。

这一年，全省城市空气质量总体好于上年。县级以上城市空气质量指数（AQI）优良天数比例平均为 90.0%，11 个设区市 AQI 优良天数比例平均为 82.7%。舟山、台州和丽水三地频频上榜全国空气质量"十佳"，35 个县级以上城市空气质量达到国家二级标准。

2017 年，全省平均雾霾日数为 34 天，比上年减少两天。通过深化治气，我省完成高污染燃料锅炉清洁能源替代及淘汰燃煤锅炉 8686 台；完成 8 台 409 万 kW 大型煤电机组和 178 台燃煤热电锅炉超低排放改造，全省大型煤电机组全部完成改造；完成钢铁、水泥、玻璃等重点行业清洁排放改造项目 110 余个；完成石化、化工、印染、涂装、印刷等重点行业挥发性有机化合物（VOC）治理项目 800 余个，VOC 减排量超 5 万 t；淘汰老旧车 9.3 万辆，港口船舶岸电建设加快推进，城乡烟尘污染控制不断加强。

### 4. 耕地质量状况

最新发布的《2017 年浙江耕地质量监测报告》显示，浙江省耕地肥力状况总体趋好。耕地肥力稳中有升。全省 257 个长期定位监测点的监测结果显示，全省耕地耕层土壤中有机质、全氮、有效磷含量分别为 31.9g/kg、1.7g/kg、43.9mg/kg，均处于较高水平，速效钾平均含量为 97.4mg/kg，处于中等水平。其中，水田土壤有机质较旱地更为丰富，旱地土壤有效磷、速效钾等速效养分含量比水田高。近 10 年，浙江省耕地地力总体变化平稳，部分土壤肥力指标有所提升，土壤肥力稳中向好。其中，水田土壤的有机质含量由 2008 年的 30.2g/kg 上升至 2017 年的 32.6g/kg，增加了 7.9%；旱地由 24.98g/kg 上升至 27.9g/kg，增幅为 11.7%；有效磷和速效钾等速效养分指标也有显著提高。

# 二、东部典型地区农林产业发展现状

## （一）福建省农林产业发展状况

近年来，全省扎实推进农业供给侧结构性改革，加快发展特色现代农业，深入实施精准扶贫、精准脱贫方略，持续深化农村改革创新，较好完成各项目标任务。全省实现农林牧渔业增加值增长 3.5%，农民人均可支配收入增长 8.2%，粮食等主要农产品实现增产增效，农业农村经济保持稳中向好态势（专题表 3-4，专题表 3-5）。

专题表 3-4　近年来福建省农产品产量　（单位：万 t）

| 年份 | 粮食 | 油料 | 蔬菜 | 园林水果 | 茶叶 | 肉产品 | 水产品 |
|---|---|---|---|---|---|---|---|
| 2010 | 584.65 | 22.08 | 1278.82 | 495.03 | 25.83 | 192.61 | 587.42 |
| 2011 | 576.13 | 21.72 | 1276.20 | 514.22 | 27.67 | 199.06 | 603.78 |
| 2012 | 547.33 | 21.18 | 1264.56 | 540.83 | 29.60 | 223.10 | 628.61 |
| 2013 | 534.68 | 20.75 | 1254.22 | 557.68 | 31.57 | 238.62 | 658.76 |
| 2014 | 520.43 | 20.49 | 1254.65 | 481.35 | 33.40 | 247.56 | 695.98 |
| 2015 | 500.05 | 20.10 | 1274.50 | 554.30 | 35.63 | 258.94 | 733.89 |
| 2016 | 477.28 | 19.41 | 1256.78 | 548.51 | 37.29 | 279.97 | 711.33 |
| 2017 | 487.15 | 19.55 | 1292.18 | 601.14 | 39.49 | 264.91 | 744.57 |

专题表 3-5　近年来福建省农林牧渔产值　（单位：亿元）

| 年份 | 农业 | 林业 | 牧业 | 渔业 |
|---|---|---|---|---|
| 2010 | 899.39 | 190.13 | 414.49 | 640.19 |
| 2011 | 1025.03 | 239.00 | 527.12 | 733.83 |
| 2012 | 1119.42 | 258.06 | 533.56 | 836.57 |
| 2013 | 1196.59 | 296.02 | 558.67 | 902.18 |
| 2014 | 1307.63 | 326.31 | 574.60 | 926.08 |
| 2015 | 1358.58 | 317.70 | 633.83 | 967.02 |
| 2016 | 1474.49 | 318.28 | 768.11 | 1091.29 |
| 2017 | 1527.00 | 327.73 | 750.49 | 1202.05 |

一是粮食综合生产能力得到新提升。层层落实粮食生产责任制，建设高标准农田 170 万亩，改造抛荒山垄田 20 万亩，累计建成粮食生产功能区 202 万亩。在粮食主产县整建制推进绿色高产高效创建，推广增产增效关键技术 3000 万亩（次）以上，粮食耕种收综合机械化水平提高到 61%。推广优质稻 562 万亩，扩大专用甘薯、马铃薯品种种植覆盖面，粮食品种结构进一步优化，粮食播种面积和总产保持稳定。

二是特色现代农业建设迈上新台阶。扎实推进农业供给侧结构性改革，培育壮大茶叶、水果、蔬菜、食用菌、畜禽等特色产业，福建百香果、富硒农业成为特色现代农业新亮点，七大优势特色产业全产业链总产值超过 1.1 万亿元，其中蔬菜、水果、畜禽等产业全产业链产值均跨越千亿元大关。创建武夷岩茶国家级农产品优势区、安溪国家级现代农业产业园，组织创建省级以上现代农业产业园 59 个，全省实施现代农业重点项目 761 个，新增投资超过 120 亿元，特色产业向适宜区域集聚发展的态势进一步形成。

品牌农业加快发展，初选 10 个福建区域公用品牌、26 个福建名牌农产品，安溪铁观音、武夷岩茶荣获中国十大茶叶区域公用品牌，福建百香果等 6 个农产品获第十五届中国国际农交会金奖，永春芦柑等 4 个农产品被评为中国百强农产品区域公用品牌，支持一批重点龙头企业加强品牌宣传推介，组织拍摄并播放特色产业电视专题片，"清新福建•绿色农业"品牌效应初步形成。特色林业改善生态与民生，至 2015 年末，全省花卉苗木基地面积达 110 万亩、丰产竹林基地面积达 600 万亩、丰产油茶基地面积达 125 万亩、林下经济种植基地面积达 750 万亩，"森林人家"品牌被国家林业局（现称自然资源部）在全国推广应用。促进产业转型升级，引导产业集聚，培育五大集群和龙头企业，有效带动和促进农民就业增收。深入实施农产品质量安全"1213"行动计划，新建标准化规模生产基地 3163 个，"三品一标"农产品达 3724 个，农业部（现称农业农村部）对我省主要农产品质量抽检的总体合格率达 98.6%，居全国前列。数字农业稳步发展，启动建设 14 个现代农业智慧园和 180 个物联网应用示范基地。大力发展农业产业化经营，规模以上农产品加工企业发展到 4428 家，农产品加工转化率提高到 68%，成立了福建百香果、葡萄、蜜柚等产销联盟，农村电商、休闲农业等新产业新业态加快发展。

三是农业绿色发展获得新成效。生态农业建设扎实推进，初步建立了农产品产地长期定位监测制度，加强农业面源污染防治，生猪养殖场的关闭拆除和规模养殖场标准化改造全面完成，基本实现达标排放。开展化肥、农药使用量零增长减量化行动，推广农业绿色高产高效示范，整县推进有机肥替代化肥试点工作，2017 年化肥、农药使用量均比 2016 年减少 5% 以上。加快转变农业发展方式，积极推广生态循环模式，漳州、南平被确定为国家级农业可持续发展试验区。强化重大动植物疫病防控和动物卫生监督执法，推进饲料、兽药、屠宰、病死猪无害化处理等全程监管，全省未发生区域性重大动植物疫情。农业安全生产进一步加强，"平安农机"创建工作获得农业部和国家安监总局（现称应急管理部）表彰。

四是农业对外合作取得新进展。组织重点企业参加国际展会，持续推进"闽茶海丝行"等推介活动，农业"走出去"步伐加快，一批重大农业项目在"一带一路"沿线国家和地区落地建设；农产品国际市场不断开拓，农产品市场多元化特征更加明显，预计 2017 年农产品出口额超过 91 亿美元，居全国第三位。持续深化闽台农业合作，国家级台创园建设水平不断提高，漳平、漳浦等 5 个台创园包揽全国前五名；闽台农业合作推广成效日益显现，福建百香果、莲雾等新产业加快发展；闽台农业交流力度不断加大、领域持续拓展，"海峡论坛"农业专场活动成功举办，农业利用台资规模继续保持全国第一。

五是脱贫攻坚取得新成就。全面推进精准扶贫、精准脱贫，2017 年脱贫 20 万人，造福工程易地扶贫搬迁 10 万人任务圆满完成。贫困人口动态管理制度不断完善，对象识别更加精准。建立《扶贫手册》《挂钩帮扶工作手册》制度，"一户一策""一户一挂钩"帮扶要求得到更加落实。产业扶贫政策不断强化，扶贫小额信贷覆盖面达 39.2%，"雨露计划"培训贫困户 6.9 万人次，贫困户发展产业到户奖补政策实现全覆盖。扶贫机制持续创新，精准扶贫医疗叠加保险政策启动实施，资产收益扶贫试点工作有序展开。福建省"构建综合脱贫体系、精准理念贯穿全程"的精准扶贫做法，得到李克强总理的重要批示。

六是农村改革有了新突破。制定出台福建省农村承包地"三权分置"、农村集体产权制度改革、农垦改革发展、新型农业经营主体培育等重大改革的实施意见，基本确立我省农村改革总体框架。农村土地确权登记颁证工作基本完成，农村集体产权制度改革全面启动，农垦改革重点任务加快推进。加快培育家庭农场、农民合作社、农业龙头企业等各类新型经营主体，总数超过 6 万家，累计培育新型职业农民超过 40 万名。积极推进改革试点工作，打造农村改革福建模式，多项改革成果被中央文件采纳，"强化小农生产扶持政策、创新小农生产发展体制机制"的做法，得到习近平总书记、李克强总理等中央领导的重要批示。

## （二）浙江省农林产业发展状况

近年来，浙江以农业供给侧结构性改革为主线，实施乡村振兴战略，围绕建设高效生态农业强省、特色精品农业大省的目标，着力打造高效、美丽、生态、可持续发展的现代农业经济。2017 年，全年粮食总产量为 768.6 万 t，比上年增长 2.2%。全年肉类总产量为 104.4 万 t，下降 11.6%；水产品总产量为 642.9 万 t，增长 1.9%，其中，海水产品产量为 520.8 万 t，增长 0.8%，淡水产品产量为 122.1 万 t，增长 6.8%（专题图 3-2）。

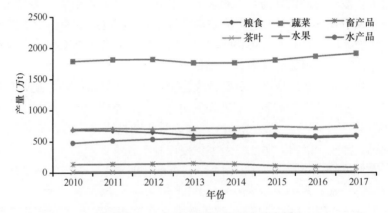

专题图 3-2　近年来浙江省农产品产量

2017 年，全省农林牧渔业产值为 3093.36 亿元（专题表 3-6），比上年增长 1.8%，农业经济呈现稳中有升、稳中有进的发展态势。2017 年，全省农业经济形势总体稳定，农林牧渔业增加值增速逐渐增加，产业结构不断优化，为农业农村经济持续发展、乡村振兴战略全面实施奠定了良好的基础。

专题表 3-6　近年来浙江省农林牧渔产业产值　　　　（单位：亿元）

| 年份 | 农林牧渔业总产值 | 农业产值 | 林业产值 | 牧业产值 | 渔业产值 | 农林牧渔业服务产值 |
|---|---|---|---|---|---|---|
| 2010 | 2172.86 | 1041.30 | 119.35 | 448.42 | 522.18 | 41.61 |
| 2011 | 2534.90 | 1152.04 | 134.07 | 546.33 | 655.75 | 46.71 |
| 2012 | 2658.66 | 1229.36 | 142.14 | 549.04 | 687.05 | 51.08 |
| 2013 | 2837.39 | 1336.79 | 141.54 | 546.18 | 757.97 | 54.91 |
| 2014 | 2844.59 | 1385.96 | 147.00 | 472.23 | 779.36 | 60.04 |
| 2015 | 2933.44 | 1434.71 | 151.63 | 426.18 | 855.86 | 65.06 |
| 2016 | 3038.49 | 1455.29 | 158.15 | 455.60 | 899.07 | 70.39 |
| 2017 | 3093.36 | 1494.49 | 170.16 | 371.29 | 979.28 | 78.14 |

一是粮食作物稳定增长，农业效益提质增效。2017 年，全省粮食总产量为 768.6 万 t，比上年增长 2.2%。其中，春粮实现"开门红"，播种面积为 287.5 万亩，增长 7.5%，产量为 75.4 万 t，增长 28.4%；早稻受降雨影响略有下降，播种面积为 173.1 万亩，下降 0.1%，产量为 70.4 万 t，下降 4.6%；秋粮再获丰收，播种面积为 1462.5 万亩，增长 1.4%，产量为 622.8 万 t，增长 0.5%。油菜籽播种面积为 170.7 万亩，比上年下降 3.2%，单产为 140kg/亩，增长 7.7%，产量为 23.9 万 t，增长 4.2%。

二是绿化造林全面推进，林业经济创新发展。据浙江省林业厅统计，2017 年人工造林 13.7 万亩，完成计划的 206.8%；迹地更新 13.7 万亩，完成计划的 116.8%；森林抚育 132 万亩，完成计划的 99.3%；平原绿化建设 16.7 万亩，完成计划的 149.1%；新植珍贵树 2445.4 万株，完成计划的 111.1%，全年向各地赠送珍贵彩色树种容器苗 580 余万株。竹林产品稳步增产。2017 年木材产量为 138.5 万 m³，比上年增长 46.2%；大径竹产量为 2.1 亿根，增长 30.1%；鲜竹笋产量为 164.1 万 t，增长 16.8%。林业经济创新发展。加快开展"一亩山万元钱"林技推广行动，提升林业发展的质量效益，重点推广香榧高效生态栽培、林下套种三叶青、铁皮石斛仿生栽培等十大模式示范基地 7.1 万亩，辐射推广 14.5 万亩。

三是畜牧养殖产能优化，养殖效益总体稳定。据浙江调查总队统计，2017 年肉类总产量为 104.4 万 t，比上年下降 11.6%。其中，猪肉产量为 78.4 万 t，下降 13.6%；牛肉产量为 1.2 万 t，下降 5.0%；羊肉产量为 1.9 万 t，下降 2.1%；禽肉产量为 22.1 万 t，下降 4.8%；禽蛋产量为 29.3 万 t，下降 5.1%；牛奶产量为 14.8 万 t，下降 3.4%。生猪年末存栏 548 万头，年内出栏肉猪 1032.7 万头，比上年分别下降 4.5% 和 11.7%。其中，能繁母猪存栏 48 万头，下降 4.1%。生猪产能有序调整，转型升级举措逐步显效，存栏、出栏降幅均呈收窄趋势。生猪价格从 2017 年初的峰值逐月下跌，至 8 月后震荡回升趋稳。据浙江省物价局统计，11 月，生猪平均出场价格为 14.9 元/kg，环比增长 0.2%，同比下降 12.8%；生猪养殖收益保持平稳，平均每头猪净利润为 126.2 元，比上月增加 3.7 元/头；猪粮比价为 7.5∶1，仍处于绿色区域。随着元旦、春节的消费拉动，生猪价格将可能上扬。家禽年末存栏 6387 万只，年内出栏 14 146 万只，比上年分别下降 3.1% 和 5.3%。禽类产品价格呈前跌后涨态势，全年总体稳定，肉禽略有亏损，蛋禽有所盈利。据浙江省畜牧兽医局统计，鸡蛋价格在国庆节后呈回升态势，12 月 27 日为 10.6 元/kg，为全年最高点；活鸡平均价格为 14.9 元/kg，下降 8.8%。肉禽和禽蛋价格在春节前可能保持高位，家禽效益趋稳回升。牛年末存栏 13.5 万头，年内出栏 8.1 万头，比上年分别下降 7.2% 和 7.7%。其中，奶牛年末存栏 3.5 万头，下降 11.2%。羊年末存栏 106.4 万只，年内出栏 112.9 万只，分别下降 5.9% 和 5.5%。鲜奶收购价格略有回升，羊肉也进入消费旺季，牛、羊价格回升趋势可能持续至春节后，养殖效益逐步向好。

四是渔业发展绿色高效，生产结构不断优化。浙江坚持开展渔场振兴修复行动，优化东海渔业资源配置，在全国率先打响"幼鱼资源保护战""伏休成果保卫战""禁用渔具剿灭战"，进一步加快转型升级步伐，促进渔业产业绿色可持续发展。据浙江省海洋与渔业局数据，2017 年水产品总产量预计 642.9 万 t，比上年增长 1.9%。淡水捕捞产量为 11.2 万 t，比上年增长 22.6%；国内海洋捕捞产量为 325.4 万 t，比上年下降 6.2%。抓转型促升级，水产养殖高效增长。海水养殖产量为 123.6 万 t，淡水养殖产量为 112.3 万 t，分别增长 21.5% 和 6.8%。远洋渔业产量为 76.2 万 t，增长 12.3%，持续呈现较好的发展态势。

五是高效生态农业大力发展。浙江省历来重视品牌农业建设，农产品注册商标每年以 40%的速度增长。目前，全省共有农产品注册商标 10.5 万件，农产品证明商标 103 件，总数均位居全国第一，两者占全国总量的 1/5。全省有效期内"三品一标"总数达 7762 个，地理标志农产品达 42 个，农产品认证数量和基地面积均居全国前列。2017 年末，累计建成粮食生产功能区 10 172 个，面积为 819 万亩；现代农业园区 818 个，面积为 516.5 万亩，其中，现代农业综合区 107 个，主导产业示范区 200 个，特色农业精品园 511 个；拥有省级骨干农业龙头企业 494 家，省级智慧农业示范园区 11 个，农业物联网示范基地 234 个。绿色发展态势良好，农药、化肥使用量分别比上年下降 6.4%和 2.5%。

六是农村环境不断改善，乡村旅游新业态效益显现。2017 年新增生活垃圾减量化资源化处理试点村 6675 个，生活垃圾集中收集处理建制村覆盖率为 100%；新建公厕 3397 个。在建省级历史文化村落重点村、一般村 705 个。新创建美丽乡村示范县 6 个，建成美丽乡村风景线 136 条、整乡整镇美丽乡村乡镇 142 个、美丽乡村精品村（特色村）795 个。目前，浙江省全国休闲农业与乡村旅游示范县 24 个，中国重要农业文化遗产 8 个，中国美丽休闲乡村 36 个。培育农家乐休闲旅游特色村 1155 个、特色点 2328 个，农家乐经营户 20 463 户，从业人员 16.8 万人，带动就业 45.4 万人。接待游客 3.4 亿人次，比上年增长 21.6%；营业总收入 353.8 亿元，增长 20.5%，其中，直接营业收入 281.3 亿元、销售农产品等收入 72.5 亿元，分别增长 20.6%和 19.9%。

整体来看，浙江省乡村旅游发展势头比较强劲，2017 年浙江省农家乐休闲旅游接待游客 3.4 亿人次，增长 21.4%；营业总收入 353.8 亿元，增长 21.6%，其中，直接营业收入 281.3 亿元、销售农产品等收入 72.5 亿元，分别增长 20.6%和 19.9%。旅游人数和旅游收入均保持 20%以上的增长。到 2018 年，浙江省共接待游客 4 亿人次，增长 17.6%，营业总收入 427.7 亿元，增长 20.9%（专题图 3-3）。

专题图 3-3　浙江省近年来农家乐休闲旅游收入

# 三、东部典型地区农林产业绿色发展面临的机遇与挑战

## （一）推进农业绿色发展的重要意义

21 世纪以来，我国农业农村经济快速发展，取得了巨大成就。但与此同时，农业资

源过度开发、农业投入品过量使用、地下水超采及农业内外源污染相互叠加等带来的一系列问题日益凸显，农业可持续发展面临重大资源环境危机。

为应对挑战，党中央、国务院高度重视生态文明建设和农业绿色发展，着力推进农业绿色发展的体制机制创新并做出一系列重大决策部署。2012 年，党的十八大明确"五位一体"的总体布局，提出"要把生态文明建设放在突出地位，融入经济建设、政治建设、文化建设、社会建设各方面和全过程，努力建设美丽中国，实现中华民族永续发展"。2015 年党的十八届五中全会鲜明提出了创新、协调、绿色、开放、共享的发展理念。2017年中共中央办公厅、国务院办公厅印发了《关于创新体制机制推进农业绿色发展的意见》。2018 年中央"一号文件"《中共中央国务院关于实施乡村振兴战略的意见》提出以绿色发展引领乡村振兴，推进乡村绿色发展，打造人与自然和谐共生发展新格局。

推进农业绿色发展是农业发展观的一场深刻革命，是贯彻新发展理念、推进农业供给侧结构性改革的必然要求，是加快农业现代化、促进农业可持续发展的重大举措，是守住绿水青山、建设美丽中国的时代担当，对于保障国家食物安全、资源安全和生态安全，维系当代人福祉和保障子孙后代永续发展具有重大意义。

### （二）农业绿色发展面临的挑战

农业绿色发展事关国家粮食安全、资源安全和生态安全，事关美丽中国建设，事关当代人福祉和子孙后代的永续发展。推进农业绿色发展是实施"五位一体"总体布局的具体体现，是农业供给侧结构性改革的主攻方向，也是实现乡村振兴的必由之路。党的十八大以来，农业绿色发展势头良好。但从总体上看，农业传统生产观念和消费习惯尚未根本扭转，现有农业科技与绿色发展需求尚不匹配，现有政策体系与农业绿色要求不相契合。实现农业绿色发展仍面临诸多挑战。

一是现有生产方式的惯性思维与绿色发展理念的冲突。现有农业生产方式在我国粮食连年高位增产、农业发展水平不断提高的进程中发挥了重要作用。来源于数千年农耕文化的现有生产方式，在保障国家粮食安全、丰富农产品供给的背景下，具体化为生产要素的过量投入，忽视农业资源节约和农业生态环境保护。现行思维主导下的"高投入高产出"生产方式造成农业资源约束日趋紧张，耕地用养失衡，土壤次生盐渍化和有机质流失较为普遍，化肥、农药等化学品过量投入，导致农业面源污染加重，地下水严重超采，水体污染和富营养化问题突出，农田生态总体局面不断恶化，可持续发展能力下降。改变现有生产方式的惯性思维，由注重"量"的发展转到"质量兼顾"的发展上来需要长时间的努力，是实现农业绿色发展必须要攻克的艰难险阻。

二是现有消费模式与绿色生活方式的冲突。现有消费习惯的形成既有历史因素，也有社会经济因素和文化因素，具有强烈的时代特征。在新中国成立初期，我国的主要矛盾是人民日益增长的物质文化需要同落后的社会生产之间的矛盾。在这样的时代背景下，粮食安全得不到有效保障，消费者没有主动选择农产品的权利，逐渐形成了以解决温饱为中心的消费习惯。随着社会经济的快速发展，人民收入水平不断提高，新形势下我国农业主要矛盾已经由总量不足转变为结构性矛盾，主要表现为阶段性的供过于求和个别品种供给不足并存，消费行为逐渐由温饱偏好型向安全优质型过渡。消费习惯的变化导致城乡居民膳食结构中肉、禽、蛋、奶所占比例越来越高，消费变化一方面拉动了畜禽养殖业和牧草业的迅猛发展，另一方面也间接造成农业生态环境的破坏和农业面源污染加剧，这与绿色生活方式相违背。绿色消费行为是实现绿色生活方式的重要标志和支撑，现有消费习惯向绿色化转变是科学发展观的一场深刻而艰巨的革命，也是农业绿色发展面临的挑战。

三是现有农业科技与绿色发展需求不匹配。农业绿色发展对农业科技提出了更高、更新的要求，着力解决农业节本增效、生态环境保育、农产品安全优质、农业资源高效利用等问题，现有农业科技与绿色发展需求不匹配是农业绿色发展面临的严峻挑战。近年来，我国农业技术在许多领域取得突破，农业科技贡献率高达 57.5%；但是，现有农业科技与更加强调绿色环保、资源节约持续利用的农业绿色发展需求不匹配。基础性、长期性科技工作积累不足，重要农业资源底数不清，节本增效、质量安全、绿色环保等方面的新技术缺乏储备，部分先进智能机械装备制造领域仍是空白，循环绿色发展所需的集成技术和模式研发力度不足，在农业投入品减量高效利用、种业主要作物联合攻关、有害生物绿色防控、废弃物资源化利用、产地环境修复和农产品绿色加工贮藏等领域缺乏突破性科研成果。

四是现有政策体系与绿色发展要求不配套。回顾我国农业发展历程，总结过去农业发展的成功经验，政策在农业发展中的作用巨大。农业发展导向发生变化，政策体系必须做出相应调整。我国现有农业政策体系以增产导向为主，绿色发展导向的政策供给不足，与发展导向的变化不同步。财政部、农业部联合印发的《建立以绿色生态为导向的农业补贴制度改革方案》亟待落实，以绿色生态为导向的政策支持体系尚未建立。粮食主产区利益补偿制度，耕地保护补偿制度，江河源头区、重要水源地保护区、重要生态修复治理区生态补偿制度，农村地区绿色发展激励机制，森林、草原、湿地、水生生物资源等生态补偿制度尚未健全。农业保险政策和农业信贷担保体系尚不完善；多层次、广覆盖、可持续的农业绿色发展金融服务体系仍在构建。自然资源确权使用管理制度建设尚不成熟；农业绿色发展中新增成本与溢出效益如何补偿尚不明确。现有政策体系与绿色发展要求不配套，严重阻碍农业实现绿色发展。

### （三）农业绿色发展机遇

进入新时代，推进农业绿色发展迎来前所未有的历史机遇。

一是农业绿色发展逐渐成为社会共识。人民群众对清新空气、干净饮水、安全食品、优美环境的迫切需求，使绿色发展、低碳发展、可持续发展理念深入人心。2016 年中央"一号文件"明确指出"加强资源保护和生态修复，推动农业绿色发展"。2017 年中央"一号文件"提出"推行绿色生产方式，增强农业可持续发展能力"，以及"推进农业清洁生产""集中治理农业环境突出问题"等指导方针。随后，中共中央办公厅、国务院办公厅又出台了第一个关于农业绿色发展的文件《关于创新体制机制推进农业绿色发展的意见》，这是指导当前和今后一个时期农业绿色发展的纲领性文件。2018 年中央"一号文件"阐述了乡村振兴与农业绿色发展的关系，认为农业绿色发展是实现乡村振兴的重要路径，其将在建设美丽中国和全面建成小康社会中扮演重要角色，进一步指明了农业绿色发展的美好前景。在国家高度关注和人民热切期盼下，农业绿色发展形成了广泛的群众基础和社会共识。

二是绿色需求为农业绿色发展提供强大动力。随着经济持续发展，人民收入水平显著提高，消费偏好发生改变，对于绿色安全农产品的需求激增，各层次的绿色市场迅速扩大。推动绿色发展将是不可阻挡的历史大势，也是提升我国农产品国际市场竞争力、实现农业供给侧结构性改革的必然选择。不断扩大的绿色需求将倒逼绿色生产，加快绿色生产力发展，加速绿色新动能替换传统旧动能进程，为我国农业实现"腾笼换鸟，凤凰涅槃"提供强大动力。

三是支撑农业绿色发展的物质基础雄厚。我国综合国力和财政实力与日俱增，财政政策对农业的倾斜幅度不断增大，强农、惠农、富农力度持续加大，优惠政策覆盖范围连年扩大，农村保障水平逐年提高，粮食等主要农产品连年增产，运用"两种资源""两个市场"的能力不断提升，为农业绿色发展提供了坚实的物质保障。

四是推动农业绿色发展的科技力量日益强劲。优秀传统农耕技艺继承发展，农业科技创新人才队伍不断壮大，国际农业科技创新合作不断加深，现代生物技术、互联网+、大数据、人工智能和新材料等日新月异，生态农业、循环农业、低碳农业等技术模式不断集成创新，推广示范，为农业绿色发展插上科技的翅膀。

五是农业绿色发展的体制机制日益健全。随着改革不断深化，农业农村改革和生态文明体制改革势头良好，绿色发展相关体制机制在加速制定与完善，绿色治理水平稳步提升，将为农业绿色发展提供制度保障。

我国是农业大国，"三农"问题关乎人民生活福祉和国家长治久安。站在新的历史起点上，我们必须兼顾世情、国情、农情、民情，抢抓机遇，直面挑战，全面深入贯彻农业绿色发展理念，勠力同心，砥砺前行，早日实现农业强、农村美、农民富。

## 四、东部典型地区农林产业绿色发展的主要做法与成效

### （一）福建省

1. 主要做法

1）确定目标任务

按照福建省第十次党代会的部署，紧紧围绕国家生态文明试验区（福建）建设，牢固树立新发展理念，坚持"绿水青山就是金山银山"，以资源环境承载力为基准，以推进农业供给侧结构性改革为主线，以促进农业转型升级，建设现代高效、绿色生态、循环发展的生态农业为目标，强化改革创新、激励约束和政府监管，转变农业发展方式，优化空间布局，节约利用资源，保护产地环境，提升生态服务功能，全力构建人与自然和谐共生的农业发展新格局，推动形成绿色生产方式和生活方式，实现农业强、农民富、农村美，为"再上新台阶、建设新福建"提供有力支撑。

到 2020 年，全省"三品一标"（无公害农产品、绿色食品、有机农产品、地理标志农产品）生产基地的面积或产量占全省农产品的 40% 以上；主要农作物化肥、农药使用

量比 2016 年分别减少 10%以上，化肥、农药利用率均达到 40%以上，畜禽养殖废弃物综合利用率达到 90%以上，农膜回收率达到 80%以上；全省耕地保有量不少于 1895 万亩，永久基本农田保护面积不少于 1609 万亩；全省农业源化学需氧量（COD）、氨氮等主要污染物排放总量明显下降。

2）出台系列方案

福建省委办公厅、省政府办公厅于 2017 年下发《关于创新体制机制推进农业绿色发展加快建设生态农业的实施意见》，从 5 个方面提出 20 项具体措施，包括优化产业布局，强化农业资源环境保护；推行清洁生产，强化农业面源污染防治；突出循环发展，强化农业废弃物资源化利用；注重集成推广，强化生态农业科技支撑；加强组织领导，强化政策引导和扶持等。2018 年，福建出台了《福建省化肥使用量零增长减量化专项行动方案（2018—2022 年）》，2019 年，又出台了《福建省畜禽粪污资源化利用整省推进实施方案（2019—2020 年)》，为全面推进茶产业高质量发展，福建省出台了《福建省农业农村厅关于进一步推进福建茶产业绿色发展的通知》，积极打造茶产业绿色发展新模式，力争到 2022 年实现全省茶园不使用化学农药，打响"清新福建·多彩闽茶"品牌。

3）优化农业空间布局，保护农业生态环境

福建省 2012 年印发的《福建省主体功能区规划》，依据不同区域资源环境的承载能力，确定功能定位，控制开发强度，规范开发次序，形成了闽西北绿色农业、闽东南高优农业、沿海地区蓝色农业三大特色农业产业带。南平市以农业空间和生态空间保护为重点，划定限制建设区和禁止建设区，严格执行建设占用耕地占补平衡制度，突出抓好农业空间的保量和提质。漳州市以特色农业、观光农业为载体，深入实施"生态市"战略，积极探索"生态+"模式，持续开展富美乡村创建活动，促进生态与产业发展、文化与历史融合发展，推动绿水青山向金山银山转变。

4）在资源保护利用上，数量与质量并重

一是以高标准农田建设为重点，加强耕地保护利用。福建坚持"保优不保劣、用一必补一"原则，优先将集中成片、公路沿线、城镇周边的优质耕地划入永久基本农田，保持耕地占补平衡。"十二五"期间建成 325 万亩高标准农田，"十三五"拟再建 851 万亩。南平市将耕地保有量等纳入考核指标体系，"十二五"期间全市耕地总量增加 4 万多亩，连续 17 年实现耕地占补平衡。漳州市把耕地保护列为县级政府部门业绩考核的重要内容，确保耕地保护得到有效落实，"十二五"期间补充耕地 7.2 万亩，连续 19 年实现耕地占补平衡。二是以严格落实"河长制"为重点，加强水资源保护利用。福建全面推进"河长制"，全部由"一把手"挂帅，流域水质得到明显改善，截至目前，全省已有 6 条河流全流域达到Ⅱ类水质，其余流域水质也都达到或优于Ⅲ类水质。

5）在环境保护治理上，同步推进产地和人居两个环境

一是防止城镇和工业污染"上山下乡"。福建加大环境违法查处力度，定期排查小型造纸、印染、炼焦、农药等不符合产业政策的"十小"企业和严重污染生产项目，不留死角、不存盲区，严防污染向农业农村转移。二是加强农业面源污染治理。按照"一控两减三基本"的总体安排，福建提出实施农药、化肥使用量零增长行动，力争到 2020 年比 2016 年各减少 10%；出台全面拆除禁养区内养殖场、推进可养区养殖场标准化建设、实施废弃物综合利用等一系列措施，全面加强生猪养殖面源污染防治。三是同步治理农业

产地环境和农村人居环境。漳州市坚持把农村垃圾与城镇垃圾同步规划和处理,农村垃圾处理率从 2010 年的 62%上升到 2016 年的 83%。实地走访武夷山市黎前村,当地生活污水实现肥料化、清洁化统一处理,生活垃圾实现"户分类、村集中、乡转运、县处理"。

### 2. 主要成效

福建深入实施生态省战略、加快生态文明先行示范区建设以来,在 7 个方面取得了明显成效,形成了比较成熟的做法经验、工作体系和制度机制,具有重要的示范推广价值。

(1)落实主体责任,实行生态环境保护党政同责。福建牢固树立"绿水青山就是金山银山"的理念,坚持绿色发展,守住"环境质量只能更好,不能变坏"的底线,建立党政领导生态环境保护目标责任制,切实强化党政同责、落实属地责任,采取强有力措施保护生态环境,全省生态环境质量持续向好。

(2)围绕"机制活、产业优、百姓富、生态美"主线,推动经济绿色化。福建坚持绿色富省、绿色惠民,大力推进生态文明先行示范区建设,改造经济存量、构建绿色增量,努力提升经济绿色化水平,建设"机制活、产业优、百姓富、生态美"的新福建。"十二五"期间在全省地区生产总值年均增长 10.7%、人均 GDP 达 10 915 美元的同时,能源资源消耗强度保持全国先进水平,森林覆盖率达 65.95%,连续 37 年保持全国第一,成为水、大气等环境质量总体优良的省份。福建从树立绿色思想到推动绿色布局、推进绿色生产、倡导绿色文化,使绿色成果由群众共享,实现经济发展与生态环境保护的双赢。

(3)坚持"多措并举、上下游联动",实施流域水生态环境综合整治。福建流域河网密布且自成体系,12 条主要河流均发源于本省,除汀江外又都在本省入海。从"九五"开始,福建省就着手组织实施流域水污染防治工作,推出包括河长制、重点流域生态补偿、山海协作等在内的"组合拳",打造水清、河畅、岸绿、景美的水生态环境。2015年,全省 12 条主要河流 Ⅰ～Ⅲ类水质比例为 94.0%,较同期全国七大流域平均水平高出近 30 个百分点。

(4)弘扬"长汀经验",全面推进省域水土流失综合治理。自 1983 年起,福建即在长汀县开展水土流失治理工作,其成功经验已成为我国南方水土流失治理的典范。从2012 年起,福建将长汀经验推广至全省范围,加大水土流失治理力度,取得了明显成效。至 2015 年底,全省水土流失率降到 8.87%,处于全国先进水平。

(5)突出"筹资金、抓建设、保运行",建立健全农村污水垃圾治理长效机制。福建把农村生活污水垃圾治理作为全省流域水环境整治、美丽乡村建设的重要内容,因地制宜地选择处理工艺或模式,在资金保障、建设模式、常态运行机制等方面,探索出了可借鉴、可推广的经验,形成了有效管用的做法。

(6)以"多规合一、一张蓝图"厦门试点为契机,促进空间协同管控和服务管理优化。2014 年 9 月厦门市成为全国"多规合一"试点地区以来,始终把实施"多规合一"改革、建立统一的空间规划体系作为推动厦门城市治理能力现代化、促进城市转型升级的一项重点工作来抓。目前,厦门的"多规合一"已成为一个平台、一套机制、一张蓝图,初步解决了空间规划冲突的问题,并划定了生态控制线,有力地促进了生态文明建设,同时优化审批流程,提高了政府办事效率。

(7)加强生态环境保护与司法衔接,实现设区市生态环境审判庭全覆盖。福建紧紧围绕先行示范区建设和生态文明体制创新，运用司法力量加快推动绿色发展，为建设青山常在、绿水长流、空气清新的美好家园提供有力的司法保障。2015 年 11 月，最高人民法院在福建龙岩市上杭县召开第一次全国法院环境资源审判工作会议，向全国法院推广生态司法保护的"福建样本"。

### （二）浙江省

浙江省始终秉持"绿水青山就是金山银山"的发展理念，坚持"高效生态"的主攻方向，以现代生态循环农业为抓手，扎实推进农业生产方式转变。2017 年，浙江省获批全国农业绿色发展试点先行区。立足新起点，加强系统谋划、加强载体构建、加强措施保障，着力打造农业绿色发展的浙江样板。

1. 主要做法

1）确定目标任务

围绕"两高"（高产、高效）现代化浙江建设奋斗目标，按照大花园建设总体部署，认真研究农业绿色发展思路，高起点确定绿色产业、绿色资源、绿色产品、绿色乡村、绿色制度、绿色增收"六个绿色"的目标任务。在此基础上，明确推进产业结构、生产方式、经营机制"三大调整"和养殖业污染、农业投入品、田园环境"三大治理"的重点工作，力求通过各项措施的落实，努力构建一批绿色形态的新产业、新业态，使一批绿色导向的生产技术和经营方式基本覆盖，一套绿色发展的政策制度和创新机制逐步建立，全面推进农业发展方式的绿色变革。

2）出台系列方案

为全面有序地推进试点先行创建，研究制定了《浙江省农业绿色发展试点先行区创建三年行动计划（2018—2020 年）》，还先行出台化肥使用零增长行动方案、农药减量行动方案、畜禽养殖废弃物高水平资源化利用工作方案、受污染耕地安全利用和管控方案、万家新型农业经营主体提升工程实施方案、种植业"五园"创建实施方案等一系列配套方案措施，全面明确任务书、路线图和时间表，完善任务清单、责任清单。

3）部署并推进农业绿色先行工作

印发了关于开展农业绿色发展先行创建工作的通知，按照全面、深化、完善、创新的要求，选择基础条件良好、发展思路清晰、举措务实创新、支持保障有力的地区，组织开展先行县、先行区、先行主体创建工作，全面落实任务、深化工作措施、完善技术模式、创新发展经验，在浙江全省起到引领作用，通过三年努力，争取率先建成 1/3 左右先行县、1000 个先行区、10 000 家先行主体。

4）调整优化结构抓"五园"

立足资源环境和载体，组织编制特色优势农产品区域发展规划，优化农业生产力布局，保护农业自然资源和生态环境。在此基础上，突出生产清洁高效、环境整洁美观、产品优质放心，布局生态茶园、精品果园、放心菜园、特色菌园和道地药园"五园"建设，三年内建成 500 个省级示范基地。通过严格标准化生产、控制化学投入品使用、废弃物全面回收利用，打造绿色生产集聚区。

5）革新生产技术

坚持绿色技术创新，大力推广应用生态化、清洁化、集约化、智慧化生产技术，创新推广农作制度模式，切实转变农业生产方式。重点推广生物发酵等绿色养殖八大技术模式，推广水稻基质育秧、果蔬避雨栽培等五大种植技术，推广水肥一体化、化肥总量调控等施肥技术，推广以"控、统、绿、替、精"为主的农药减量增效技术，以及农业废弃物"五化"利用技术模式。充分发挥"三农六方"科技项目和产业团队作用，强化指导服务，提升技术到位率和覆盖面。

6）提升农产品质量安全监管能力

大力推行农产品生产"一品一策"，强化质量安全管理，形成对规范使用投入品的倒逼机制。全面构建农产品质量安全追溯体系和"合格证"制度，扩大智慧化监管试点，通过监管质量推动规范生产和投入品减量使用。全面加强投入品监管，目前，浙产农药全部实行电子信息码标签制度，农资经销商全面纳入销售监管网，限用农药于2018年7月底全面退市，并着手开展农兽药实名制购买试点。

7）强化主体发展能力

实施"万家新型农业经营主体提升工程"，通过政策扶持、技能培训、服务指导和职称评定等综合施策，加强培育示范性家庭农场、规范化专业合作社、骨干农业企业，吸引大学生农创客，建设一支知识型、技能型、创新型的农业经营者队伍，促进经营主体形成绿色理念、掌握绿色技术、推行绿色生产。

2. 主要成效

1）构建了正向激励、负面约束的政策制度

先后颁布有关畜牧业转型升级决定、农作物病虫害防治、耕地质量管理、农业废弃物处理与利用等的法规规章，出台畜牧业转型升级、现代生态循环农业发展、商品有机肥生产与应用、秸秆综合利用、农药废弃包装物回收处置等政策意见，梳理绿色生态农业政策清单53条，全面形成政策制度体系，加大对农业绿色发展的支持力度。

2）构建了环境倒逼、责任清晰的监管机制

先后建立病死畜禽"统一收集+保险联动+集中处理"的无害化处理机制，农药废弃包装物"市场主体回收+专业机构处置+公共财政扶持"的回收处理机制，以及废旧农膜"主体归集、政府支持、市场化运作"的回收处置体系，并着力保障相应机制的有效运行。

3）构建了任务明确、体系健全的推进机制

坚持规划引领、示范引领、政策引领、制度引领、指标引领、组织引领"六个引领"，按照目标任务化、任务责任化、责任考核化思路，建立领导小组和技术指导团队，制定目标任务责任清单，加强培训宣传和示范创建，并强化督查考核，将相关任务纳入浙江省委省政府"五水共治"等考核体系，通过月通报、季督查、年考核，确保工作推进和任务落实。

下一步，浙江省将以实施乡村振兴战略为统领，继续坚持高起点定位绿色产业、绿色资源、绿色产品、绿色乡村、绿色制度、绿色增收"六个绿色"，高标准构建生产基础、质量管理、控源治污、循环利用、技术装备和人文支撑"六大体系"，高质量推进农业产业结构、生产方式和经营机制调整，推进畜禽养殖污染、农业投入品和田园环境治理"三调三治"，通过三年努力，全面落实国家农业绿色发展试点先行区建设各项目标任务，推动全省基本形成农业绿色发展新格局。

# 五、农业绿色先行先试典型案例剖析

## （一）福建漳州"生态+"模式

漳州市地处福建省最南端，辖11个县（市、区），与台湾隔海相望，四季常青，土地肥沃，物产丰富，被誉为"天然温室"，是著名的食品名城、水果之乡、花卉之都、蘑菇之都、蕈业之城、水产基地，发展高产优质高效农业和外向型农业的条件得天独厚。漳州市是全国首批、福建省首个整市域创建的国家农业现代化示范区，也是全国首批整市域创建的国家农业可持续发展试验示范区暨农业绿色发展试点先行区。在农业可持续发展的进程中，漳州走出了一条可资借鉴的路子，主要做法与经验如下。

（1）打造"生态+"名片，优化农业发展空间。以"五湖四海"建设为抓手，带动各地加快实施一批"生态+"示范项目。①沿海平原优化发展区。农业生产基础好，特色农业产业集群优势明显区域，包括芗城区、龙文区、龙海市、漳浦县、南靖县、平和县、云霄县、长泰县、诏安县等。②"两江两溪"流域适度发展区。九龙江、鹿溪、漳江、东溪水源涵养和生物多样性的保护和利用较好，农业生产特色鲜明的区域，包括平和县、华安县、南靖县、长泰县等。③饮用水水源地及自然保护区等保护发展区。包括漳州市各县（市、区）的自然保护区、风景名胜区、森林公园、湿地公园、地质公园、世界文化与自然遗产以及重要饮用水水源地一级保护区等。

（2）构建具有漳州特色的"农业资源-农业产品-农业废弃物资源化再利用"的农业绿色模式与技术体系，凝练推广三大技术集，即食用菌绿色循环技术集、封闭式循环水养殖技术集、酸性土壤障碍因子改良修复技术集；三大模式群，即海峡两岸发展合作模式、病死畜禽第三方处理循环模式、林下绿色经济模式。最终形成"农田复合微生物-农菌一体精准减控-农企（园区）绿色循环"的技术模式群，为全国农业绿色发展提供可推广的技术集成模式发展经验。

食用菌绿色循环模式技术集。利用漳州市当地大量杏鲍菇工厂化生产企业长完菇的废菌包，进行集中处理，通过脱袋、粉碎后作为生产食用菌的栽培基质。杏鲍菇废菌渣通过收集处理后进行一次、二次发酵，用于栽培双孢蘑菇。通过"公司+基地+农户"的模式建立生产自动化、管理规范化的标准食用菌示范基地，实现废菌渣资源化高效再利用，变废为宝。该发展模式及发展经验适合在具有丰富农业废弃物的地区推广应用。

封闭式循环水养殖技术集。集成自动喂养系统、太阳能加热系统和养殖水再循环系统进行循环水工厂化养殖。发挥该养殖系统不受气候、环境、地理位置等因素影响，可全天候生产的优势，实现全过程水中盐度、溶氧量、温度、酸碱度等指标的自动监测，有效控制养殖水质参数均在适宜范围内。该模式具有高效、节水、高密度、对环境污染小及降低病害发生率、提高水产品产量和质量等优点，适合在水产养殖可持续发展园区推广应用。

酸性土壤障碍因子改良修复技术集。根据酸性土壤理化特性、土壤养分、气候条件，对不同农作物开展有机肥替代、微生物肥、特贝钙土壤调理剂、测土配方施肥、果园生草覆盖栽培等改良酸性土壤试验，创新和集成 5 种酸性土壤障碍因子修复技术，解决漳州市酸性土壤障碍因子问题，提升作物产量及果品的可溶性固形物、维生素 C 含量和糖酸比。该模式适于在南方区域，特别是南方水稻土及赤红壤区推广应用。

海峡两岸发展合作模式。漳州的农业生态环境，以及气候、地貌、海洋环境和渔业资源、农产品结构和作物生长节律等与台湾基本相同，充分利用对台资源优势，借助海峡两岸现代农业博览会•海峡两岸花卉博览会等重大招商经贸活动，不断推出带动区域经济发展的农业导向性项目；根据"同等优先、适当放宽"原则，为台（外）商投资者构建透明的管理通道、高效的服务通道和诚信的文明通道；完善资金、良种、设备、技术、市场等"一揽子"引进，推进农业产业结构调整优化和转型升级；率先建成漳浦台湾农民创业园，有效推动农业产业、资源环境及农村社会的可持续发展。该发展模式及发展经验适合具有对台（外）地域优势的区域借鉴并推广。

病死畜禽第三方处理循环模式。引进台湾无害化处理技术，并对设备材料、构件、工艺、自动化控制进行升级改造，研发出新一代集切割、绞碎、发酵、杀菌、烘干等 5 道工艺流程全自动控制的高效、环保型无害化处理机，机器无三废排放，每台套 24h 可无害化处理病死畜禽 1000kg，病死畜禽经上述工艺处理后，产出粉末状产品，其有机质含量为 85% 以上，氮、磷、钾含量为 6% 以上，可用于返田肥料。该模式采取"企业自主运营+政府补助"结合方式，适合在畜牧业规模化养殖区域进行推广。

林下绿色经济发展模式。充分利用丰富的森林资源，形成林下种植、林下养殖、林下产品采集加工、森林景观利用等四大类林下经济模式：沿海平地区重点推广林药、林菌、林苗、林花等模式，并因地制宜地发展林下产品加工和适度发展沿海森林旅游；在低山丘陵区，重点发展林禽、林畜、林苗、林蜂、林药、林菜等模式；在山地区域重点发展森林旅游模式，提高生态景观效益；利用本地果树资源丰富的优势，发展仿野生金线莲、铁皮石斛等中药材种植。该模式适合在森林资源丰富、生态环境优良区域进行推广。

## （二）安吉"三产融合"模式

安吉地处浙江省西北部，位于长江三角洲经济圈的几何中心。县域面积为 1886km$^2$，人口 46 万，森林覆盖率为 71.1%，植被覆盖率为 75%。全县现有林地面积 207.5 万亩，其中竹林面积 108 万亩。近年来，安吉将生态优势转化为经济优势，通过算好一本"绿色账"，走出了一条生态文明发展的特色道路。中国第一竹乡安吉，不仅是"绿水青山就是金山银山"理念的发源地，也是全国唯一的"两山"实践试点县、联合国人居奖唯一获得县。近年来，凭借自身丰富的竹资源，以及众多竹材加工生产工艺技术领先的企业，安吉大力开发竹子这一极具低碳特质和文化内涵的绿色资源，助推生态经济化和经济生态化，走出了一条生态美、产业兴、百姓富的科学发展之路，实现了经济发展与生态建设的互促共进。

安吉竹业历经了 3 个发展阶段。

一是竹材培育阶段。新中国成立后，安吉在继承传统经验的基础上，形成了以 8 项技术措施为主的竹林丰产技术，经过几十年的发展，全县毛竹林面积达到 85 万亩，居全国县（市、区）第二位，毛竹蓄积量1.8亿株，年采伐量3000万株，毛竹蓄积量和商品竹产量均位列全国第一。

二是竹加工发展阶段。20世纪80年代，随着改革开放政策的确立，一些台资竹加工企业进驻安吉，为安吉竹加工产业的发展奠定了基础，当年许多在台资企业务工人员如今成了竹制品加工企业的大老板。据不完全统计，目前全县共有竹业生产企业2162家，产品涉及竹质结构材、竹质装饰材、竹日用品、竹纤维产品、竹质生物制品、竹木机械、竹工艺品、竹笋食品八大系列3000余个品种，产品销售遍布中国、东南亚、欧美等30多个国家和地区。

三是三产旅游跨越阶段。21世纪，电影《卧虎藏龙》将安吉这片大竹海搬上银幕，竹海盛景被世人熟知。此外，2008年安吉县启动美丽乡村建设，把整个县域作为一个森林休闲旅游景点来规划，使森林旅游迅速兴起，目前全县已建成的森林旅游景点就有16家。

经过近40年的发展，安吉县实现了从原来卖原竹到进原竹、从用竹竿到用全竹、从物理利用到生化利用，从单纯加工到链式经营的四次跨越，达到全竹高效利用。先后获得"中国竹地板之都""中国竹材装饰装修示范基地""中国竹凉席之都""中国竹纤维产业名城""全国林业科技示范县"等荣誉称号。为扩大竹产业影响力和品牌效应，安吉县抢抓20国集团（G20）峰会重大机遇，使安吉竹在G20杭州峰会的主要活动场所实现全覆盖，提供主会场竹工艺用品，国宾馆竹材装修、装饰和宴会设施，工艺品，纪念品等竹制品，共87款近5000件套，得到了国内外的一致好评。2016年，全行业实现工业总产值200亿元，竹产业从业人员近5万人；竹产业企业总数达到1360家，其中规模以上企业61家，实现销售收入57.6亿元，占全县规模以上企业销售收入总额的11.35%；全县竹产业产品自营出口量达到25.91亿元，同比增长29.0%，占全县出口总额的14.25%。一改传统产业"低、小、散"的形象，为助推县域经济发展、推进生态县建设和打造"最美县域"提供持续动力。安吉模式的经验可以总结如下。

（1）政策引导，夯实第一产业。健康的产业需要积极的政策做支撑。安吉竹产业的大力发展，得益于通过强大的政策支持引导，夯实第一产业发展基础。首先是深化林权改革，助推竹林规模经营。2006年，在中央林改政策的指引下，安吉县迅速开展了林权流转、抵押、合作等深化林改工作。安吉县委县政府先后制定了《关于进一步深化集体林权制度改革的实施意见》《关于进一步推进林下经济发展的实施意见》《关于进一步完善推进农村土地流转实施意见》《安吉县人民政府关于金融支持"三农"发展的指导意见》《安吉县森林、林木、林地流转管理办法》《安吉县林业资源资产抵押贷款管理办法》《安吉县林权出资农民专业合作社登记管理办法》《安吉县林权出资公司登记管理办法》等一系列的政策文件。在林改政策的引导下，安吉县的森林资源配置得到了有效的改善，家庭分散经营山林通过流转逐渐实现了规模集中经营。目前，全县流转山林面积近54万亩，出现了一批林业股份制合作社、合作林场、家庭林场、工商企业等新型经营主体，林业股份制合作社走在全国前列。2009年2月，阪山尚书干村42户农民将连片的675亩竹林折价入股成立了全省第一家毛竹股份制合作社，掀开安吉"林权作价出资"新型合作模式大幕。据统计，全县在全国率先建设毛竹股份制合作社30家，面积7.14万亩，入社农户3673户。另外，打造竹林经济，促进竹林增收。安吉立足自身实际，坚持政府引导、因地制宜、科技创新，大力发展林下经济，已形成林下种植、林下养殖、林酒、森林休闲养生产业四大模式，经营面积 29.1 万亩，从业农户达 1.8 万户，实现经济产值 51.2 亿元，为林农增加经济效益 4000 元/亩。编制《安吉县林下经济发展规划》，出台相关政策，加大财政扶持力度，发挥各类媒体的宣传引导作用，一是发展林笋、林茶、林药、林林、林酒等 5 种主要类型的林中培植模式，种植面积 2.5 余万亩，产值达 3.7 亿元。以林笋为例，积极推广"一竹三笋"复合栽培模式，2015 年全县产冬笋 1.3 万 t、鞭笋 0.44 万 t、春笋 4.3 万 t，产值达 2.24 亿元。二是发展竹林鸡、鸭、鹅等林下养殖，并积极探索山羊、石蛙等收益高的竹林养殖模式，建成竹林鸡养殖专业合作社 5 家，年产 1000 羽以上 30 户，年产 3 万羽以上 4 户。三是发展休闲旅游，形成以林业为主要资源的"五主多副"的景区发展格局，拥有中国大竹海、中国竹子博览园、中南百草原、江南天池、山川乡等 4A 级竹林景区 5 个，建成了黄浦江源龙王山、藏龙百瀑、浙北大峡谷等竹林特色景区 11 个，并建有以"体验森林生态、亲近自然山水"为主题的农家乐 600 余家，床位达 1.5 万张。此外，围绕兴林富民，推进林业重点工程。从 2004 年开始，全县启动实施毛竹现代科技园区、竹子速丰林基地、万亩竹子良种基地和林区作业道路建设"四大工程"，使安吉竹林培育水平得到进一步提高。目前，已建成集科学研究、林改示范、旅游观光、休闲体验于一体的毛竹现代科技园区 20.8 万亩，共投入资金 7000 余万元建设基础设施，园区建成主干道 140km、林区便道 70km、蓄水池 64 个、山塘水库 10 个、生产管理用房 5925m$^2$。园区建成后，不仅竹子平均眉围增加 3cm，每亩蓄竹量增加 30 株、每亩为农民增收 500 元，而且园区每年吸引 120 万人观光、休闲、旅游，成为林农"农家乐"的主要客源。建成速丰林 21 万亩，竹子良种基地 1 万亩，林区作业道路 2050km。建立省级森林食品基地 29 个，面积 13.8 万亩。

（2）政企合力，做强第二产业。政府搭台，企业唱戏，安吉竹产业显现出 1+1＞2 的超强动力。首先，政府出台产业扶持政策，大力培养龙头骨干企业。县政府连续多年制定出台龙头企业培育（综合）农业、林业、科技、人才以及《工业经济三十条》和《竹产业提升发展三年行动计划》等政策文件，实施"培大育强"工程，培育龙头骨干企业和"隐形冠军"。实施企业梯队培育，设立企业贡献奖、明星企业奖、规模晋升奖、小微企业升级奖等奖励政策，鼓励企业做大做强；鼓励企业兼并重组，引导企业通过联合、并购、品牌合作、虚拟经营等方式整合重组，优化资金、技术、人才、管理等要素配置，实现优势互补；鼓励企业股改、上市，对质地优良、成长性好的优势企业进行重点指导和培育，支持有限责任公司股改，鼓励企业赴多层次资本市场挂牌上市。2013 年至今，安吉竹产业争取扶持资金超亿元，极大地激发了竹业企业、合作社、竹农发展竹业的积极性，有力地推动了竹产业的发展。目前，安吉共有 2 家国家竹业龙头企业、5 家省农业骨干龙头企业、26 家省林业龙头企业、一家企业在新三板上挂牌上市，产值亿元以上企业 11 家，产值 5000 万元以上的企业 29 家，竹地板产量已占世界产量的 50%，竹工机械制造业占据 80%的国内市场。其次，政企合力打造区域品牌，加大产品创新。县财政 3 年投入 1500 余万元，打造并打响"中国毛竹之乡""中国竹地板之都""中国竹凉席之都""中国竹纤维名城""绿色地板·安吉标准"等区域品牌，成为国际竹藤组织命名的全国竹产业会展和培训中心。突出"全竹利用""高效利用"的思路，加大新产品开发力度，借助高等院校和科研单位，相继开发出新型竹窗帘、室外竹地板、竹叶黄酮系列产品、竹叶抗氧化剂、竹纤维、竹醋液等新产品 34 个；同时为解决竹加工废料对环境影响的问题，加大了竹废料的开发利用，先后研制出竹屑板、重组竹板材等变废为宝的新产品，就地解决每年高达 20 万 t 的竹加工废料，年产值超过 3 亿元，年创利税达 6000 万元，废料利用率几乎达 100%，有力地促进了安吉竹产业的高效循环发展。最后，围绕质量提升，推进竹产业转型升级。安吉加快竹产业转型升级，围绕质量提升、经营规范、税负公平、转型升级等目标，出台制定《安吉县竹产业综合整治提升行动实施方案》《安吉县竹产业转型升级标准》等行动实施政策。一是促进产业转型升级，对"低、小、散"竹制品经济组织限期整顿治理，如 2012 年以来天荒坪镇整治竹拉丝、竹地板、竹凉席等企业 144 家，拆除环保不达标锅炉 33 台；报福镇关停并转 3 家竹拉丝厂和 3 家竹笋粗加工厂，限期整改了 14 家竹拉丝厂。二是完善标准体系建设，加强质量、标准、认证等公共体系建设，鼓励行业内龙头骨干企业参与起草制定国家标准和行业标准，如县林业局组织安吉企业共同参与起草制定《竹席》国家标准，提升竹席质量。三是建立产业平台体系，完善集聚集约发展格局，以天荒坪"两山"示范森林小镇、章村森林氧吧小镇、上墅慢生活体验森林小镇、山川休闲养生森林小镇为抓手，"产业、文化、旅游"三位一体，将其打造成竹产业集聚度最高、规模最大的省级竹产业特色小镇。

（3）森林旅游，盘活第三产业。按照"游、购、娱、吃、住、行"六要素，完善全县休闲旅游基础设施。为了安吉竹产业的发展，2013 年，仙龙峡一期、鼎尚驿主题酒店、老树林度假别墅一期、香溢度假村二期等项目相继投入运营。2014 年，竹博园扩建、君澜度假酒店、帐篷客溪龙茶谷度假酒店、山水灵峰休闲农业园区等项目投入运营。2015 年，签订总投资 10 亿元的"愚人谷青青草原度假区"项目，将山川乡打造成长三角最具森林特色的微度假乐园；引进 6 亿元的"穿越时光健康养生小镇"项目和 2 亿元的集轻奢、时尚与自然融合的休闲体验"茶园星空"酒店项目；开建投资达 13.7 亿元的浙江省自然博物园、上影基地、谜·零碳度假营地、三特田野牧歌 4 个重点项目。此外，天使乐园凯蒂猫家园、凤凰国际 JW 万豪酒店、深溪大石浪景区、大年初一风景小镇、熊出没乐园等森林休闲旅游项目等也相继投入运营。竹林旅游项目的运营，带动安吉森林旅游人数"井喷"式增长。2015 年，全县共接待国内外游客 1495.21 万人次，旅游总收入 175.64 亿元，门票收入 3.71 亿元，同比分别增长 24.11%、37.7%和 72.1%。依托竹林资源，发展乡村旅游。以农家乐规范提升、乡村旅游示范村和民宿文化村落建设等为重点，全面推进乡村旅游向森林休闲养生转型。在全省率先推进农家乐规范提升，目前已完成 417 家农家乐的身份证式挂牌，推进民宿文化村落建设，完成报福田水遥、鄣吴民乐、上墅云半间 3 个民宿文化村落建设；突出黄浦江源和大竹海两大乡村旅游集聚区建设，创建高家堂等 14 个不同模式的乡村旅游示范村，将山川乡创建成为全国首个乡域 4A 级景区。鼓励社会资本参与休闲旅游经营，打造七星谷景区、状元山、仙龙峡等一批森林特色休闲项目，培育一批竹印象、建中竹炭等林产品购物示范点。利用竹文化，开展文化交流。建成竹子博物馆、大熊猫馆、竹叶龙博物馆、山民文化馆等各类竹文化展示场馆。安吉的竹叶龙、竹乐和百笋宴等民间艺术多次走出国门，登上国家级艺术殿堂，并先后承办了中国第一届竹文化节、"竹业走向 21 世纪"国际学术研讨会、第一届联合国教科文组织中国创意活动和首届中国竹工艺精品创作大赛、中国美丽乡村节等活动。以竹会友，广泛开展国内外各类竹文化交流活动，每年接待国内外参观考察人员近万人次。

## （三）浙江农村生活垃圾分类"四分四定"模式

2003 年，习近平总书记在浙江工作时就对开展"千村示范、万村整治"作出部署。2005 年在"千村示范、万村整治"工作嘉兴现场会上，习近平总书记提出要从花钱少、见效快的农村垃圾集中处理，村庄环境清洁卫生入手，推进村庄整治。2006 年在全省人口资源环境工作座谈会上，习近平总书记提出要使垃圾分类回收、减少使用一次性用品等成为全社会的自觉行动。这些年来，我省按照总书记的决策部署，坚持一张蓝图绘到底，持续推进农村人居环境整治，先后提出"建设美丽浙江、创造美好生活"的新要求，强调水岸同治、标本兼治、消灭"垃圾河"，承诺"绝不把违章建筑、污泥浊水和脏乱差环境带入全面小康社会"，把垃圾分类这件事关群众切身利益的关键小事与建设农村垃圾分类、大力开展"五水共治""四边三化""三改一拆"等重点工作紧密结合、扎实推进。

2013 年，在开展农村生活垃圾"户集、村收、乡镇运、县处理"为主要模式的集中收集处理工作以及"户分类、村收集、有效处理"为主要模式的分类处理工作的基础上，全省进一步部署开展农村生活垃圾分类试点工作，就地实现减量化、资源化，并逐步推开。2016 年底，全省已实现农村生活垃圾集中收集有效处理行政村覆盖度达到 86%以上，提前 5 年完成了国家 2020 年农村生活垃圾集中收集处理率达到 90%的目标要求，有 83个县（市、区）4800 个建制村按照资源化、减量化、无害化要求开展垃圾分类处理，占全省建制村的 16%。总体上看，浙江省生活垃圾分类处理工作有很多探索走在全国前列。开展农村垃圾分类不仅有效地促进了垃圾减量和资源化利用，也使农村人居环境得到明显改善，百姓幸福感、获得感不断增强。

1）主要做法

（1）健全政策法规，努力做到垃圾分类有章可遵循。2014 年 6 月，浙江省出台了《关于开展农村垃圾减量化资源化处理试点的通知》浙村整建办〔2014〕17 号，提出探索农村垃圾减量化资源化处理的"分类收集、定点投放、分拣清运、回收利用、生物堆肥"等各个环节的科学规范。2014 年和 2016 年先后出台的《关于建设美丽浙江创造美好生活的决定》和《浙江省深化农村垃圾分类建设行动计划（2016—2020 年）》等都对推进生活垃圾分类提出了要求。各市也先后出台了一系列生活垃圾分类的制度文件和实施办法，如台州市出台了《全面深化农村垃圾治理的实施方案（2016—2020 年）》（台村整建办〔2016〕7 号），要求重点调整和规范垃圾分类管理行为；宁波市启动了《宁波市生活垃圾分类管理条例》立法工作，温州、绍兴、台州、丽水等市对生活垃圾分类提出了相应制度要求。

（2）鼓励改革创新，着力推广垃圾分类处理试点经验。垃圾分类处理是打破传统生活垃圾收集处理模式的一场革命，需要创新理念，推进农村环境卫生管理体制改革取得实质性进展，充分尊重基层首创，鼓励因地制宜地探索新的垃圾分类运行和处理模式。例如，安吉县探索实行"农村物业管理"新模式，将原本分散在各部门和镇街的城乡环境管理职能统一整合，委托给农村物业公司，农村物业公司对全县农村、公路、河道、集镇、村庄五大区域进行统一保洁、统一收集、统一清运、统一处理、统一养护，组建专业化环境卫生管理队伍，实行网格化布局、标准化作业、分类化处理和智能化监管、社会化监督、项目化考核。永康市推动农村垃圾分类，建立健全农村环境卫生保洁长效管理机制，成立农村垃圾治理工作小组，专人负责垃圾分类处理工作，指导全市农村垃圾分类处理工作的组织实施、协调和监督检查，形成部门间协同配合，广泛联动。各镇村也成立垃圾分类相关组织，镇与各村签订了目标管理责任书，将垃圾分类工作的开展情况纳入对村党支部的考核。各乡镇（街道）是农村生活垃圾分类处理工作的实施主体（业主），负责做好方案制定、项目设计、宣传发动、设备采购、工程监管、资金管理、检查验收、运行监管等相关工作。乡镇（街道）制定了农村生活垃圾分类处理规划方案。自 2013 年以来，浙江省连续 3 年共选择 350 个中心村开展村庄垃圾分类减量试点，推广机器堆肥、太阳能堆肥和微生物发酵处理技术，多模式破解生活垃圾终端处理难题取得明显成效。目前全省采用机器堆肥设施处理的村有 1324 个，采用微生物发酵快速成肥设施处理的省级试点村有 380 个，太阳能堆肥房 1849 座，例如，安吉在全县 10 个村投放了垃圾分类智能回收机，并为 5000 多户农户发放积分卡，实现"一户一卡"。为了让村民更好地学会分类，利用物联网技术实现的智能回收项目，可实现垃圾投放有源可溯，而且通过实户制、积分制手段激励村民积极参与，可以促进村民养成垃圾分类的好习惯。衢州、绍兴等市也先于 2014 年和 2016 年开展了垃圾分类试点工作，杭州等 5 个村和海宁等 7 个村先后开展了国家和省级再生资源回收体系建设试点，为农村普遍推广垃圾分类处理提供了很好的借鉴。

（3）探索简便易行的方法，努力做到垃圾分类群众可接受。对于传统行为习惯采取符合实际的分类办法，不触及群众利益，不增加群众负担，是吸引群众自觉广泛参与的关键。浙江省各地在垃圾分类上充分考虑群众行为习惯，探索采取了一些简便易行的方法，得到了群众的广泛接受和认同。例如，金华市推行简便易行的"二次四分法"，农户只需以是否腐烂为标准，将生活垃圾分为"会烂"和"不会烂"两种，易学易做，群众满意度很高。会烂的垃圾就地进入阳光堆肥房，不会烂的垃圾由村保洁员在分类收集各户垃圾的基础上以可否回收为标准分为"好卖"和"不好卖"两类，这样的方法在保证较好的分类减量效果的前提下，实现了分类的最简便化，大大降低了垃圾分类推行的难度，有利于群众分类习惯的养成，促进了垃圾分类的全面推行。临安区利用网络技术，积极推广利用"贴心城管"手机 APP、二维码、物联网等智能化手段，在全市 86 个村开展了智能垃圾分类试点，实行垃圾分类智慧管理。海宁等地将垃圾分为可回收、可堆肥、不可堆肥、有毒有害等 4 类，群众一看就明白，随手可做到，效果明显。

（4）筹集资金多元化，努力做到垃圾财力可承受。生活垃圾分类处理是一项公益性很强的公共民生事业，必须坚持政府主导原则。我省各级财政每年都将垃圾分类与减量处理等基础设施建设以及后期运营处理和工作队伍正常运行经费纳入预算管理，农村生活垃圾分类处理资金则由各级财政投入，2016 年投入资金达 25 亿元。实行垃圾分类收集处理后，政府的投入并没有增加，农村清运成本反而明显下降。据金华市测算，如果全市全面实施垃圾分类，每年可减少垃圾 66 万 t 以上，减少清运和处理费用大约 2 亿元，节约的资金用于当年农村生活垃圾分类奖补后还有节余，且垃圾减量后还能延长垃圾填埋场的使用年限，实现了经济、生态效益的双赢。在政府主导的前提下，各地探索建立了多元化的筹资机制。例如，永康市实施"农户、驻村企业收一点，乡镇（部门）出一点，财政补一点"的"三个一点"资金筹措模式，强化资金保障并实行逐年增长机制，按每人每月一块钱标准向农户收取垃圾处理费。上虞区农村每人每年缴纳 120 元用于垃圾分类处理，同时，各地积极引入社会资本参与环卫保洁、垃圾清运、绿化养护和监督管理等各环节，进一步拓宽了资金筹措渠道。

（5）健全监督考核机制，努力做到成效可检验。监督考核是工作推进的指挥棒，也是检验和评价垃圾分类处理工作成效的重要抓手。在行政推动层面，我省建立了层层考核制度。省农办从 2016 年开始将农村生活垃圾纳入对各市（县）的考核。台州市建立市对县、县对乡、乡对村的分级督查考评制度，市对县实行季查，结果列入"五水共治"考核；县对乡、乡对村实行月查，分别公布排名，全年成绩与垃圾分类减量资金补助挂钩、与联村干部及村主要领导奖金挂钩。龙游县建立了"日检查、月通报、年考核"的工作机制。同时，加强对源头分类主体的检查考评。一些地方建立了源头追溯制度，对每只垃圾袋进行三级编码，一级代码为垃圾分类号、二级代码表示卫生责任区区号，三级代码表示户主代号，实现了垃圾"见袋知主"，便于监督考核；一些地方建立计分奖惩和责任包干制度，村卫生保洁员每日对村民垃圾分类投放情况进行检查；一些地方开展村对农户垃圾分类评优，建立"笑脸墙""红黄榜"公布结果，利用农村熟人社会的特点，做好源头分类监督。

（6）健全运行管理制度，努力做到长期可持续。垃圾治理工作是一项长期工作。省农办着力建立一整套长效管理制度，有力确保了这项工作的长期可持续。各市建立协调推进机制，成立了由市领导任组长、相关部门主要负责人为成员的生活垃圾分类工作推进协调小组，健全部门联动机制，形成了齐抓共管的工作格局。不少地方以村规民约破除陋习，把垃圾源头分类、定时定点投放及其他规范村民卫生行为的相关要求一并纳入村规民约。强化垃圾分类处理队伍建设，发动村（居）干部、物业管理人员、保洁员、志愿者等在垃圾分类中发挥重要作用。通过走村入户、播放专题片、制发居民使用手册、推出电视公益广告等多种形式，充分利用各类媒体、宣传橱窗、网络微信、移动宣传板等，全方位加强生活垃圾分类宣传，把生活垃圾分类减量和垃圾处理知识纳入学校教育实践内容和市民学校、民工学校、老年大学、农村学院、环保志愿者组织等的教育培训中，引导全民树立垃圾分类和减量"从我做起，人人有责"的观念。安吉县通过开展垃圾分类评比积分换小奖品、"一户一码"实名小奖励等活动，建立各种激励机制，鼓励居民积极参与，这些都有力地保障了垃圾分类工作的长期可持续开展。

2）处理模式与技术

浙江省农村垃圾处理运行模式大致分为城乡一体化处理模式、农村垃圾集中就地处理模式和农村垃圾家庭还山还田处理模式 3 种，不同的垃圾处理模式适用于不同的地区，交通便利且转运距离较近的村庄，生活垃圾可按照"户分类、村收集、镇转运、县（市、区）处理"的方式处理；其他村庄的生活垃圾可通过"户分类、村收集、就地处理"的方式。

城乡一体化处理模式。将农村垃圾处理纳入城市垃圾处理体系，这是浙江省农村垃圾处理的发展目标。目前，浙江省大部分地区农村垃圾还未达到城乡一体化，因此主要的处理模式为村收集、镇（乡）转运、县（市、区）处理的三级模式。城乡接合部地区可以按村收集、镇（乡）转运、县（市、区）清运和处理的模式进行处理。由于需要负担高额的运输成本，较适用于经济发达的地区，如杭州、宁波、嘉兴等城郊地区目前采取的就是这一模式。

农村垃圾集中就地处理模式。有一定经济基础的农村，建立农村垃圾填埋场或堆肥，将一定范围内的农村垃圾收集起来，集中进行处理，从而节省转运费用。该模式适用于经济条件相对较好的偏远乡镇，如象山县、安吉县、浦江县等地方乡镇采用的都是这种模式。

农村垃圾家庭还山还田处理模式。农村垃圾家庭处理模式是以家庭为单位对垃圾进行分散处理，达到自产自清的效果，是传统的农村垃圾处理模式。通常进行简易填埋、简易焚烧和家庭堆肥。但该模式极易造成二次污染，适用于经济条件差的地区。

各地根据村庄的人口密度、地形地貌、气候类型、经济条件等因素，因地制宜地选取农村生活垃圾分类处理技术，合理确定技术模式；既要考虑建设成本，更要考虑运行维护成本；处理好技术实用性和技术统一性的关系，避免技术"多而杂、散而乱"，切实保证设施"建成一个、运行一个、见效一个"，主要处理技术如下。

（1）微生物快速成肥。微生物快速成肥技术是利用微生物菌和配套装置对有机类垃圾进行处理，选用一种由 23 个单体菌种组合成的复合菌群和有机垃圾一起投入不锈钢锅槽体内，辅助加热后以菌群自身发酵加热为主，当温度保持在 60～80℃时，经缓慢搅拌使槽体内的上部始终保持着好氧菌所需要的养分，从而使高温细菌保持旺盛的繁殖和快速发酵，有机类垃圾快速分解，并经密封快速发酵后生成少量约 10% 的有机肥料，而且同步把水气通过除臭净化处理，全过程没有污水和有毒气体排放。

农村生活垃圾中大部分是可腐烂的有机垃圾，加工后就能变成肥料。将可腐烂的垃圾投入生活垃圾资源化处理设备中，通过粉碎、添加菌种、加热发酵等程序后，有机肥料就生成了。这些有机肥料质量高且价格相对低廉，受到农户的青睐。机械化快速成肥处理模式适合人口密集、垃圾较多、有能力购买机器的村镇。通过 3 年持续推进，浙江目前采用机器堆肥设施处理的村庄有 1324 个，微生物发酵快速成肥设施处理的省级试点村达到 380 个。

（2）太阳能堆肥房。太阳能堆肥房又称"阳光房"，屋顶由数块透明的太阳能采光板拼接而成，室内安装了通风口、淋水喷头等供氧增湿装置，地面由水泥浇筑并且铺设了收集垃圾渗漏液的下水道。可堆肥垃圾倒入房间后，通过太阳能采光板加温、添加高效微生物复合菌剂和管道通风，不仅可以快速制成有机腐透肥料，还能减少里面的蚊蝇，实现了垃圾无害化、资源化利用。冬天需 60 多天制成高效有机肥，夏天仅需四五十天。经太阳能堆肥降解处理后的有机肥可直接作为农田肥料。

太阳能堆肥主要采用好氧堆肥的原理，好氧堆肥的堆温一般都比较高，为 55～60℃，最高可达 80℃，故也称高温堆肥。与传统的厌氧堆肥相比，好氧堆肥具有基质分解彻底、发酵周期短、异味小、占地面积小、可大规模采用机械处理等优点，因而好氧堆肥技术的应用已较为普遍。

（3）环保酵素处理。浙江杭州、金华等地已在积极推广环保酵素技术处理农村生活垃圾。环保酵素，也称为垃圾酵素，环保酵素的生成原理是利用果蔬表面的微生物在厌氧的环境下将糖进行发酵，生成乳酸、乙醇等物质。乳酸和乙醇本身就具有除垢和抗菌作用，因此，在浓度适合的情况下可以作为清洁剂、空气清新剂甚至皮肤表面辅助杀菌剂使用。发酵成功的环保酵素 pH 为 4 左右，在该环境下，绝大多数有害细菌不能生存，加之乳酸和乙醇的抗菌作用，不存在"不卫生或易残留细菌"的问题。

（4）厌氧发酵。厌氧发酵是在一定的条件下，利用厌氧微生物的转化作用，将垃圾中大部分可生物降解的有机物质进行分解，转化为沼气的处理方式。它是一种成熟的垃圾能源化技术，将垃圾转化成沼气后，便于输送和储存，热值高，燃烧污染小，用途广泛。传统的厌氧堆肥具有工艺简单、不必由外界提供能量的优点，但存在有机物分解缓慢、占地面积大、二次污染严重等缺点。

在偏远的山村，村民多有堆肥的习惯，如诸暨市推行波卡西堆肥模式，即通过厌氧发酵来分解厨余垃圾。这种模式实现了户分、村收、就地处置，让村民自家堆肥自家用，减少了运输等处理环节。

（5）卫生填埋。填埋是浙江省目前普遍采用的垃圾处理方式。填埋使垃圾与空气隔绝，垃圾中自身含有的微生物如果将有机物进行降解，本质上就属于厌氧发酵。如果采取相应措施，将填埋场产生的渗滤液加以处理，则属于卫生填埋。卫生填埋场（Ⅰ、Ⅱ级填埋场）一般都是封闭型或生态型的，有比较完善的环保措施，能达到或大部分达到环保标准，能对渗滤液和填埋气体进行控制，目前在浙江省约占 20%。其中，Ⅱ级填埋场即基本无害化，目前在我国约占 15%；Ⅰ级填埋场即无害化，约占 5%。

3）主要经验

浙江省农村生活垃圾分类坚持"政府主导、社会参与、科学规划、因地制宜、分类指导"的原则，变革农村垃圾集中收集处理的传统方式，规范农村垃圾分类投放、分类收集、分类运输、分类处理的垃圾分类处理系统，形成以法制为基础、政府推动、全民参与、城乡统筹、因地制宜的垃圾分类制度，努力提高垃圾分类制度覆盖范围，形成浙江特色的农村生活垃圾分类"四分四定"经验。

（1）规范垃圾类别，解决垃圾构架问题。在实施农村垃圾分类时，把农村垃圾分为四大类，分别为可回收垃圾、厨余垃圾、有害垃圾和其他垃圾等。可回收垃圾为废纸、塑料、玻璃、金属和布料五大类。厨余垃圾是指可堆肥垃圾。有害垃圾为对人体健康有害的重金属、有毒的物质或者对环境造成现实危害或者潜在危害的废弃物。其他垃圾为砖瓦陶瓷、渣土、卫生间废纸、纸巾等难以回收的废弃物。

（2）规范投放时间，解决垃圾投放时间随意的问题。浙江省委农办要求村内按效率最大化原则配置有明显分类标志的垃圾桶，可回收垃圾为蓝色桶、厨余垃圾为绿色桶、有害垃圾为红色桶、其他垃圾为黄色桶。投放前，纸类应尽量叠放整齐，避免揉团；瓶罐类物品应尽可能将容器内产品用尽、清理干净后投放；厨余垃圾应做到袋装、密闭投放。投放时，应按垃圾分类标志提示，以及村规民约确定的早、中、晚各个投放时间点，分别投放到指定的地点和垃圾桶中。玻璃类物品应小心轻放，以免破损。投放后，应注意盖好垃圾桶上盖，以免垃圾污染周围环境，滋生蚊蝇。

（3）规范收集地点，解决垃圾乱堆随地放的问题。在规定村民投放垃圾的地点，进行定时定点投放，要求村卫生保洁员及时对村民垃圾分类投放情况进行检查完善、分拣收集。收集应做到分类收集，及时清理作业现场，清洁收集容器和分类垃圾桶。收集点应当配置餐厨垃圾和其他垃圾收集容器，农村商务、办公、生产区域应当配置可回收物、餐厨垃圾、其他垃圾收集容器，并至少设置 1 个有害垃圾收集容器；人行道路、公园广场等公共场所应当配置可回收物、其他垃圾收集容器。每个自然村应当建设 1 座以上的生活垃圾收集点。收集点应当符合以下要求：有挡雨功能，做到无暴露，日产日清，并不得焚烧，保持收集点及周边环境整洁；收集点应当设置有害垃圾收集容器和可回收物临时收集区；垃圾桶（厢）应当带盖密闭，选用不易被盗的材料制作，并配套专用运输车辆；定期清洁，定期喷洒消毒和灭蚊蝇。

（4）规范分类运输，解决垃圾分类运输不分家的问题。收集后，要根据4类垃圾的不同去向进行清运，非垃圾压缩车直接清运的方式，应做到密闭清运，防止跑冒滴漏从而二次污染环境。

（5）规范处置模式，解决垃圾终端处理问题。①可回收垃圾。村内规划建设垃圾回收站，确定专人负责，与县废旧物品公司等签订可回收垃圾收购、销售协议，定期（每半月或每月一次）到村集中收购。②有害垃圾处置。根据有害垃圾处理的规定，一般采用填埋处理。③其他垃圾处置。按传统模式纳入"村收集、镇中转、县处置"体系，根据垃圾特性采取焚烧或者填埋等无害化处置。④厨余垃圾处置。厨余垃圾集中堆放发酵，作为肥料还山还田。生物发酵堆肥推行使用微生物发酵资源化处置和太阳能普通堆肥处置两种模式。

# 六、东部典型地区农林产业绿色发展的重大工程措施

围绕东部典型地区农林产业特点、发展目标和产业区域布局，重点推进六大工程措施。

## （一）特色产业提升工程

围绕农林特色优势产业，按照生态、高效、特色、精品的要求，积极引进新品种、新技术、新模式，不断完善装备设施，加快转变生产方式，生产出更多有优势、市场有需求、效益有保障的农产品。大力发展农林产品精深加工和营销流通业，着力推动农业一二三产业融合发展，构建一批全产业链，提升现代农业发展水平。突出农业龙头企业主导地位，大力发展农产品加工流通业，形成上下游协作紧密、产业链相对完整、辐射带动能力和市场竞争能力较强的产业集群。围绕特色主导产业发展，引进培育一批规模大、科技含量高、带动能力强的农产品加工龙头企业，促进农产品加工集群化发展，重点推进产业集聚建设。

## （二）生态循环提速工程

加强污染物源头治理，发展适度规模养殖，拆除禁养区内养殖场及"低、小、散、乱"的养殖场，把养殖量控制在生态承载力范围之内，积极推广农牧结合、稻鱼共生等生态循环模式，创建美丽畜牧业试点县、美丽生态牧场及生态循环示范主体，培育生态化养殖示范区。全面实施土壤污染三年防治计划，建立土壤污染监测预警体系，推动土壤重金属污染治理。加强农业废弃物资源化循环利用，加快建立秸秆、沼液利用和农药、化肥包装废弃物，废旧农膜，病死动物等回收及无害化处理体系，实现农业废弃物回收处置体系全覆盖，促进农业废弃物回收处理和资源化循环利用。推进多种形式的种养结

合模式，污染治理模式，节水、节肥、节药技术模式等机制创新，形成示范效应，推进现代生态循环农业示范区建设。

### （三）"互联网+农业"推进工程

以"两化"深度融合为方向，以"互联网+"为载体，以农业物联网智能化园区为平台，着力推进现代信息技术在农业生产、农产品加工营销、农产品质量追溯、农业执法和农业综合服务等领域的应用。重点突破粮油全程机械化应用，提高畜牧水产生产过程等设施装备应用率，加速推广果蔬播种、育苗、移栽机械，增加农产品加工、冷藏保鲜设备保有量。支持和引导物联网技术在"三品一标"质量追溯，农产品加工、仓储、包装、运输、销售等环节的应用，推动农产品从生产、流通到销售全程信息化管理。积极推进现代农业地理信息系统的应用，强化农业产业布局、农机作业调度、动植物疫病防控、市场供求信息、农村集体"三资"管理、农村土地承包经营管理和农民负担监督管理等各项功能，不断提高农业信息化管理水平，提升服务效能。鼓励农业生产经营主体发展农产品电子商务，培育生产主体在天猫、一号店、京东等国内知名网站开设网络旗舰店，支持发展生鲜农产品网上直销，探索"网订店取"等新模式运用。

### （四）休闲农业拓展工程

加强规划引导，研究制定促进休闲农业发展的用地、财政、金融等扶持政策，加大配套公共设施建设支持力度，加强从业人员培训，强化创意活动体验、加强农事景观设计、乡土文化开发，提升服务能力，加强重要农业文化遗产发掘和保护，依托乡村旅游集聚示范区，建设一批具有历史、地域、民族特色的景观，提升休闲农业示范创建水平，建设一批具有生产、观赏、体验、游乐功能等配套服务的休闲观光农业园区、生态农庄，培育农业文化产品，丰富农业文化内涵。

### （五）品牌创建强化工程

坚持政府推动和市场导向相结合，加强政策引导，营造公平有序的市场竞争环境，开展农业品牌塑造培育、推介营销和社会宣传，着力打造一批有影响力、有文化内涵的优势特色农业品牌，提升增值空间。充分利用优势产业、传统文化及特色产品，制定特色化、差异化品牌发展战略实施方案。依托具有地域特色、历史渊源、文化内涵的农产品培育区域公共品牌，统筹区域品牌建设、运营和保护。坚持规范申报认证和严格监管并举，严格准入管理，制定品牌使用细则，维护品牌形象。推进农产品品牌子母商标模式，引导区域品牌、公共品牌、知名品牌的整合优化。继续开展农产品政府质量奖评选活动，形成一批有湖州特色的农产品品牌。

### （六）农业人才培育工程

结合农业部等部委"新型职业农民培育计划""现代青年农场主计划"，通过财政扶持、税收优惠、金融支持等手段，加快引进培育农业职业经理人、农业创二代、返乡实力农民和农民大学生等新型职业农民。大力培养适应现代农业发展的农业技术推广人员，对农业经营人才开展继续教育，分层次对农业龙头企业负责人、技术管理人员和专业合作社理事长、技术辅导员以及家庭农场负责人开展教育培训，不断满足农业经营人员的知识更新需求。出台相关政策，引进具有涉农管理经验和农业技术的优秀人才，鼓励农业领域优秀人才"走出去"，加强农业对外合作与交流。大力发展涉农职业教育，通过减免学费、提高待遇、提供就业机会等方式，鼓励当地初高中毕业生进入职业教育学院，通过举办供需洽谈会、人才市场、直接招聘、定向委托等手段，搭建职业劳动力供需对接平台，推动涉农职业教育大发展。

# 主要参考文献

卞显红, 沙润. 2008. 长江三角洲城市旅游空间结构形成的产业机理——基于旅游企业空间区位选择视角. 人文地理, (6): 106-112.

陈静清, 闫慧敏, 王绍强, 等. 2014. 中国陆地生态系统总初级生产力 VPM 遥感模型估算. 第四纪研究, 34(4): 732-742.

陈仁杰, 陈秉衡, 阚海东. 2010. 我国 113 个城市大气颗粒物污染的健康经济学评价. 中国环境科学, 30(3): 410-415.

董天, 郑华, 肖燚, 等. 2017. 旅游资源使用价值评估的 ZTCM 和 TCIA 方法比较——以北京奥林匹克森林公园为例. 应用生态学报, 28(8): 2605-2610.

冯强, 赵文武. 2014. USLE/RUSLE 中植被覆盖与管理因子研究进展. 生态学报, 34(16): 4461-4472.

福建省环境保护厅. 2016. 2015 福建省环境状况公报.

福建省人民政府. 2012. 福建省主体功能区规划.

傅伯杰, 于丹丹, 吕楠. 2017. 中国生物多样性与生态系统服务评估指标体系. 生态学报, (2): 341-348.

国家环境保护总局, 国家质量监督检验检疫总局. 2002. 地表水环境质量标准(GB 3838—2002). 北京: 中国环境科学出版社.

国家林业局. 2008. 森林生态系统服务评估规范(LY/ T 1721—2008). 北京: 中国标准出版社.

韩明霞, 过孝民, 张衍燊. 2006. 城市大气污染的人力资本损失研究. 中国环境科学, 26(4): 509-512.

郝芳华, 程红光, 杨胜天. 2006. 非点源污染模型: 理论方法与应用. 北京: 中国环境科学出版社.

何立环, 刘海江, 李宝林, 等. 2014. 国家重点生态功能区县域生态环境质量考核评价指标体系设计与应用实践. 环境保护, 42(12): 42-45.

贺宝根, 周乃晟, 高效江, 等. 2001. 农田非点源污染研究中的降雨径流关系——SCS 法的修正. 环境科学研究, 14(3): 49-51.

胡涛, 李延风, 黄盼盼, 等. 2018. 区域物种保育更新服务功能综合评估. 环境科学研究, 31(12): 132-143.

环境保护部. 2015. 生态环境状况评价技术规范(HJ 192—2015).

环境保护部, 国家质量检测检验检疫总局. 2002. 地表水环境质量标准(GB 3838—2002).

黄德生, 张世秋. 2013. 京津冀地区控制 $PM_{2.5}$ 污染的健康效益评估. 中国环境科学, 33(1): 166-174.

阚海东, 陈秉衡, 汪宏. 2004. 上海市城区大气颗粒物污染对居民健康危害的经济学评价. 中国卫生经济, (2): 8-11.

林炳青, 陈莹, 陈兴伟. 2013. SWAT 模型水文过程参数区域差异研究. 自然资源学报, 28(11): 1988-1999.

刘纪远, 邵全琴, 于秀波, 等. 2016. 中国陆地生态系统综合监测与评估. 北京: 科学出版社.

刘晓云, 谢鹏, 刘兆荣, 等. 2010. 珠江三角洲可吸入颗粒物污染急性健康效应的经济损失评价. 北京大学学报(自然科学版), 46(5): 829-834.

刘勇, 芦茜, 黄志军. 2011. 大气污染物对人体健康影响的研究. 中国现代医学杂志, 21(1): 87-91.

刘智方, 唐立娜, 邱全毅, 等. 2017. 基于土地利用变化的福建省生境质量时空变化研究. 生态学报, 37(13): 4538-4548.

罗毅, 陈斌, 王业耀, 等. 2014. 国家重点生态功能区县域生态环境质量监测评价与考核技术指南. 北京: 中国环境出版社.

欧阳志云, 朱春全, 杨广斌, 等. 2013. 生态系统生产总值核算: 概念、核算方法与案例研究. 生态学报,

33(12): 6747-6761.

秦嘉励, 杨万勤, 张健. 2009. 岷江上游典型生态系统水源涵养量及价值评估. 应用与环境生物学报, 15(4): 453-458.

唐泽, 任志彬, 郑海峰, 等. 2017. 城市森林群落结构特征的降温效应. 应用生态学报, 28(9): 2823-2830.

王兵, 郑秋红, 郭浩. 2008. 基于 Shannon-Wiener 指数的中国森林物种多样性保育价值评估方法. 林业科学研究, 21(2): 268-274.

吴健生, 曹祺文, 石淑芹, 等. 2015. 基于土地利用变化的京津冀生境质量时空演变. 应用生态学报, 26(11): 3457-3466.

谢高地, 张彩霞, 张雷明, 等. 2015. 基于单位面积价值当量因子的生态系统服务价值化方法改进. 自然资源学报, 30(8): 1243-1254.

谢光辉, 韩东倩, 王晓玉, 等. 2011a. 中国禾谷类大田作物收获指数和秸秆系数. 中国农业大学学报, 16(1): 1-8.

谢光辉, 王晓玉, 韩东倩, 等. 2011b. 中国非禾谷类大田作物收获指数和秸秆系数. 中国农业大学学报, 16(1): 9-17.

谢鹏, 刘晓云, 刘兆荣, 等. 2010. 珠江三角洲地区大气污染对人群健康的影响. 中国环境科学, 30(7): 997-1003.

许贤棠, 胡静, 陈婷婷. 2015. 湖北省旅游资源禀赋空间分异的综合评析. 统计与决策, (5): 107-110.

严耕. 2015. 中国省域生态文明建设评价报告(ECI 2015). 北京: 社会科学文献出版社.

杨士弘. 1994. 城市绿化树木的降温增湿效应研究. 地理研究, 13(4): 74-80.

殷永文, 程金平, 段玉森, 等. 2011. 某市霾污染因子 $PM_{2.5}$ 引起居民健康危害的经济学评价. 环境与健康杂志, (3): 250-252.

余济云, 陶善军, 李俊. 2011. 茅荆坝自然保护区森林游憩资源价值评估. 中南林业科技大学学报(社会科学版), 5(1): 83-85.

於方, 王金南, 曹东, 等. 2009. 中国环境经济核算技术指南. 北京: 中国环境科学出版社.

袁艺, 史培军. 2001. 土地利用对流域降雨-径流关系的影响——SCS 模型在深圳市的应用. 北京师范大学学报(自然科学版), 2(1): 131-136.

张海龙, 辛晓洲, 余珊珊, 等. 2017. 中国-东盟 5km 分辨率下行短波辐射数据集(2013). 全球变化数据学报, 1(3): 299-302.

赵伟, 文凤平, 张林波, 等. 2018. 厦门市绿色植被降温服务功能核算及时空动态. 环境科学研究, 32(1): 91-100.

中国环境监测总站. 2014. 生态环境监测技术. 北京: 中国环境出版社.

周伏建, 陈明华, 林福兴, 等. 1995. 福建省降雨侵蚀力指标 $R$ 值. 水土保持学报, 9(1): 13-18.

朱先进, 王秋凤, 郑涵, 等. 2014. 2001~2010 年中国陆地生态系统农林产品利用的碳消耗的时空变异研究. 第四纪研究, 34(4): 762-768.

Arnold J. 2002. Integration of Watershed Tools and Swat Model into Basins. Wireless communications for intelligent transportation systems. London: Artech House: 1127-1141.

Bartelmus P. 2007. SEEA-2003: Accounting for Sustainable Development? Ecological Economics, 61(4): 613-616.

Brook R D. 2007. Is air pollution a cause of cardiovascular disease? Updated review and controversies. Rev Environ Health, 22(2): 115-137.

Clawson M. 1959. Methods of Measuring the Demand for and Value of Outdoor Recreation. Washington: Resources for the Future Inc.

Costanza R, D'Agre R, Groot R, et al. 1997. The value of the world's ecosystem services and natural capital. Nature, 387: 253-260.

Curtis L, Rea W, Smith-Willis P, et al. 2006. Adverse health effects of outdoor air pollutants. Environment Intertinal, 32(6): 815-830.

Daily G C. 1997. Nature's Services: Societal Dependence on Societal Dependence on Natural Ecosystems.

Washington D C: Island Press.

European Commission, Organisation for Economic Cooperation and Development, United Nations, World Bank. 2014. System of environmental economic accounting 2012: experimental ecosystem accounting. New York: United Nations, 2014.

Gao Y, Yu G, Li S, et al. 2015. A remote sensing model to estimate ecosystem respiration in Northern China and the Tibetan Plateau. Ecological Modelling, 304: 34-43.

Huete A, Didan K, Miura T, et al. 2002. Overview of the radiometric and biophysical performance of the MODIS vegetation indices. Remote Sensing of Environment, 83(1-2): 195-213.

Mackey C W, Lee X, Smith R B. 2012. Remotely sensing the cooling effects of city scale efforts to reduce urban heat island. Building & Environment, 49(3): 348-358.

Millennium Ecosystem Assessment (MA). 2005. Ecosystems and Human Well-being: Synthesis. Washington D.C.: Island Press.

Pamukcu P, Erdem N, Serengil Y, et al. 2016. Ecohydrologic modelling of water resources and land use for watershed conservation. Ecological Informatics, 36: 31-41.

Pushpam K. 2010. The Economics of Ecosystems and Biodiversity: Ecological and Economic Foundations. London: Earthscan Publications.

Renard K G, Foster G R, Weesies G A, et al. 1997. Predicting soil erosion by water: a guide to conservation planning with the revised universal soil loss equation(RUSLE). Agricultural Handbook, (703): 1-49.

United Nations, European Commission, Organization for Economic Co-operation and Development, et al. 2014. System of Environmental-Economic Accounting 2012 Experimental Ecosystem Accounting (SEEA-EEA). New York: United Nations.

Wilcox B P, Thurow T L. 2006. Emerging issues in rangeland ecohydrology: vegetation change and the water cycle. Rangeland Ecology & Management, 59(2): 220-224.

Williams J R, Jones C A, Dyke P T. 1984. Modeling approach to determining the relationship between erosion and soil productivity. Transactions of the American Society of Agricultural Engineers, 27(1): 129-144.

Wilson A M, Wake C P, Kelly T, et al. 2005. Air pollution, weather, and respiratory emergency room visits in two northern New England cities: an ecological time-series study. Environmental Research, 97(3): 312-321.

Wischmeier W H. 1978. Predicting rainfall erosion losses: a guide to conservation planning [USA]. Agriculture Handbook, (537): 1-67.

Xiao X, Hollinger D, Aber J, et al. 2004. Satellite-based modeling of gross primary production in an evergreen needleleaf forest. Remote Sensing of Environment, 89: 519-534.

Zhang B, Xie G D, Gao J X, et al. 2014. The cooling effect of urban green spaces as a contribution to energy-saving and emission-reduction: a case study in Beijing, China. Building and Environment, 76: 37-43.